心怀

"国之大者"

科学家精神
若干思考

Keeping Firmly in Mind the Top
Priorities of the Country: Thoughts on
the Spirit of the Scientists

汪长明

著

辽宁人民出版社

ⓒ 汪长明 2023

图书在版编目（CIP）数据

心怀"国之大者"：科学家精神若干思考 / 汪长明著 . —沈阳：辽宁人民出版社，2023.6
ISBN 978-7-205-10737-6

Ⅰ.①心… Ⅱ.①汪… Ⅲ.①科学精神—中国—文集 Ⅳ.① G322-53

中国国家版本馆 CIP 数据核字（2023）第 054342 号

出版发行：辽宁人民出版社
地址：沈阳市和平区十一纬路25号　邮编：110003
电话：024-23284321（邮　购）　024-23284324（发行部）
传真：024-23284191（发行部）　024-23284304（办公室）
http://www.lnpph.com.cn

印　　刷：辽宁新华印务有限公司
幅面尺寸：170mm×240mm
印　张：22
字　数：260 千字
出版时间：2023 年 6 月第 1 版
印刷时间：2023 年 6 月第 1 次印刷
责任编辑：王　增
封面设计：G-Design
版式设计：李　想
责任校对：吴艳杰

书　号：ISBN 978-7-205-10737-6
定　价：68.00 元

序

他口看尽长安化

准确说来，这是我在不到两年时间内第二次接受汪长明同志请求为其著作作序。我虽年事已高、提笔不易，但最终应允为他这本堪称"十年磨一剑"的心血之作写几句话，主要出于两种考虑，或者说，主要基于我对他的两点认识。

其一，汪长明同志是一位在学术和文学两个完全不同领域"双管齐下"的辛勤耕耘者，且多有建树。我欣赏他对知识生产的执着和投入、对个人所好倾注的满腔热情，以及持之以恒的坚韧。在这个纸质阅读日渐式微的年代，能长期保持对文字工作的热情，保持一种情怀永不"降温"、追求永不"冷场"的状态，坚守对"笔墨很贵"的根本性敬畏，殊为难能可贵。他曾向我坦言，与生俱来的文学爱好带给他的最大"利好"，是为他的本职工作创造并提供了"驯化"文字的自我选择空间。我认为，作为文字工作者，无论其情感投入与时间注入是基于职业本分还是纯属业余兴趣，我们都应该大力提倡这样一种"板凳甘坐十年冷，文章不写半句空"的较真劲儿和生活方式。一部学术著作的面世，"千呼万唤始出来"，既是作者经年累月研究心得和创作成果的物质载体，也在很大程度上是其个人价值观的笔墨呈现。因而，每一本蕴含相当时间与劳动成本的著作——无论它是学术著作还是通俗读物——都值得作为读者的我们去尊重，去尊重其中蕴含的精神追求与价值表达。仅仅在"过程论"上，它都能为社会带来价值感召和正向示范。

其二，我与汪长明同志虽年龄相差悬殊，但彼此怀有一份难得的价值观呼应。"道同气合志相感，虽旷百世如同僚。"我们虽然平时围绕工作的交集以及围绕工作话题的交流不多，但已然超越物理层面的差异，成为行走在弘扬科学家精神这条思想文化战线上的战友，从彼此都视之为"事业"的角度看，算得上志同道合、义气相投。只不过，我们因各自喜好和专业背景不同，对科学家精神有着不同的表达方式与话语模式。更多地，我以诗文为表达方式，以抒情和想象为话语模式，而他则主要以学术为表达方式，以思辨和释理为话语模式。而正是这种泾渭分明甚至云泥之别的话语风格恰恰给了我们相互走进对方语言体系、了解彼此内心世界，进而努力做到因科学家精神生发情感共鸣的空间与机会。大而言之，这样一种跨界交流与融合，对于传播、弘扬、传承科学家精神这个宏大话语主题而言，我认为很有必要。因为，科学家精神是我们社会的一座耀眼灯塔，每个人都能从这座灯塔的"高度"和"亮度"之下感受到精神的力量，汲取前行的动能。

回到《心怀"国之大者"——科学家精神若干思考》这部著作本身，坦率地说，由于时间和精力所限，我着实很难做到篇篇通阅、句句细度、字字品味，只能通过他最初发给我的提纲及其中部分文章，对本书梗概做以小见大、管中窥豹式观察。我唯愿自己的认识能基本契合作者的付出和读者的评判。若然，我这位科学文化战线的老兵也就心满意足了。

序

2019年6月，中共中央办公厅、国务院办公厅联合印发了《关于进一步弘扬科学家精神加强作风和学风建设的意见》。《意见》旨在使"新时代科学家精神得到大力弘扬，在全社会形成尊重知识、崇尚创新、尊重人才、热爱科学、献身科学的浓厚氛围，为建设世界科技强国汇聚磅礴力量"。本书以"忠忱'国之大者'"为主书名，以"科学家精神笔下思考"为叙述主线，从中国语境下科学家精神的基本特质、时代价值、社会记忆，其中蕴含的使命担当、教育资源，以及被誉为"科技界的一面旗帜"的人民科学家钱学森精神风范六个方面，深入揭示中国科学家群体属性、使命意识、事业追求、家国情怀等精神群像的不同维度。在我看来，本书内涵丰富、体系完备，理论准备充分，从学术视角将中国科学家的精神全貌呈现在广大读者面前，做到了学术性和时代性并重、思想性和可读性兼顾，是近年来系统阐释科学家精神为数不多的研究性著作。尤其是他充分利用自身在上海交通大学钱学森图书馆工作、"近水楼台先得月"的职业便利，以及多年从事钱学森文献和科学家档案研究的资源优势，对包括钱学森手稿在内的科学家档案的社会价值尤其是思想政治教育价值进行详尽的理论化阐释，值得称道。同时，本书的出版又适逢其时，与中央关于弘扬科学家精神有关文件精神和建设创新型国家的时代主题高度契合，堪称迎接第七个全国科技工作者日的献礼之作，可喜可贺！

本书共设六个篇章。作者站在新时代的高度，以独特而全新的视角，从理论和实践两个方面，深刻论述解析中国科学家精神的内涵、特征和价值。借此机会，我想用三个字概括个人对这本书的整体认识。

一是"高"字，站位高远、视野宏阔。细读本书不难发现，汪长明并非就科学家精神论科学家精神，对科学家精神的理解局限在"爱国、创新、求实、奉献、协同、育人"六个"关键词"的字面意义上，而是将其置于经过历史检验和时代洗礼的科学类精神（一共五种，包括"两弹一星"精神、载人航天精神、探月精神、新时代北斗精神、科学家精神）框架之下，进而纳入中国共产党人精神谱系之中，进行系统研究。在《科技工作坚持"四个面向"的理论逻辑》一文中，他写道："面向世界科技前沿"作为科技工作的智力依托，核心要义是创新性，自主创新是科技工作的首要前提；"面向经济主战场"作为科技工作的职业归宿，核心要义是实践性，实践指向是科技工作的根本要求；"面向国家重大需求"作为科技工作的价值呈现，核心要义是时代性，呼应时代是科技工作的使命担当；"面向人民生命健康"作为科技工作的精神旨归，核心要义是人民性，人民健康是科技工作的现实归依。可以说，从党和国家的事业高度，以及中国共产党人精神谱系维度研究科学家精神，为更加准确认识中国科学家的精神特质、丰富内涵、时代价值和历史地位，更加深刻把握科技事业与党的事业、科技强国梦与实现中华民族伟大复兴的中国梦之间的关系，提供了一个更加宏阔的研究视角。本书第三章"国之重器"、第四章"党之大计"，堪称将科学家精神研究与党和国家事业高度紧密关联的集中概括，尤其是其中的《战略科学家的时代召唤与制度催生》《科技工作坚持"四个面向"的理论逻辑》《基于思想政治工作的科技名人档案社会化服务研究》《科技名人档案的思想政治教育功能研究》等文章，可以说，在立论上实现了科技事业与国之大者、党之大计的交融与统一。我想，站位高、立意高是本书最大的特点，也是本书最大的社会价值所在。

二是"深"字，深耕细作、并蒂芬芳。汪长明同志是上海交通大学钱学森图书馆工作人员，主要从事科学家精神和钱学森学术思想研究，曾经出版《科学之帜钱学森》一书，该书凡三十七万字，聚焦钱学森这位享誉海内外的杰出科学家的人生历程、科学成就、学术思想和精神风范，全景呈现钱学森作为"科学之帜"的独特角色和崇高形象。同样地，该书也是他十多年如一日、在平凡的日常中满怀学术深情、坚守学术阵地的阶段性总结。我之所以在此说起了"题外话"，是想说明，将两本书放在一起，不难发现钱学森精神与科学家精神的形似与意合。我相信，汪长明在日常学术研究中，已经注意到了钱学森精神与科学家精神相呼应、个体研究（个体镜像）与群体研究（群体镜像）相统一的共生关系。例如，《从钱学森身上汲取强化国家战略科技力量历史给养》《人民科学家钱学森：践行科学家精神的杰出代表》等文章，探讨的是钱学森身上折射的科学家精神特质及其对国家发展的当代镜鉴价值与精神支撑作用，打破了钱学森精神与科学家精神、科学家精神与建设创新型国家之间的概念壁垒与话语边界，而这需要作者对三者之间互动关系有着独到的驾驭能力和学术水平。两本书的先后面世，正是汪长明同志在钱学森精神研究、科学家精神研究，甚至推而广之，人物精神研究等领域长期深入思考的结果。"慢工出细活，久久方为功"，他不愧是一个科学家精神研究的有心之人。

三是"精"字，精诚所至、厚积薄发。全书收录近二十余篇文章，累计二十多万字。且据我所知，其中很多文章已在高质量报刊发表，是汪长明同志作为一位学术中人精细思考、精深研究、精勤坚守的自然结果。常言道："日拱一卒，功不唐捐。"体量如此丰富，内容如此厚重，远非一年半载之功所能达致，亦非深思苦索、精雕细琢、长期坚守不得成之以著。都说智慧是勤劳的结晶，成就是劳动的化身。在学术研究这条充满坎坷、艰辛甚至苦楚的漫长道路上，很多人或摇摆不定、下不了决心，或畏难苟安、吃不了苦头，或"始乱终弃"、成不了"姻缘"，半途而废、前功尽弃者比比皆是。诚如俄国著名作家车尔尼雪夫斯基所言："只有毅力才会使我们成功，而毅力的来源又在于毫不动摇，坚决采取为达到成功所需要的手段。"没有"直挂云帆济沧海"的"赶考精神"，没有"咬定青山不放松"的超凡毅力，没有"不破楼兰终不还"的坚定决心，没有"千磨万击还坚劲"的坚强意志，很难体会苦尽甘来的成果回馈和笑到最后的精神抚慰。

最后，由衷希望本书的出版能够引发学术界对科学家精神研究在内涵揭示、价值析出、社会功用等方面的共鸣，也衷心祝愿汪长明同志在以后的学术研究尤其是科学家精神研究方面，马不停蹄、再接再厉，继续向广大读者奉献更多的精品力作。

"文章千古事，得失寸心知。"是为序。

郭曰方

2023年3月20日于北京

中国科学院文联原主席

《中国科学报》原总编

俄罗斯艺术科学院荣誉院士

中国科普作家协会荣誉理事

前 言

身处全国爱国主义教育示范基地上海交通大学钱学森图书馆这个接受精神洗礼、文化浸润与思想淬炼的神圣殿堂，怀着投身以钱学森为代表的中国科学家精神研究这份职业情愫，抱持以科学家精神研究成果开展社会教育与行业交流这颗学术初心，笔者将倾注数载心力而成的《心怀"国之大者"——科学家精神若干思考》一书呈奉在读者面前，由衷希望它成为沟通作为知识生产者的作者与作为知识习得者的读者之间的一座桥梁。就知识转移而言，正是这样一座既无影无形又有血有肉的"桥梁"，时时刻刻建构着兼具存在者与思考者身份的我们努力将个人创造行为置换为某种社会价值载体，并反过来夯实我们社会存在的一种可阅读的文本方式。

严格说来，《心怀"国之大者"——科学家精神若干思考》是一本学术文集。笔者竭尽所能对结构性文本进行"抽丝剥茧"，希望与广大读者一起，直击并领略本书的终极内核——科学家精神，并在科学家精神研究纷繁的学术生态面前达成某种情感与价值共识。无疑，与源远流长、古已有之的"科学精神"不同的是，科学家精神尚属新生事物，但其一经提出——无论概念与内涵、还是要求与路径——便成为中国科技界乃至全社会的话语范式，赢得了热烈而广泛的社会响应，由此既具有社会公共属性（面向公共产品生产），又具有"思想投资"价值（面向学术产品生产）。在此意义上，笔者由衷认为，无论基于何种需求、以何种形态开展科学家精神传播，宣传普及也好、学术研究也罢，知识生产也好、思想营销也罢，课堂教育也好、社会教育也罢，对行为主体而言，均超越了学术热情和工作职责的程式范畴，而是一种职业使命与社会责任的自我附加。正是这样一种"自我附加"，催生了本书从零星研究到接续推进、进而"抛"向社会的系统尝试与惯性努力。

借此机会，笔者"先入为主"，谨就本书有关问题进行预设性说明。

一、心怀"国之大者"：弘扬科学家精神的时代召唤

习近平总书记《在科学家座谈会上的讲话》（2020年9月11日）指出："科学成就离不开精神支撑。科学家精神是科技工作者在长期科学实践中积累的宝贵精神财富。"此前，中央专门印发《关于进一步弘扬科学家精神加强作风和学风建设的意见》（2019年5月）。其中指出，要激励和引导广大科技工作者自觉践行、大力弘扬新时代科学家精神，在全社会营造尊重科学、尊重人才的良好氛围，为科技工作者潜心科研、拼搏创新提供良好政策保障和舆论环境，为建设世界科技强国汇聚磅礴力量，为实现"两个一百年"奋斗目标、实现中华民族伟大复兴的中国梦作出更大贡献。在"成就"与"精神"的相互建构、时代与现实的亲切互动中，广大科学家心怀"国之大者"、头顶日月星辰、脚踏万里河山，矢志把论文写在祖国大地上，将自己澎湃的热情和火热的生命奉献给了祖国科技事业，奏响了时代的铿锵

乐章。

一代人有一代人的使命，一代人有一代人的担当。以"爱国、创新、求实、奉献、协同、育人"为核心内涵的科学家精神是一代又一代科学家精神凝聚的产物，体现了中国科学家的群体镜像与精神特质。经过历史长期检验，科学家精神如今已进入中国共产党人精神谱系（2021年9月），由此具有政治意涵和谱系特征，成为支撑中国科技事业发展，以及中国共产党百年光辉历程的伟大精神之一，理应成为广大科学家和科技工作者共同价值遵循、人文情怀和职业坚守。

2021年4月19日，总书记在清华大学考察时指出，我国高等教育要立足中华民族伟大复兴战略全局和世界百年未有之大变局，心怀"国之大者"，把握大势，敢于担当，善于作为，为服务国家富强、民族复兴、人民幸福贡献力量。科技事业是党和国家事业重要组成部分，是全面建设社会主义现代化国家新征程上的"国之大者"（本书故名）。经过一代又一代科技工作者勠力创新、接续奋斗、薪火相传，我国科技事业取得了历史性成就、发生了历史性变革。党的二十大描绘了以中国式现代化全面推进中华民族伟大复兴的宏伟蓝图，报告第五部分（实施科教兴国战略，强化现代化建设人才支撑）是党的全国代表大会报告历史上首次设立的科技、教育、人才"专章"，其中共9次提及"科技"、22次提及"教育"、14次提及"人才"。由此可见，科技、教育、人才在全面建成社会主义现代化强国新的历史时期，具有突出地位和特殊重要性，体现了以习近平同志为核心的党和中央对实施科教兴国战略、人才强国战略、创新驱动发展战略，以及对新时期科技教育人才工作的高度重视。

站在"两个一百年"奋斗目标历史交汇点上，身处中华民族伟大复兴战略全局和世界百年未有之大变局，中国科技事业面临的重点任务更加突出，承载的时代使命殊为重大，肩负的历史重任前所未有。党的二十大报告明确提出，要"培育创新文化，弘扬科学家精神，涵养优良学风，营造创新氛围"。"科技梦"助推"中国梦"，当前，大力弘扬科学家精神已经成为科技界乃至全社会的主旋律，为实现高水平科技自立自强、建设世界科技强国提供了强大的精神支撑和智力赋能。

笔者并非科技工作者，而是身处高校从事社会科学研究万千学者中的普通一员。在哲学社会科学工作座谈会上的讲话（2016年5月17日）中，总书记要求广大哲学社会科学工作者，"深入研究和回答我国发展和我们党执政面临的重大理论和实践问题，推出一大批重要学术成果，为坚持和发展中国特色社会主义作出了重大贡献。"在弘扬科学家精神和实现高水平科技自立自强双重时代背景和社会召唤面前，开展科学家精神研究、阐释与传播，推动科学家精神研究成果服务和支撑国家经济社会发展，为全面建设社会主义现代化国家、全面推进中华民族伟大复兴历史伟业贡献绵薄学术智慧，既是广大学者的学术责任和社会责任所在，也是国家赋予哲学社会科学工作者的历史责任和时代责任。

正因此，笔者将近年来有关科学家精神研究的学术成果结集出版，既是对自己从事科学家精神研究经历的阶段性总结，也由此与广大读者尤其是从事科学家精神研究的同仁进行一次无声无息的学术对话。

二、本书研究缘起、体例设计与学术支持

其一，关于研究缘起。"世间万物皆有情，难得最是心从容。"本书"千呼万唤始出来"，最终得以"化零为整"、结集成书，呈现在广大读者面前，很大程度上源自笔者近年来基于职业属性和岗位职责，聚焦以钱学森为代表的中国科学家多维度研究及其精神揭示，关涉科学成就、学术成长、红色基因、教育价值、社会记忆、个案呈现，等等。需要说明的是，关于人物精神研究，无论群体性还是个体性，学术界存在四个根本性误区或言四块短板：一是视精神研究为言之无物的"空虚研究"。不少学者认为，举凡涉及以"精神"为内核的研究对象，皆属空洞说教、华而不实之举。如同其他精神词汇，科学家精神本质上是一个整体性话语框架，"六大要素"是其实实在在的内涵支撑。二是将精神研究局限于意识和思维层面，且以群体性、整体性描述为主，内涵揭示与个体呈现不够。三是媒体驱动而非学术驱动，科学家精神重宣传轻研究，主要服务于党和国家意识形态工作，学术研究与知识生产滞后，社会服务力不够。四是侧重价值揭示而非路径探索，人物精神的社会功能和时代价值难以充分彰显。

其二，关于体例设计。本书共收录23篇文章（不含附录），围绕科学家精神这一"关键词"进行"布局谋篇"。全书设"中国科学家精神特质（内涵篇）""科学家精神价值诠释（价值篇）""战略科学家使命担当（实践篇）""科学家档案存史育人（传承篇）""科学家精神社会记忆（纪念篇）""人民科学家崇高风范（典范篇）"六个专题，既有作为一个职业群

体的中国科学家精神群像揭示（整体性），又有作为中国科技界一面旗帜、践行科学家精神的杰出代表、被党和国家领导人誉为"人民科学家"的钱学森精神风范呈现（个体性）。同样需要说明的是，部分文章的专题归属具有相对性和选择性，并适当考虑专题体量的相对平衡。例如，《见人见史见精神——钱学森手稿的四重价值》《从钱学森身上汲取强化国家战略科技力量历史给养》两篇文章，虽然从名称上看均属钱学森个案研究，但内容分别更加侧重钱学森手稿作为科学家精神物质载体的一般属性，以及钱学森作为战略科学家"第一人"，身上所体现的战略科学家群体职业特质、学术视野与使命担当，因而分别归入第二章（科学家精神价值诠释）和第三章（战略科学家使命担当）。笔者由衷希望，文章专题归属不至影响读者对文章整体性的认知与理解。

其三，关于学术支持。"板凳甘坐十年冷，文章不写半句空"，是每一位纯粹的研究者应秉持的价值操守与学术精神。选择艰辛、守望寂寞与捍卫清贫，于学者而言，自当乐在其中、乐此不疲。古云："不忘初心，方得始终"；"慎终如始，则无败事"。在笔者看来，学术研究是板凳与思想的深度对话，是清冷与热情的坚贞守望，是苦难与辉煌的浪漫交织。感怀于晨露，掩卷于星光。本书终究得以如愿出版，既凝聚着笔者心许学术、情系科研的虔诚，也有幸得到从多年深耕钱学森研究的学术同道到热情投身科学家精神研究的学术同仁、从钱学森图书馆各位领导到社会各界友人的关心指导和鼎力支持。他们或开诚布公分享个人学术观点，或就体例设计提供真知灼见，或题词作序使本书添光加彩，或牵线搭桥为学术联络赋能助力。谨此诚挚致意，遂不逐一具名，若有失礼之嫌，敬祈见谅。

三、研究、阐释和弘扬科学家精神的四重要求

科学家精神的要素与内涵，弘扬科学家精神的指导思想与根本要求中央及国家有关部委已就此印发多份文件。而在学术层面，关于如何更好研究、阐释和弘扬科学家精神，精准发力、主动作为，作为个人学术观点，笔者谨在此抛砖引玉，就教于广大读者与学术同仁。

其一，要从历史和时代视角去诠释科学家精神，还科学家精神"历史之真、时代之真"。科学家精神在横向维度，拥有完整话语体系和逻辑框架：爱国是科学家精神的基石，创新是科学家精神的灵魂，求实是科学家精神的本质，奉献是科学家精神的核心，协同是科学家精神的支撑，育人是科学家精神的源头；在纵向维度，"六大要素"均为历史演绎的产物，并经受了时代检验和理论论证，具有鲜明的谱系化特征。以爱国主义为例，爱国固然是一种对祖国怀有深沉热爱之心的崇高情感，固然是对祖国和人民发自内心的归属感和认同感，然而在不同历史语境下，爱国主义精神呈现"民族危难、科学救国""民族独立、科学报国""民族复兴，科技强国"等不同的时代主题。由此可见，中国科学家身上的爱国主义诠释具有鲜明的时代烙印，与国家发展深度关联，与民族命运紧密呼应，具有"与时代同向，与祖国同行"的鲜明价值取向与时代特征。推而言之，剥离科学家精神的历史属性论科学家精神，研究、阐释和弘扬科学家精神难免流于空谈，成为空洞的口号与宣告。因而，做好科学家精神的时代主题演化，是回归科学家精神理论本

源（理论之真）的必然要求。

其二，要注意科学家个体阐释与群体阐释统一，还科学家精神以"大中取小，小中见大"。科学家精神的形成（要素凝练），既在整体论意义上是一代一代、千千万万科学家个体精神"最大公约数"的最终求解，也在还原论意义上是科学家职业群体属性的个体承载与个性表达；既是科技事业历史变革和时代发展相互激荡，并在科学家"精神躯体"集体凝结的产物，也是科学家个体与群体、群体与国家、国家与社会多维互动的结果。做好科学家个体阐释与群体阐释的统一，需要切实从科技事业整体发展宏观视角讲好讲好中国科技故事（宏大叙事），从科学家群体样貌中观视角讲好中国科学家故事（群体叙事），从科学家个体精神形态微观视角讲好科学家个人故事（个体叙事）。为此，既要将科学家的个体情感表达植入群体精神叙事，从个体视角归纳科学家群体的整体特质，做好"小中见大"，又要从群体视角揭示科学家个体的一般属性，整体性与个体性、统一性与差异性、一般性与特殊性有机统一，做到"大中取小"。

其三，要做到精神叙事与物质叙事结合，还科学家精神以"虚实相生，情景交融"。科学家精神是科学家群体特有、反映科学家职业品格的一种行业性意识形态、思维模式与价值取向。科学家精神植根于科学家内心深处，是一种"情感审美"与价值选择；外化为可知可见、可感可触的实践行为，是一种情感阐释与价值表达。马克思主义哲学认为，物质决定精神，同时，精神对物质起反作用。物质与精神的二元辩证关系昭示，弘扬科学家精神不能坐而论道、空洞说教，需要以物质叙事支撑精神叙事，做到精神叙事与物质叙事的结合。如果不将科学家所思所想"物化"为其所行所为，不能做到精神叙事与物质叙事的有机统一，科学家精神的理论内涵和实践价值都会失去其鲜明"底色"和亮丽"成色"。只有化抽象（科学家精神的概念演绎与内涵揭示）为具体（科学家的成长历程、突出事迹与杰出贡献），融具体于抽象，做到"虚实相生"，做到科学家个人情感融入（"情"）中国科技事业宏伟图景（"景"）的交融与呼应，才能真正发挥科学家精神应有社会功能和时代价值。

其四，要从中国共产党人精神谱系视角理解科学家精神，还科学家精神以"你中有我，我中有你"。科学家精神既是公共话语，又是学术话语，承载着广大科学家的学术智慧；既是科技话语，又是政治话语，凝聚着党对科技事业的殷切期望。《关于进一步弘扬科学家精神加强作风和学风建设的意见》对科学家精神要素的完整归纳为："胸怀祖国、服务人民的爱国精神""勇攀高峰、敢为人先的创新精神""追求真理、严谨治学的求实精神""淡泊名利、潜心研究的奉献精神""集智攻关、团结协作的协同精神""甘为人梯、奖掖后学的育人精神"。语义内涵与话语指向上，科学家精神体现了思想与行动的统一，做到了出发点与落脚点的呼应，建立了条件与结果的关联，实现了精神（科学品质）与物质（科学实践）的契合，是广大科学家将科技报国崇高理想、坚定志向、价值追求融入国家科技事业发展洪流之中的精神写照。例如，"胸怀祖国、服务人民的爱国精神"，"胸怀祖国"是一种精神品质，而"服务人民"则是一种实践活动，只有"胸怀祖国"才能做到"服务人民"。由此可见，科学家精神进入中国共产党人精神谱系，蕴含厚重红色基因和丰富红色资源。"红色"成为科学家精神与中国共产党人精神谱系的"子集"和"底色"。而从大历史观视角领会科学家精神，一部近代中国科技事业发展史，是党的百年奋斗光辉历程无可或缺的一部分，"你中有我，我中有你"，渗透着广大科学家深沉的家国情怀和科技战线坚持把科技自立自强作为国家发展战略支撑的使命意识。科技事业与党的事业同频共振、交相辉映，诠释的是"科技兴则民族兴，科技强则国家强"的中华民族伟大复兴最高价值和底层逻辑。

值此第七个全国科技工作者日来临之际，谨以此书，向广大科学家和科技工作者致敬！

2023年4月于海上四友斋

目 录

序 /001
前言 /001

第一章 动力之源——中国科学家精神特质（内涵篇）

科学成就离不开精神支撑 /003
弘扬科学家精神的三个维度 /008
以五种意识支撑科学家精神传播 /019

第二章 不朽之业——科学家精神价值诠释（价值篇）

中国航天事业系统协同机制的历史经验与当代传承 /029
人才精神的价值内涵与实践路径 /064
科学家纪念馆在"四史"学习教育中的担当与作为 /081
见人见史见精神——钱学森手稿的四重价值 /089

第三章 国之重器——战略科学家使命担当（实践篇）

战略科学家的时代召唤与制度催生 /097
战略科技人才的时代角色与高等教育行动自觉 /112
科技工作坚持"四个面向"的理论逻辑 /132
从钱学森身上汲取强化国家战略科技力量历史给养 /140

第四章 党之大计——科学家档案存史育人（传承篇）

人物纪念馆专题展览策划与青少年社会教育　　　　/ 153
基于思想政治工作的科技名人档案社会化服务研究　　/ 169
科技名人档案的思想政治教育功能研究　　　　　　　/ 186

第五章 民族之魂——科学家精神社会记忆（纪念篇）

高校博物馆的时代机遇与使命担当　　　　　　　　　/ 205
记忆不可靠性视域下口述档案的身份重构　　　　　　/ 210
知识管理：科技名人档案认知、组织与揭示　　　　　/ 223
提高科技名人档案社会化服务能力的现实观照　　　　/ 236

第六章 科学之帜——人民科学家崇高风范（典范篇）

钱学森在党史上的理论地位　　　　　　　　　　　　/ 245
钱学森：科学最重，名利最轻　　　　　　　　　　　/ 255
钱学森生前秘书吴中秋捐赠文献史料始末　　　　　　/ 262
人民科学家钱学森：践行科学家精神的杰出代表　　　/ 270
钱学森：高度的政治觉悟　高效的组织管理　高远的学术视野　　/ 285

附　录

附录一　中国科学家精神图谱总系　　　　　　　　　/ 305
附录二　解读中国共产党人精神谱系　　　　　　　　/ 308
附录三　榜样的力量从何而来　　　　　　　　　　　/ 311

参考文献　　　　　　　　　　　　　　　　　　　　/ 315

后记　　　　　　　　　　　　　　　　　　　　　　/ 327

第一章

动力之源——中国科学家精神特质

（内涵篇）

上海市美术家协会会员、上海海上书画院理事董伟民创作钱学森肖像

科学成就离不开精神支撑

习近平总书记在科学家座谈会上指出:"科学成就离不开精神支撑。科学家精神是科技工作者在长期科学实践中积累的宝贵精神财富。"① 2021年9月27日至28日,中央人才工作会议在北京召开,总书记出席会议并发表重要讲话指出,要"坚持人才引领发展的战略地位""坚持弘扬科学家精神"。② 以"爱国、创新、求实、奉献、协同、育人"为核心内涵的新时代中国科学家精神,是广大科技工作者的闪亮标签和鲜明特质,成为建设世界科技强国、实现中华民族伟大复兴的中国梦的强大精神支撑,值得全社会大力弘扬并不断传承,由此让科学家精神深入人心,让科学家真正成为受人尊重、令人拥戴、让人敬仰的崇高职业,为中国科技事业发展不断注入精神力量。

一、弘扬胸怀祖国、服务人民的爱国精神

"科学无国界,但科学家有祖国。"广大科技工作者赤胆忠诚、赤心

---

① 习近平:在科学家座谈会上的讲话[EB/OL].中国政府网:http://www.gov.cn/xinwen/2020-09/11/content_5542862.htm.
② 习近平在中央人才工作会议上强调 深入实施新时代人才强国战略 加快建设世界重要人才中心和创新高地[EB/OL].中华人民共和国国家互联网信息办公室:http://www.cac.gov.cn/2021-09/28/c_1634422012229218.htm?ivk_sa=1024320u.

报国,胸怀"此生惟愿长报国"的深沉家国情怀和崇高精神品质,是科学领域纯粹的爱国主义者。他们树立科技报国远大理想,将个人人生志向与国家命运、个人成长与国家发展、个人选择与国家需要有机统一、"无缝连接";他们将爱国之心与报国之行、科学研究之"冷"(冷静)与报效祖国之"热"(热情)融入个人职业追求与科学理想之中,做到了个体(个性)与群体(共性)、时代性与先进性、追求真理(理论)与服务国家(实践)相统一,把论文写在祖国大地上,铸就了中国科学家精神谱系。"我的事业在中国,我的成就在中国,我的归宿在中国。"著名科学家钱学森回国时的这句铮铮誓言,堪称中国科学家爱国主义精神的集中写照与群体镜像。

二、勇攀高峰、敢为人先的创新精神

著名数学家苏步青曾经说过:"丹心未泯创新愿,白发犹残求是辉。"科学的价值在于"破旧立新"——破除既有范式,创造新的范式,从而推动科学的传承、社会的发展、人类的进步。"创新是一个民族进步的灵魂,是一个国家兴旺发达的不竭动力。"广大科学家是科研创新的主体。在科研工作中,他们不畏"定理"、敢于质疑、勇于突破、开拓创新,以"功成不必在我"的精神境界和"功成必定有我"的科学担当,不断攻克科学研究的前沿阵地、学术洼地、创新高地,征服了一座又一座科学的"珠穆朗玛峰",解决了一个又一个创新的"疑难杂症",为建设创新型国家注入创新动力、提供创新智慧、书写创新历史。对此,钱学森曾指出:"没有创新,我们将成为无能之辈。"

三、追求真理、严谨治学的求实精神

广大科技工作者戮力同心、攻坚克难，坚持实事求是、追求科学真理、勇攀科技高峰，始终敢为人先，纵然"高处不胜寒"，他们依旧"咬定青山不放松"，以"黄沙百战穿金甲"的勇气和豪情、"不破楼兰终不还"的韧劲和自信，义无反顾、勇往直前，是行走在科学荒漠中的孤胆英雄；在个人科学生涯中，他们不断探索科学与自然的奥秘，努力破解推动人类社会发展的"科学密码"，为认识自然、改造自然、服务社会不懈探索，穷尽毕生科学智慧，并将其付诸祖国的大地上不懈奋斗、建功立业的科学历程之中。

四、淡泊名利、潜心研究的奉献精神

科技事业是党的事业重要组成部分，对科技工作者而言，献身科技事业是坚守科技报国初心的根本"底色"，最是奉献方显初心，唯有奉献堪担使命。心底无私天地宽，我以我血荐轩辕。科学家是"隐姓埋名"的民族英雄。他们以科技报国梦助力"为中国人民谋幸福、为中华民族谋复兴"的中国梦，将自身科学才华和学术智慧融入祖国科技事业之中，以小我之力成就大我之心，以小我之为成就大我之功，以小我之愿成就大我之境，在历史和时代赋予的科学机遇中，向祖国和人民递交了一份又一份完美的科学答卷，实现科学人生的亮丽出彩。

五、集智攻关、团结协作的协同精神

科技事业是一项千军万马参与的大兵团作战，来不得单打独斗与孤军奋战。习近平总书记指出："在国家重大科技任务担纲领衔者中发现具有深厚科学素养、长期奋战在科研第一线，视野开阔，前瞻性判断力、跨学科理解能力、大兵团作战组织领导能力强的科学家。"[1] 大兵团作战离不开服从大局的集体主义精神和团结协作的协同精神。在个人与集体的关系、个人与国家的互动中，每一位科学家都是中国科学家群体中不可或缺的"个体"，是中国科技事业宏伟大厦中无可替代的"单元"。正是无数"个体"、无数"单元"凝聚成了国家科技事业发展的时代伟力，谱写了科技强国日新月异的宏伟篇章。广大科学家勇于发扬协同创新、集智攻关的团结协作精神，凝心聚力搞科研，众志成城谋创新，以滴水之力汇聚国家科技事业发展的磅礴力量，将个人科学贡献和学术造诣融入建设世界科技强国的滔滔洪流之中。

六、甘为人梯、奖掖后学的育人精神

"问渠哪得清如许，为有源头活水来。"国家科技事业发展离不开一代代科技工作者接续奋斗。甘为人梯、奖掖后学，薪火相传、生生不息。科学家尤其是战略科学家，既是奋斗在国家科技事业一线的领头雁和排头兵，也是国家科技事业永续发展的"督导者"。为此，"要坚持长远眼光，有意

---

[1] 习近平出席中央人才工作会议并发表重要讲话[EB/OL]. 中国政府网: http://www.gov.cn/xinwen/2021-09/28/content_5639868.htm.

识地发现和培养更多具有战略科学家潜质的高层次复合型人才，形成战略科学家成长梯队"。① 长期以来，一代代、一批批德高望重、功勋卓著的老一辈科学家甘做年轻科技工作者尤其是科学新星、学术新秀的塑造者和培养人，为他们的学术成长架梯搭桥、投石铺路。春华秋实，他们但求国家科技事业"四季如春"并不懈耕耘，是科学原野上播洒希望、永不停歇的"播种机"，是科学大观园里修枝剪叶、不知疲倦的"园丁"，为实现科学的传承与创新，为国家科技事业后继有人殚精竭虑、臻于无我。世之垂范，功德无量！

---

① 习近平出席中央人才工作会议并发表重要讲话［EB/OL］．中国政府网：http://www.gov.cn/xinwen/2021-09/28/content_5639868.htm.

弘扬科学家精神的三个维度

科学家是一个特殊的职业群体，掌握着现代科学技术这把推动经济社会发展的"金钥匙"。习近平总书记指出："现在，我国经济社会发展和民生改善比过去任何时候都更加需要科学技术解决方案，都更加需要增强创新这个第一动力。"① 作为科技创新的主力军，广大科学家和科技工作者肩负着不断向科学技术深度和广度进军，为建设创新型国家做出历史性贡献的社会责任。在强化国家战略科技力量成为党和国家当前"重中之重"工作任务的今天，大力弘扬科学家精神、不断提高我国科技竞争力，具有恒久时代价值和重要现实意义。

一、涵育科学文化：舆论引导与聚集培育相结合

科技工作者是国家的宝贵资源，"科学家精神是科技工作者在长期科学实践中积累的宝贵精神财富"。弘扬科学家精神重在宣传、贵在践行、要在传承。应借助媒体和舆论的"散发功能"，让科学家的科学成就、人格品质、精神风范走进千家万户，激励一代又一代年轻人尤其是青少年树立科学

---

① 习近平主持召开科学家座谈会并发表重要讲话 [EB/OL].中国政府网：http://www.gov.cn/xinwen/2020-09/11/content_5542851.htm.

报国远大理想、践行科技强国历史使命,实现科学的传承与创新、国家的发展与繁荣。

(一)大力营造尊重科学尊重创造的社会氛围

科学家是具有独特知识系统并通过自身掌握的专门知识服务社会的高层次人才群体。如果说知识分子是社会的"良心",科学家则是知识分子这一社会集群不可或缺的组成部分。习近平总书记在科学家座谈会上指出,我国科技事业取得的历史性成就,是一代又一代矢志报国的科学家前赴后继、接续奋斗的结果。[1] 在建设世界科技强国的大背景下,弘扬科学家精神需要多维发力:一是努力营造大力弘扬科学家精神的舆论氛围和社会环境,让科学家真正成为受人尊重的职业,由此推动科学家精神融入全体社会成员的精神血脉,使其成为社会主义核心价值体系不可或缺的要素。二是建立弘扬科学家精神系统性成果奖励与荣誉称号颁授制度,让为国家做出重要科学贡献的科学家及其推动社会经济和社会发展带来显著效益的科学成果为国家所认可、社会所熟知。虽然国家已经设立了纵向的、自上(中央)而下(地方)的科技成果奖励体系和横向的、涵盖不同科学与学科领域的荣誉制度,但完整的成果奖励与荣誉称号颁授制度尚未建立,很多奖励并不具有"制度性"。三是广泛开展科学普及教育,让科学精神、科学文化深入人心。可以通过加强科学家档案采集与保管,依托有关科研院所、文博场馆等建立科学家纪念馆和不同主题的科技馆等科学家精神教育基地等,开展科普教育、仪

---

[1] 习近平主持召开科学家座谈会并发表重要讲话[EB/OL]. 中国政府网:http://www.gov.cn/xinwen/2020-09/11/content_5542851.htm.

式教育，提高全体社会成员的科学文化素质和热爱科学、崇尚科学、学习科学的社会文化氛围。

（二）以聚集培育实现中国科技事业薪火相传

科研工作是一项承前启后、继往开来的宏伟事业，离不开科技工作代际传承和科技工作者接续奋斗，需要一代代、一批批后来者脱颖而出。只有这样，科技事业才有薪火相传、永续发展的生命力和不断实现自我超越的"发展力"。以聚集培育确保科技事业后继有人，是建设世界科技强国的必然要求和刚性需要。俗话说，"人无远虑，必有近忧"。对于一个国家而言，不抓紧"科学技术"这个发展的"命根子"，不培养造就对科技创新、产业变革、国家发展具有决定意义的科学家队伍，就难以在未来越来越明显的激烈竞争中掌握战略主动、抢占战略高地、赢得战略先机。为此，需要从国家层面加强顶层设计，制定遵循教育基本规律、适应国家战略需求、符合人才成长规律的科技创新人才培育战略。育人精神是科学家精神的重要内容，也是科学家精神价值实现的重要形式之一。习近平总书记指出："希望广大院士发挥好科技领军作用，团结带领全国科技界特别是广大青年科技人才为建设世界科技强国建功立业。"[1] 站在加快推进创新型国家建设和世界科技强国建设新的历史交汇点上，广大青年科技工作者肩负着推进科技创新的历史使命，成为勇于破解突破关键核心技术、敢于担当民族复兴重任的"时代科技新人"。以科学家精神涵育科学家精神，大力挖掘科学家精神蕴含的丰富育

---

[1] 习近平.为建设世界科技强国而奋斗——在全国科技创新大会、两院院士大会、中国科协第九次全国代表大会上的讲话［N］.人民日报，2016-06-01.

人价值、弘扬科学家精神的传承效应和示范效应，发挥好为国家做出突出贡献的杰出科学家对广大科技工作者尤其是青年科技工作者的"引路人"和"导航仪"作用，引导广大青年科技工作者自觉学习和传承科学家精神，让他们在老一辈科技工作者崇高精神品质的熏陶下不断成长，是弘扬科学家精神的应有之义。只有紧紧抓住"聚集培育"这个"牛鼻子"，增强人才成长的"专业点位"和"智力密度"，不断培育适应时代需要，既有专业本领和科学造诣、又有发展潜力和创新潜质的科技创新人才，为建设科技强国提供强大的后备军和新生力量，我国科技事业代代传承、持续发展才有可靠的人才保障和坚实的智力基础。

二、厚植家国情怀：个案研究与谱系研究相结合

研究是宣传的基础，研究得越深入，人物精神越是有血有肉，精神宣传就越能入骨入魂、走深走实。加强科学家精神研究，旨在一方面更深理解科学家精神的实质，另一方面更好宣传科学家精神，营造尊重知识、尊重人才、尊重科学、尊重创造的社会舆论氛围，使科学家社会地位得到应有认可和保障，科学研究和科技工作成为社会成员尊崇、得到社会尊重的职业。

（一）科学事业是科学家与国家之间的价值枢纽

法国科学家巴斯德有一句名言："科学无国界，但科学家有祖国。"这句话本质上讲的是科学家的政治立场和价值取向问题，即从事科学研究"为什么"的问题。思想是行动的先导，有什么样的思想导向就有什么样的价值追求和职业动力，也就有什么样的人生道路和职业成就。对科技事业而言，

热爱祖国、奉献祖国理应成为科技工作者最基本的道德规范和价值遵循。诚如著名科学家钱学森所言："科学没有国界，但科学家是有国界的，这里面蕴藏着民族的荣誉感和国家自豪感。"在中国特色社会主义政治语境下，中国共产党是我们各项事业的领导核心，中国共产党的领导是中国特色社会主义最本质的特征。包括科学家在内广大科技工作者是党的培养下成长起来的优秀人才，应该秉持最基本的"民族荣誉感"和"国家自豪感"，自觉拥护党的领导，树立以自身科学才智为党的事业，为民族复兴、国家富强不懈奋斗的坚定政治立场和科学取向，否则其科学成就即便再大也会因失去价值皈依而黯然失色。

以"爱国、奉献、求实、创新、协同、育人"为核心内涵的新时代中国科学家精神是广大科技工作者崇高精神品质的核心凝练和集中概括，是他们以科学事业为载体和依托，将自身科学报国的价值追求和开拓创新的实践品格融入国家发展时代洪流的"精神归纳"。在建设世界科技强国的今天，我国科技事业发生了历史性变化，广大科技工作者做出了历史性贡献。没有广大科技工作者立足中国大地开展科学研究的家国情怀和站在世界科技前沿进行科技创新的开拓意识，就没有中国科技事业的今天。他们是以爱国主义为核心的民族精神和以改革创新为核心的时代精神的自觉践行者。弘扬中国科学家精神，爱国是时代的主旋律；建设世界科技强国，创新是发展的主动力。将爱国主义精神内化为科技报国的崇高志向、外化为开拓创新的职业热情，以践行科学家精神助力国家科技事业发展，应该成为每一位科技工作者的自觉遵循和价值坚守。有了"爱国"和"创新"这根精神的"指挥棒"，

"奉献""求实""协同""育人"也就有了生生不息、源源不断的力量之基,中国科技事业由此拥有接续发展的精神支撑。

(二)科学家精神谱系是中国精神谱系重要支脉

人是共性与个性的统一体,个性是劳动创造性的根本前提。每一位取得一定科学成就、为国家做出一定贡献的科学家都有着"与众不同"的科学事迹,具有"独当一面"的精神风采。弘扬科学家精神要注重个案研究与谱系研究相结合,如此才能更好彰显科学家的时代角色。注重个案研究,体现的是对科学家本人创造性劳动的尊重,以针对性研究展示和呈现其个性特质;同时,每一位科学家精神特质的凝结,又在整体上构成了中国科学家的集体风采与群体风貌。大而言之,作为整个社会的一个职业单元、整个国家的一个职业群体,科学家精神又自然融入了作为国家领导核心的中国共产党精神谱系之中,从而在历史和时代双重意义上实现了自身行业价值和社会价值。加强科学家个案研究、科学家精神群体研究、中国共产党精神谱系研究有机统一,体现了马克思主义关于处理个体与整体关系的科学方法论。

伟大的事业产生伟大的精神,不忘初心、矢志奋斗必然成就伟大的事业。每一种精神产生都离不开艰苦卓绝的奋斗历程。人无精神则不立,党无精神则不兴,国无精神则不强。一代人有一代人的担当,回顾中国共产党百年奋斗历程,一个基本经验是,一代代、一批批先进人物在党的领导下,走在了革命、建设和改革一线,成为引领民族解放、国家发展和社会进步的强大动力。他们的精神事迹凝聚成了引领全国人民接续奋斗的伟大精神,形成了先进人物精神谱系,并融入中国共产党精神谱系之中,成为其中璀璨夺目的"精神单元"。在这些林林总总的"精神单元"中,科学家精神尤为引人注目。2019年6月,中共中央办公厅、国务院办公厅专门印发《关于进一步弘扬科学家精神加强作风和学风建设的意见》,旨在"激励和引导广大科技工作者追求真理、勇攀高峰,树立科技界广泛认可、共同遵循的价值理念,加快培育促进科技事业健康发展的强大精神动力,在全社会营造尊重科学、尊重人才的良好氛围"。[1] 加强科学家精神研究是弘扬科学家精神的根本要求,而加强科学家精神研究,一要注重科学家谱系化研究,实现科学家精神特质从个体特质向群体属性的理论归纳。二要注重中国科技事业与国家整体发展之间的关联研究。如前所述,科技事业是党的事业之一部分,"科技兴则民族兴 科技强则国家强"。将中国科学家精神谱系作为中国共产党精神谱系之重要支脉进行研究,一方面可以全面认识科学家群体的时代角色、准确把握识科技事业的政治取向,另一方面可以丰富中国共产党精神谱系的内涵和体系。在科学家与国家在精神层面的双向互动中,将科学家个人的精神特质融入中国科学家精神谱系之中,将中国科学家精神谱系融入中国共产党精神谱系之中,可以实现个人与集体、集体与国家、个人命运与国家命运的衔接,实现个人价值与社会价值的呼应、集体精神与国家精神的契合。

三、锻铸国之重器:科研激励与人文激励相结合

激励是促进劳动者发扬劳动精神、崇尚劳模精神、践行工匠精神的重要

---

[1] 中共中央办公厅、国务院办公厅.关于进一步弘扬科学家精神加强作风和学风建设的意见[EB/OL].新华网: http://www.xinhuanet.com/politics/2019-06/11/c_1124609190.htm.

手段，是发挥劳动者精神动能、劳动潜能、职业产能，从而提高劳动产出、促进劳动者价值实现的重要管理策略。对科技管理者而言，要通过科研激励（主要表现形式是物质激励）与精神激励（重点是人文关怀）"双轨制"激励手段，最大限度提高科技工作者的科研成果产出，实现科研工作社会价值最大化。

（一）以科研激励促进科技工作者专业成长

2020年6月2日，习近平总书记在北京主持召开专家学者座谈会并发表重要讲话。他指出，要深化科研人才发展体制机制改革，完善战略科学家和创新型科技人才发现、培养、激励机制，吸引更多优秀人才进入科研队伍，为他们脱颖而出创造条件。[①] 为此，应通过项目激励、成果激励等"硬激励"手段，促进科研人员队伍阶梯型成长、科研工作效能整体性提升。具体而言，一要强化科研经费支持与保障力度，努力营造科研人员潜心科学研究、勇于开拓创新、实现自我超越的学术氛围和职业环境；二要提高科研人员尤其是处于职业上升期的年轻科技工作者在科研项目中的参与度，为他们创造展示学术才华的机会，增强他们的科研显示度和职业成就感。目前，我国虽然已经建立涉及不同科研群体、面向不同研究领域、涵盖不同成长阶段科技人才的项目资助体系，但对于身居科研创新一线的杰出科学家群体和有科学志向和科研潜力但尚处于"思想层面"的未来科技人才，尚缺乏实质性支持的资助项目，科研资助与激励体系呈现"中间大、两头小"的"纺锤结

---

① 构建起强大的公共卫生体系——三论深入学习习近平总书记在专家学者座谈会上重要讲话［N］.光明日报，2020-06-06.

构"。这与科技事业可持续发展的时代要求、与强化国家战略科技力量的现实需要不太适应,导致战略科技人才后备力量积累不够、根基不牢,部分处于"塔尖"位置的顶尖科学家过早"功成身退",科研系统内部智力流失、科研工作者科研周期缩短,等等。

为此,应从国家层面建立全维度科研奖励体系,实现奖励对象和奖励范围"全覆盖"。例如,其一,以奖促培,先期培育。可以设立国家级年度"科技少年奖"颁授或开展"未来科学之星"评选活动,对获奖者提供不同形式的奖励,例如推荐参加国际交流以开拓科学视野、开展储备科学研究以进行早期介入式培养储备等。其二,提供专项经费支持。设立国家级青少年科技项目,实现不同年龄层次科研群体(包括准科研群体)在参与度上的无缝连接;尤其在关键核心技术领域,应设立青年科技奖、科技创新(进步)奖、科技功勋奖(章),等等。其三,建立差异化资助体系,重点支持甘坐冷板凳的"科技志士"开展沉淀周期长、产出时间慢、现实需求大的基础科学研究,集中"优势兵力"开展"卡脖子"技术攻关。其四,加大对战略科技人才赋权赋能力度。扩大引领型科学家在重大科研项目上的科研决策权和学术话语权,精简报批、评审、验收程序,减少制度上的繁文缛节对科研工作者的束缚和对科研工作的制约,① 尽可能"开绿灯"而不是"亮红灯",最大限度激发其在国家科研创新体系中的"创新力"。

(二)以人文关怀夯实科技工作者精神根基

习近平总书记指出:"科学成就离不开精神支撑。"他期许广大科技工

---

① 汪长明.战略科学家的时代召唤与制度催生[J].理论导刊,2020(11):104.

作者,"主动肩负起历史重任,把自己的科学追求融入建设社会主义现代化国家的伟大事业中去"。① 这句话既体现了科学家精神的社会需求与时代价值,也体现了科学家精神的社会取向与价值路径。在建设世界科技强国的新时代背景下,我们尤其需要从老一辈科技工作者身上汲取精神力量,接续奋力前行;尤其不能忘记老一辈科技工作者在党的领导下创造的中国科技事业发展宏伟事业,从历史中获得建设世界科技强国的有益经验和前行力量;尤其需要弘扬以"爱国、创新、求实、奉献、协同、育人"为核心内涵的中国科学家精神,激励广大科技工作者和广大知识分子不忘初心,建功立业新时代。

政治关怀是政治引领的支撑性要素,加强政治关怀成为弘扬科学家精神、激发广大科技工作者"把论文写在祖国的大地上"、以实际行动扎实业绩更好报效祖国的重要保障。加强对科技工作者的政治关怀,是贯彻落实党的知识分子政策,发挥尊重科学、尊重科技人才、尊重科研创新优良传统的直接体现,有利于激发以战略科学家为引领的广大科技工作者潜心科学研究、实现科技创新的精神动能,有利于创新驱动发展战略的实施及建设创新型国家。为此,应从国家层面加强科学家政治关怀制度设计,努力营造在科研管理工作中大胆选用人才、放手使用人才的制度环境。习近平总书记指出:"要放手使用人才,在全社会营造鼓励大胆创新、勇于创新、包容创新的良好氛围,既要重视成功,更要宽容失败,为人才发挥作用、施展才华提

---

① 习近平主持召开科学家座谈会并发表重要讲话[EB/OL]. 中国政府网:http://www.gov.cn/xinwen/2020-09/11/content_5542851.htm.

供更加广阔的天地，让他们人尽其才、才尽其用、用有所成。"① 对一般人才尚且如此，对处于"人才金字塔"高端的战略科技人才和顶端的战略科学家而言，尤其如此。只有对他们进行充分的科研技术赋权和战略决策赋权，政治上充分关怀、科研上充分信任、生活上充分关照、思想是充分交流，将党的"以人民为中心"执政理念和发展思想贯彻落实到广大科技工作者的工作和生活之中，才能实现科学家科研工作效用最大化。要从治国理政和科技事业发展的高度，切实解决科技工作者急难愁盼问题，为他们排忧解难，让他们潜心科研、安心研究、舒心生活，为他们不断实现技术创新、为科技事业发展打造国之重器提供坚强有力的立体保障。唯如此，弘扬科学家精神才具有坚实可靠的"民意基础"和现实意义，而不至于流于"纸上谈兵"。

---

① 习近平.在参加全国政协十二届一次会议科协、科技界委员联组讨论时的讲话[EB/OL].人民网：http://theory.people.com.cn/n1/2016/0405/c402884-28249531.html.

以五种意识支撑科学家精神传播

习近平总书记指出:"科学成就离不开精神支撑。科学家精神是科技工作者在长期科学实践中积累的宝贵精神财富。"① 大力弘扬新时代科学家精神,实现科学的时代传承与创新发展,是建设世界科技强国、实现中华民族伟大复兴的中国梦的根本需要。对于科学家纪念地和科学家精神研究与传播基地而言,应坚持"五力导向",树立"五种意识",不断推进新时代科学家精神传播走深走实、守正创新。

一、品牌力:树立品牌意识,打造拳头产品

无论于个人还是于集体,于企业单位还是于事业单位,于行业还是于国家,品牌都是无价的资历、无形的资产和无尽的资源,是在长期实践探索中积淀并形成的工作标志和行为符号。对人物纪念地和相关学术研究机构而言,所开展的社会教育活动项目一旦固化并产生一定行业知晓度和社会影响力,就会"提质升级"产生集聚效应,实现品牌化转型,内化为固定的工作模式,外化为良好的社会认知,人物精神由此与单位之间的关联度、与社会

---

① 习近平:在科学家座谈会上的讲话[EB/OL].中国政府网:http://www.gov.cn/xinwen/2020-09/11/content_5542862.htm.

对单位的认可度日益紧密，形成与单位性质的正相关和对单位职能的正反馈。好的品牌如同免费广告，是人物精神的物化和单位形象的标配，拥有巨大的价值开发空间。外向型活动品牌尤其是学术品牌的形成，是长期实践、不断探索、深入研究的结果，既离不开名称设计的科学性——与单位定位、人物身份、宣传目标契合度高，合理性——对活动主题概括性强、与活动内容关键度高，时效性——与单位发展、宣传热点和国家需求呼应性强；也离不开主办单位的精准定位、精心组织和精密策划，确保品牌塑造名副其实、品牌确立货真价实、品牌影响实至名归。

2019年6月，中央印发了《关于进一步弘扬科学家精神加强作风和学风建设的意见》。《意见》提出弘扬科学家精神的总体要求、新时代科学家精神的基本内涵、加强作风和学风建设的根本要求、为弘扬科学家精神营造良好舆论氛围、为新时代弘扬科学家精神提供了根本遵循。科学家纪念地和科学家精神研究与传播基地是科学家精神的"二次生产车间"，应通过开展科学家精神研究与宣传，将以"爱国、创新、求实、奉献、协同、育人"为核心内涵的科学家精神以展览、讲座、论坛、报告、课程等形式对外输送，植入广大观众的心灵，并在全社会发扬光大。对此，中国航天系统科学与工程研究院主办的"钱学森论坛"、中国航天科技集团主办的"航天精神高端论坛"、"两弹一星"干部学院（四川绵阳）主办的"科学家精神论坛"、上海交通大学钱学森图书馆主办的"钱学森与当代中国"学术研讨会等，通过常态化办会（以"届""期"为单位）、专业化实施、周期化推进，实现了科学家精神宣传的品牌化，成为相关单位的一张学术名片，堪称全国科学家精神宣传的样板实践。

二、话语力：增强行业意识，完善服务功能

任何单位都是某个行业、某个系统的一分子，只有不断融入本行业、本系统，在领域内不断增强话语力、持续提高显示度、努力赢得话语权，才能站稳脚跟并实现生存疆域的拓展、行业地位的提升和话语体系的塑造。对公益性人物精神纪念与宣传部门（单位）而言，开展社会服务尤其是文化服务，既是职能所在，也是立身之本；既是社会召唤，也是时代需求。"筑巢引凤栖，花开蝶自来。"服务就是生产力，服务就是生命力，没有甘当公仆的服务意识和主动适应的融入意识，活动的社会功能、单位的社会职能将难以得到有效发挥。为此，积极探索增强本单位文化产品生产、供给与服务能力，努力提高满足社会公众需求的文化服务力，应该成为各种科学家纪念地和科学家精神传播基地永恒的课题。

如何提高服务力，往小处说，见微知著，细节决定成败，对细节处理和把握要求甚高；往大处说，无边无际，体现在事事，发挥在处处，彰显在时时。为此，活动承办单位应坚持效能原则，以科学性引领、专业性支撑、细节性把握，将科学家精神研究与宣传活动打造成开展社会教育和学术研究的载体，并将其外化为单位赢得业界认可的服务名片。好的服务带给受众的，不仅仅是一种工作感悟、一种经验交流，更是一种精神熏陶、一种身心体验。一场活动举办得成功与否，单位服务力发挥得如何，有一个简单而直观的标准，那就是活动结束后，参加者是否收获"不虚此行"之满足，是否产

生"意犹未尽"之感慨，是否心存"后会有期"之期待。话虽如此，但说来容易做来难。实际操作过程中，要达到参加者收获满足、留有感慨、存有期待之"境界"，殊为不易，离不开活动主（承）办方管理理念、专业素养、工作方式、职业情怀乃至软硬件设置等多种因素的支撑。举凡一事之兴、一物之细，思想的深度（认知力）决定行动的高度（执行力），所谓事在人为，讲的就是这个道理。

三、辐射力：塑造系统意识，彰显体系优势

"系统观念是具有基础性的思想和工作方法。"[①] 习近平总书记多次提出，要坚持系统观念。2021年1月28日，总书记在十九届中央政治局第二十七次集体学习时强调，完整、准确、全面贯彻新发展理念，必须坚持系统观念，统筹国内国际两个大局，统筹"五位一体"总体布局和"四个全面"战略布局，加强前瞻性思考、全局性谋划、战略性布局、整体性推进。总书记关于坚持系统观念的一系列重要论述和指示要求，为我们开展工作提供了思想和行动上的根本指引。可以说，大至党中央治国理政、中至单位运行管理、小至个人日常工作，坚持系统观念成为思考问题、开展工作的"必备宝典"。养成系统意识，提倡系统思维，坚持系统观念，我们在工作中就能树立整体观和全局观，工作成效的体系化优势就能得到彰显。

---

① 习近平：关于《中共中央关于制定国民经济和社会发展第十四个五年规划和二〇三五年远景目标的建议》的说明［EB/OL］.中国政府网：http://www.gov.cn/xinwen/2020-11/03/content_5556997.htm.

"科学是一种在历史上起推动作用的革命的力量",为人类社会发展提供了根本动力。在建设世界科技强国的新时代背景下,科学在国家各项事业中的作用日益凸显。我国科学家的社会地位不断提高,科学家成为深得国家重视、广受社会尊重的职业。目前我国科学家精神传播基地可谓遍地开花,为科技事业发展提供了有力的精神支撑。但受制于单位人力财力物力,开展科学家精神宣传主题活动的影响力提升往往受到行政级别、地理位置、经济条件、人员配置、管理理念等诸多因素制约,仅凭一己之力开展包括展览接待、干部教育、科学知识传授与科学文化普及等在内的各种社会教育活动,难免无处发力甚至捉襟见肘。为此,可以采取学术研究机构通行的运行与管理模式——"小中心,大外围",充分利用社会力量、拓展工作边界、利用外围资源,以系统思维实现小地方办大事、少资源多办事的体系优势;以组织谱系化、宣传论坛化、活动周期化、服务特色化,不断巩固社会教育成效和效果。可以通过多家单位联合办会,打造行业共同体,做到活动范围"广";广泛动员,吸引一批重量级嘉宾参会,确保活动分量"重";采取政府主导型、政学一体化办会模式,体现站位"高";打好"组合拳",实行"套餐化"办会,实现活动样式"多",不断彰显相关活动的广度、深度和效度。

四、影响力:坚定口碑意识,凝聚社会资源

常言道,千杯万杯不如群众的口碑。好的口碑无声无息,却胜过万语千言,是无价之宝,既反映单位的服务意识和工作成效,也彰显单位的社会

声誉和行业地位。举凡一个单位的影响力如何、一次活动的凝聚力怎样，与合作者（一般体现为共同办会的兄弟单位）的认同度、参加者的参与度息息相关。但其一，"打铁还需自身硬"，只有苦练"内功"、增强本领、修得"圆满"，才能确立自身的行业地位，形成百鸟朝凤、众星捧月的良好发展生态；其二，"冰冻三尺，非一日之寒"，任何一个单位、一项事业，在本专业、本行业的话语权、话语力如何，有赖长期积累、厚积薄发。良好口碑是日积月累，一天一天积攒起来的。都说养兵千日用兵一时，无论对业务型、事务性单位，还是对研究型、学术型单位而言，坚定口碑意识，以坚持社会导向性、发挥社会服务力为开展工作的出发点和立足点，凡事想行业和社会之所想、谋行业和社会之所谋，自然不愁曲高和寡，无需顾虑门庭冷落。由此产生的感召力向心力，远非活动本身带来的显性价值所能量化和比拟。

科学家是"干惊天动地事，做隐姓埋名人"的民族英雄。如何让科学家干过的"惊天动地事"代代相传接续发展，让那些"隐姓埋名人"广为人知家喻户晓，让他们的崇高精神品质薪火相传生生不息，需要适应广大公众的价值审美、认知取向和道德标准，不断探索科学家精神传播方式方法。如此，科学家精神的时代张力才能得到有效发挥。活动可感可知、载言载行，是精神传播的主要载体和形式，要把活动办成精品（过程导向），而非仅仅是成品（结果导向）。好的活动"一本万利"，能够凝聚更多社会资源，赢得同行充分认可，既能增加"净产值"——增值效应，又能创造"附加值"——溢出效应，对于提升活动本身乃至主办单位的社会影响力，具有重要支撑作用。

五、发展力：坚持大局意识，谋定永续发展

所谓大局，词典释义为"整个局面；总体形势"。顾名思义，大局既是一个静态概念，指某一特定时期的局面和形势；也是一个动态概念，指因时而变、因势而变、因事而变，对局面发展和形势走向的整体把握。对局面的认识和判断，体现了一个人、一个单位的整体观（局面）、发展观（局势）和系统观（格局）。人们常说，顾全大局、大局意识，讲的就是个人服从集体、集体服从国家、单元服从系统等，是一种政治原则、职业理念和价值情怀。因此，要想事业良性发展、永续发展，坚持大局意识成为其中的"刚性需求"和"内生需要"。有言道："既要低头拉车，更要抬头看路"，前者讲的是职业精神，即"用力"的问题；后者讲的则是大局意识，即"用心"的问题。

科学家纪念馆、科学家精神研究与传播基地存在的价值在于为国家和社会提供知识产品（科学知识）、精神产品（科学家精神）和社会服务（科普教育）。在2021年9月29日公布的第一批纳入中国共产党人精神谱系的46个伟大精神中，科学类精神占了5个，分别为"两弹一星"精神、载人航天精神、科学家精神、探月精神、新时代北斗精神，占总数九分之一。这体现了科学类精神鲜明的群体属性与集体色彩，以及党中央对科学家个体与群体、科学家个人特质与群体特质辩证关系和"协同创新"在建设世界科技强国历史进程中重要性的深刻认识。当前，国家科技领域的"首要大局"就是大力

弘扬科学家精神,为新时代我国科技事业发展提供精神滋养,这需要科学家纪念馆、科学家精神研究与传播基地不断增强大局意识,以发展力的自我提升为建设创新型国家和社会主义核心价值体系建设添砖加瓦。对此,"两弹一星"干部学院的成功经验值得推介。该院举行的首届科学家精神论坛主题聚焦"弘扬科学家精神,建功立业新时代";第二届科学家精神论坛主题聚焦"弘扬科学家精神、推动科技自立自强",紧紧呼应时政热点、宣传重点,观大局、识大体,以不变(科学家精神宣传)应万变(形势变化),体现了会议主办方高度的政治敏锐性和政治领悟力,有利于社会影响力的增强和活动传播力的发挥。

第二章

不朽之业——科学家精神价值诠释

（价值篇）

科学成就离不开精神支撑科学家精神是科技工作者在长期科学实践中积累的宝贵精神财富

题汪长明新著中国科学家精神图像研究 壬寅立冬 曹隽平

中国航天事业系统协同机制的历史经验与当代传承

——基于马克思分工协作理论的考察

导论：作为一种分析框架的分工协作理论

马克思在发展古典政治经济学理论体系创立者亚当·斯密（Adam Smith）劳动分工（Division of Labor）理论基础上，创立了分工协作理论（Division and Cooperation Theory）。分工协作理论属于现代企业理论范畴，是马克思主义政治经济学的重要组成部分，为工业社会生产关系和社会关系模式提供了基本分析框架。随着社会生产力和生产关系的不断发展，分工协作理论非但没有过时，反而显示出历久不衰的理论生命力，有学者指出："我们正处在人的行动以及社会关系模式变革的关键时刻，需要我们通过创新去承担起这样一项变革的任务。"[①]

（一）马克思分工协作理论原理及功能

马克思在《1961—1863年经济学手稿》中第一次系统阐述了他的分工协作思想。他从生产力运动变化过程的视角考察分工协作，认为分工是"一切

[①] 张康之. 论分工—协作模式的困境及其出路[J]. 江苏行政学院学报，2019（3）：78.

特殊的生产活动方式的总体",①"是政治经济学的一切范畴的范畴",②而协作作为社会分工的一种组织形式,"是一切以提高劳动生产率为目的的社会组合的基础"。③马克思认为,分工和协作"互为条件",二者不可分割,是推动劳动过程进化的合力杠杆。

分工协作理论认为,组织结构越能反映为实现组织目标所必要的各项任务和工作分工及相互间的协调,组织结构就越精干和高效。分工协作是人类从蒙昧走向文明的伴生物,为组织运行中社会关系的整合提供了动力。在人类社会生产活动中,分工协作是商品生产的条件,是生产力发展历史中不可分割的一部分,成为社会物质生产的普遍规律。马克思指出:"每个商品的使用价值都包含着一定的有目的的生产活动,或有用劳动,"也就是说,劳动是商品使用价值的重要组成部分,有效劳动量越大,商品使用价值越大。为此,马克思继而指出:"各种有用劳动的这种质的区别,发展成为一个多支的体系,发展成社会分工。"④社会分工导致劳动工具的专门化和生产的专业化,决定了生产部门之间、企业之间的分离和联合,没有分工就不会有商品生产的发展。而劳动工具的专门化和生产的专业化必然导致技术的进步,技术进步反过来又促进了劳动工具的专门化和生产的专业化。正如列宁所指出的:"技术进步必然引起生产的各部分的专门化、社会化。"⑤然而,社会生产只要有分工(这是必然的),就一定离不开协作(这同样是必

---

① 马克思恩格斯全集(第47卷)[M].北京:人民出版社,1972:304.
② 马克思恩格斯全集(第13卷)[M].北京:人民出版社,1972:41.
③ 马克思恩格斯全集(第47卷)[M].北京:人民出版社,1972:291.
④ 马克思恩格斯全集(第23卷)[M].北京:人民出版社,1972:53.
⑤ 马克思恩格斯全集(第23卷)[M].北京:人民出版社,1972:362.

然的）。从人类社会发展规律看，随着社会生产的发展和生产力的提高，社会分工愈益细致，社会协作也愈益密切。二者互为前提、相互促进，成为人类社会生产发展的客观必然。

马克思认为，社会生产的分工协作能创造出新的生产力。他指出："劳动生产力是由多种情况决定的，其中包括……生产过程的社会结合……"① 在这里，"生产过程的社会结合"指的就是社会分工（"生产过程"）与协作（"社会结合"），社会协作实现了社会分工的有序化。马克思还认为，协作可以创造生产力，这种集体劳动创造的价值并非个体劳动所创造价值的简单合并。他指出："单个劳动者的力量的机械总和，与许多人手同时完成同一不可分割的操作……所发挥的社会力量有本质的差别。"② 具体而言，协作对生产力的促进作用体现在四个方面：其一，生产主体能动化，即社会协作可以对劳动者进行精神动员和情感组织，激发其劳动潜能。协作作为马克思所言"社会接触"的一种形式，能够引起劳动者"竞争心和特有的精神振奋"，③ 从而提高劳动者工作效率；其二，生产过程规范化。协作可以使生产过程具有连续性和多面性，使"劳动对象在比较短的时间内通过同样的空间"；④ 其三，生产成本最小化，提高效费比（ROI）和生产效能，增强社会生产力。协作可以动员集体性劳动，突破个人劳动的局限性，使不同的工作得以同时进行，相当于延长或扩大了劳动者的工作日，实现了劳动的

---

① 马克思恩格斯全集（第23卷）[M]．北京：人民出版社，1972：53．
② 马克思恩格斯全集（第23卷）[M]．北京：人民出版社，1972：363．
③ 马克思恩格斯全集（第23卷）[M]．北京：人民出版社，1972：362-363．
④ 马克思恩格斯全集（第23卷）[M]．北京：人民出版社，1972：363．

"增量"与"增值";其四,生产效能集约化。可以扩大劳动的空间范围,"与生产规模相比相对地在空间上缩小生产领域"①,从而推动集约化、规模化生产,提高社会劳动生产率。本研究基于马克思分工协作理论基本原理,阐述中国航天初创时期协同(协作)机制对"两弹一星"这一新中国国防科技领域社会大分工的支撑作用。

(二)分工协作理论与中国航天协同实践的嫁接

将现代企业管理范畴的分工协作理论用于国家管理,同样具有可行性,体现了这一理论的解释力和普适性。小至企业生产经营活动存在分工协作,如不同工种之间的劳动分工与协作、不同专业技术人员之前的技术分工与协作;大至国家经济体系运行同样存在分工协作,包括行政与技术之间的职能分工与协作、不同部门之间的业务分工与协作、不同行业之间的产业分工与协作,等等。以我国为例,从政治制度层面看,我们常说"集中力量办大事"是社会主义制度优势的集中体现,这里的"集中力量办大事"体现的正是国家规模的分工协作,因而大力协同在理论逻辑上成为集中力量办大事的应有之义。

2019年9月,习近平总书记在主持召开中央全面深化改革委员会第十次会议时强调,要加强改革系统集成协同高效,推动各方面制度更加成熟更加定型。② 2019年6月,中共中央办公厅、国务院办公厅曾印发《关于进一步弘扬科学家精神加强作风和学风建设的意见》。其中指出,要大力弘扬集智攻

---

①马克思恩格斯全集(第23卷)[M].北京:人民出版社,1972:365.
②习近平主持召开中央全面深化改革委员会第十次会议[EB/OL].中国政府网:http://www.gov.cn/xinwen/2019-09/09/content_5428640.htm.

关、团结协作的协同精神。① 2020年9月11日，习近平总书记主持召开科学家座谈会，听取七位科学家对"十四五"时期以及更长一个时期推动创新驱动发展、加快科技创新步伐的意见和建议。总书记在讲话中指出，要大力弘扬科学家精神和"两弹一星"精神。以"集智攻关、团结协作"为核心内涵的协同精神是科学家精神和"两弹一星"精神的重要组成部分，是两大精神的共同内涵和要素交集，而从以航天事业开创为代表的新中国国防科技事业所取得的举世瞩目的各种重大成就视角看，其中一条宝贵经验正在于发挥社会主义"集中力量办大事"的制度优势，充分调动和发挥广大航天科技工作者的协同精神。考察中国航天协同机制的历史经验及其当代价值，对于新的历史时期开创协同发展新局面、推进国家治理体系和治理能力现代化，具有重要现实意义。将协同机制的精神表达——协同精神上升为国家意志及组织行为的理论归纳，是中国航天成功经验的范式话语，体现了马克思分工协作理论的基本精髓。中国航天协同机制的成功实践凝练出泽被后世、昭启来者的"四化"经验：生产主体能动化，即老一辈航天科技工作者共同塑造了弥足珍贵的航天精神；生产过程规范化，即党中央集中统一领导下的航天系统工程有序推进；生产成本最小化，即相对其他航天大国而言，我们以最少的投入做到了经济产出和社会效益的最大化；生产效能集约化，即中国航天形成了一整套成熟的研制与生产体系，并实现了新老传承、创新发展。

在很大程度上，中国航天事业取得的辉煌成就与贯彻大力协同的制度催化作用密不可分。回眸历史，分工协作、大力协同作为中国航天发展的"1

---

①进一步弘扬科学家精神加强作风和学风建设[N].人民日报，2019-06-12.

大历史经验"之一，[①] 已经凝聚成中国航天人共同的精神符号，并内化为中国航天事业蓬勃发展的制度基因。在中国航天实现历史性跨越的今天，重温以钱学森为代表的第一代航天科技工作者在毛泽东、周恩来、聂荣臻等党和国家领导人坚强领导和亲切关怀下共同塑造的以集智攻关的管理机制、集成创新的工作机制、集采众长的激励机制、集往益来的发展机制为核心的协同机制体系，对于开创协同发展新局面，推进新时代中国航天事业创新发展，以及贯彻十九届四中全会关于推进国家治理体系和治理能力现代化的总体目标和战略部署具有重要现实意义。

一、管理机制：集智攻关，行政与技术协同保障

中国航天初创时期的管理机制体现为，通过"集智攻关，协同保障"，凝聚以航天三大精神（航天传统精神、"两弹一星"精神、载人航天精神）为代表的中国第一代航天人之精神合力与价值共识，充分发挥集中力量办大事这一社会主义最大制度优势，开创以行政和技术"两条指挥线"为代表的航天协同管理模式。行政指挥线即以总设计师为第一责任人的设计师指挥线，属于行政管理范畴；技术指挥线即以总设计师为第一责任人的设计师指挥线，属于技术路线范畴。其中的核心要义是行政与技术协同保障。

[①] 这"十大历史经验"是：1. 党和政府高度重视；2. 强有力的领导体制；3. 始终瞄准国家重大战略需要；4. 坚持自力更生，独立研制；5. 坚持以型号带科研的策略；6. 选择有限目标，突出重点；7. 以科技规划指导型号研制；8. 动用全国资源，开展大协作；9. 创造性地运用系统工程管理；10. 充分利用后发优势。参见李成智：《中国航天技术的突破性发展》，载于《中国科学院院刊》2019年第9期，第1023–1024页。

（一）凝聚精神合力，铸就航天传统精神

"伟大的事业孕育伟大的精神。"任何一项带有整体性、全局性、系统性的大规模工程都不是单打独斗的"单兵作战"，而是千军万马参与的"集团大战"，唯有勠力同心、团结协作，才能将最宝贵的资源（物力）、最优势的力量（人力）凝聚在一起，求得资源供给与产品研制之间的最大"性价比"。航天工程是一项规模宏大、异常复杂、高度集成的系统工程，是国家尖端科学技术领域的一场"大兵团作战"，涉及行业（科学、技术、工程）、领域（不同学科尤其是专业技术领域）、人员（尤其是科技人员）众多，离不开全国大协作、全域大协同，需要各单位、各部门和全体研制人员协同攻关、密切配合，从而将要素优化、条件优化转化为整体优化、系统优化。

1. 中国航天事业初创谱写了全国大协同的壮丽篇章。1961年11月3日，毛泽东在时任副总理兼国防工业办公室主任罗瑞卿呈送的《关于加强原子能工业领导问题的报告》（报告主要建议内容是成立中央直接领导下的专门委员会，该委员会一般简称"中央专委"，于1962年11月3日成立）上作出批示："要大力协同，做好这件工作。"[①] 从此，大力协同就成为"两弹一星"研制工作的一项基本原则。在原子弹的研制过程中，聂荣臻元帅将科学院、高等院校、产业部门、国防科委和地方的科研力量五个方面的力量，按不同专业组成十六个专业组，形成了所谓的"五个方面军、十六支攻关队"，集中力量攻克原子弹研制的各种科技难关。[②] 在第一颗原子弹试验的攻关会战中，先后有26个部委（占当时国家部委总数的74%）、20个省市

---

① 中国核工业总公司党组.周恩来与中国核工业［J］.中共党史研究，1998（1）：6.
② 胡菊芹.聂荣臻：开创新中国科技的"黄金时代"［N］.科技日报，2009-11-23.

自治区（占当时已统一省级行政区总数的71%），包括900多家工厂、科研院所、大专院校参加，参加的人数（包括效应试验的部队和职工）超过100万，为原子弹的制造和试验研制出10万多种专用仪器、设备和原材料。正是在这种"全国一盘棋"协同管理体制感召下，中国国防科技人员发扬大力协同、同舟共济的集体主义精神，"合作写一篇文章"。[①]也正是在这种崇高精神指引下，我们才能在战略资源非常匮乏、高端人才非常稀缺、外部环境非常不利的情况下，在很短的时间内取得了一个又一个历史性突破，实现了"一代人干成了几代人的事"之壮举，造就了惊天动地的"中国奇迹"、时代伟业。

2. 大力协同融入航天人精神血脉，成为航天精神核心要素。协同增强凝聚力，协同产生战斗力，协同激发创造力。"两弹一星"使中华民族的凝聚力空前迸发。中国航天事业的创建，如果没有跨地域、跨行业、跨部门的全要素配合，没有同舟共济、团结协作的集体主义精神作保障，根本无法实现。比利时太空信息中心资深研究员泰奥·皮拉尔在接受新华社记者专访时指出，中国发展航天的一大优势在于，中国人信心坚定，能做到齐心协力。[②]集体主义植根于中华传统文化，自古以来一直是中华民族最显著的精神特质。美国学者塞缪尔·亨廷顿在其名著《文明的冲突与世界秩序的重建》中指出，"中国以儒家文明为主导，强调集体主义，内圣外王，主张以和为贵，求大同存小异"。在党中央坚强领导下，以钱学森为代表的广大航

[①] 王德禄，孟祥林，刘戟峰. 中国大科学的特征——"两弹一星"研制过程中的集体主义主导地位及其经验的研究[J]. 民主与科学，1991（2）：37.
[②] 各国专家赞叹中国航天雄心和成就[N]. 光明日报，2011-11-04.

天科技工作者"自力更生、大力协同、尊重科学、严谨务实、献身事业、勇于攀登",在艰苦卓绝的环境中开创了举世瞩目的中国航天事业,铸就了伟大的航天传统精神,成为发展航天事业、建设航天强国的宝贵历史经验和丰厚精神资源。

(二)发挥制度优势,探索航天"中国模式"

制度是国家发展的重要保障和有力支撑。一个国家、一个民族要自立于世界民族之林,要想在世界民族之林中获得一席之地,既要有坚实的物质基础(经济层面),又要有强大的精神力量(意识层面),更要有科学的制度保障(政治层面)。在中国特色社会主义制度语境下,中国共产党的执政效率和执政地位来自于中国共产党领导这一最大的制度优势。制度优势既是中国共产党治国理政的最大优势,也是中国共产党最重要的政治资源及执政合法性的重要基础。邓小平同志曾指出:"社会主义国家有个最大的优越性,就是干一件事情,一下决心,一做出决议,就立即执行,不受牵扯"。[①] 习近平同志更是深刻指出,"我们最大的优势是我国社会主义制度能够集中力量办大事。这是我们成就事业的重要法宝。过去我们取得重大科技突破依靠这一法宝,今天我们推进科技创新跨越也要依靠这一法宝"。[②] 而我们之所以能够集中力量办大事,根本原因在于中国共产党具有强大的政治领导力、思想引领力、社会号召力和群众组织力,坚持全国一盘棋,上下齐心、协力同行,各方面积极性得到充分发挥。

---

① 邓小平文选(第三卷)[M].北京:人民出版社,1993:240.
② 为建设世界科技强国而奋斗——在全国科技创新大会、两院院士大会、中国科协第九次全国代表大会上的讲话[N].人民日报,2016-06-01.

在开创中国航天事业历程中,在毛泽东、周恩来、聂荣臻等党和国家领导人坚强领导下,老一辈航天科技工作者充分发挥社会主义制度优势,将其成功应用于中国航天实践之中,不但铸就了"两弹一星"丰功伟绩,而且探索出一套具有中国特色的航天系统工程工作方法和领导机制,留下了弥足珍贵的历史经验、科学财富和精神遗产。

1. 政治保障方面,体现为坚持党对航天事业的集中统一领导。航天事业是党之大计,党对航天事业的集中统一领导是党的意志在航天领域的体现,为航天事业行稳致远提供了体系化组织保障。中国"航天模式"在哲学意蕴上是党的领导、大力协同、艰苦奋斗三大要素相互影响、相互作用、集成优化的产物。"船重千钧,掌舵一人。"党的领导集中体现为政治、思想和组织领导,成为包括航天系统工程在内社会主义各项事业的"政治总纲",是中国航天在政治层面最根本的思想方法,为推进航天事业提供了坚强的政治保障。

其一,党的领导为中国航天提供了组织、技术和思想保障。随着以"两弹一星"为标志的中国国防科技的深入发展,中国航天形成了从中央层面的中央专门委员会(由中共中央直接领导),[①] 部委层面的国防科委(后为国防科工委)、第七机械工业部(简称"七机部",后为航天工业部),到技

[①] 1962年11月3日,经国家主席刘少奇提议,中共中央主席毛泽东批准成立中央十五人专门委员会(简称"中央专委")。11月17日,周恩来总理在中南海西花厅主持召开中共中央15人专门委员会第一次会议,讨论确定了中央专委的性质、任务;委员会下成立办公室及选调人员的条件;由办公室立即着手研究起草有关的工作制度和规则;同时,将二机部党组关于1963—1964年原子武器工业建设、生产计划大纲和当前急待解决的若干问题两个文件印发到会成员研究,提出意见。专门委员会的主要任务是加强我国原子能工业建设和加速核武器研制、试验工作及对核科学技术的领导。

术层面的各种型号研究院的自上而下决策、管理和研制体制，上下通畅、领导有力、职能明晰、管理严密、分工明确，为中国航天事业取得一系列重大突破提供了根本性组织保障。党的领导是中国航天在政治层面最根本的政治制度，为中国航天提供了坚实的组织保障；大力协同是中国航天在技术层面最基本的工作方法，为推进航天事业提供了可靠的技术保障；艰苦奋斗则是中国航天在举国体制下党和国家领导人团结带领广大科技人员以身许国的精神根基，为推进航天事业提供了强有力的思想保障。

其二，党的领导为发展"两弹"提供了战略引领。将党的领导、大力协同、艰苦奋斗集于一身的，从原子能研制过程中一份被称为"烧脑"的报告中可窥其端倪。1961年11月14日，时任总参谋部副总参谋长、国防科委副主任的张爱萍和时任国家科委副主任兼国防科委副主任的刘西尧向中央和中央军委呈报了《原子能工业建设的基本情况和急待解决的几个问题的报告》。这是一份"两弹"研制处于"上马""下马"之争关键阶段决定原子弹研制进程的重要报告，为中央作出独立自主突破核武器技术的重大决策提供了重要的科学依据。报告的结论是："由中央和国务院出面，统一协调，进行一次全国性的大协作、大会战，1964年进行核爆是完全可能的。换句话说，问题的关键不在于钱，而在于决心，在于组织和协作。"[1] 由"结论"透露的信息不难发现，"由中央和国务院出面，统一协调"，属于"党的领导"范畴，是政治保障；"进行一次全国性的大协作、大会战"，属于"大力协同"范畴，是组织保障；而"决心"则属于特殊年代所需的"艰苦奋斗"精

---

[1] 宋春丹.1962：在两弹一星的"至暗"时刻[J].中国新闻周刊，2019（23）：21.

神，是思想保障。

其三，党的领导促进了个人价值与社会价值的辩证统一。中国航天事业的成功本质上是党的集中统一领导的成功，这一成功是中国社会主义制度优势的体现。"在这个体制下，整个国家机器高效运转起来，就像原子核在高速撞击下发生裂变，释放出巨大的能量。"[1] 至于个人在其中的作用，钱学森指出："我为新中国科技事业发展所做的工作，是和党的正确领导、集体的智慧分不开的，我个人仅是沧海一粟，真正伟大的是党、人民政府和我们的国家。""没有党的领导，没有全国人民的大力支持和广大科技人员的协同攻关，这样的事情谁能办到？所以我常常说，一切成就归于党，归于集体。"[2] 这既是中国航天的真实写照，准确反映了特殊历史时期个人与集体、个人与时代、科学家与科技事业之间相互成就的辩证关系；也是钱学森的肺腑之言，是他作为一位优秀共产党员对党的事业无限忠诚、对党的领导无比拥护并为之鞠躬尽瘁的人生总结。

2. 组织管理方面，体现为总体设计部和两条指挥线的系统工程管理体系。航天系统工程之所以能取得成功，根本上得益于党和国家领导人高超的组织管理能力和自我革新意识，充分汲取党在新民主主义革命时期积累的宝贵经验，即将中国人民解放军在革命战争时期大规模兵团作战经验，将其成功运用到新中国国防工程建设上，又将列宁提出并被中国共产党成功实践的民主集中制运用到航天型号研制全过程，即实现了马克思主义民主集中制理

---

[1] 宋春丹. 1962：在两弹一星的"至暗"时刻[J]. 中国新闻周刊，2019（23）：25.
[2] 钱学森. 一切成就归于党归于集体[N]. 人民日报，1989-08-08.

论在航天领域的"中国化"。通过充分调动各方面积极性，充分动员各种积极因素，充分利用各种资源，团结一切可以团结的力量、调动一切可以调动的资源，凝聚成一个统一指挥的"集团军"，用于"两弹一星"这一科技战线的"集团大战"，最终取得了史无前例的成功。

经过不断探索和完善，中国航天形成了一套严密高效的"三位一体"组织管理体系：一是技术支撑体系，设立统筹协调工程研制各个分系统的总体设计部。顾名思义，总体设计部是在"总体"上对工程技术问题进行系统设计，目标是实行研究、规划、设计、试制、生产和试验一体化，确保工程研制从系统到子系统的"系统性"。航天系统是典型的复杂巨系统，具有工程规模庞大、系统结构复杂、子系统众多且相互关联、技术与知识双重密集（技术密集、知识密集）、综合性与集成性均非常强等特点。对这种大规模社会劳动进行协调指挥的最有效途径或组织形式就是总体设计部。[①] 二是职能分配体系，即明确技术和行政职能，设立技术和行政两条指挥线，技术指挥线专注工程研制，行政指挥线负责总体调度。总体设计部属于技术指挥线范畴，由众多学科配套（基础科学领域）、专业齐全（技术科学领域）、具有丰富研制经验（工程技术领域）的高技术科技人才组成。他们的基本职责是为领导提供技术参谋，相当于现在一般所说的"专家库（思想库）"或"智囊"。三是技术保障体系，即成立由149名高级专家组成的国防部第五研究院科学技术委员会（该委员会由钱学森向聂荣臻提议成立），充分发挥

[①] 江长明. 钱学森开放复杂巨系统论视域下"一带一路"顶层设计研究[J]. 学术探索, 2018（12）：45.

领域专家对重大技术问题的决策咨询作用，确保"两弹一星"研制顺利推进。这种高度组织性、高度系统性、高度科学性的顶层设计，将航天战线"百万雄师"参与的"超级工程"组织得井然有序，使中国在最短的时间内、以最小的成本，赢得了最丰厚的回报。以改革开放作为新中国史的第一条断代线，如果说改革开放以后中国创造的举世瞩目的经济建设成就被称为"中国奇迹"，那么改革开放以前的另一个"中国奇迹"则非中国航天事业的开创莫属。

二、工作机制：集成研制，技术与方法协同创新

中国航天初创时期的工作机制体现为，通过"集成研制，协同创新"，实现"争取外援→自力更生→自主创新"动能转化，实现了特殊历史时期中国科技实力迭代更新和高水平科技自立自强，开创以"两弹一星"为标志的新中国国防尖端科技事业。其核心要义是技术与方法协同创新。

（一）坚持自主创新，成就航天系统工程

航天自主创新实践对提升我国国防科技水平、捍卫国家安全与主权尊严、增强新中国大科学工程管理能力等诸多方面产生了重大的历史影响。

1. 开创自主创新航天模式。筚路蓝缕，创业维艰。钱学森作为中国航天事业奠基人和航天系统工程理论与实践的开创者，肩负着国家赋予的特殊历史使命，承担着他人无可替代的时代角色。他既是规划者，又是实施者；既是事业上的领导，又是技术上的导师。他凭借留美期间从事航天系统工程研究与管理，尤其是参与美国早期火箭与导弹研制及担任加州理工学院喷气推

进中心主任的宝贵经验——从工程实践中提取理论研究对象的原则（即理论来源于实践，从实践中来），并将理论应用于工程实践之中（即理论服务于实践，到实践中去），将其嫁接到"两弹一星"工程实践之中，带领第一代航天科技工作者勠力同心，在艰苦卓绝的环境和条件下开创中国航天事业，使得中国航天在很短的时间内实现了"导弹→运载火箭→人造卫星→载人航天"体系化、跨越式发展，开创了"探索一代、预研一代、研制一代、生产一代"的"技术探索+技术积累+技术创新+技术应用"自主创新之路。在"两弹一星"研制过程中，聂荣臻作为主管科学技术工作的国务院副总理，以国家领导人的战略远见指出："有了苏联图纸和技术资料，可以加速导弹事业的发展，但我们不要忘记自力更生。在仿制每一类型导弹（弹道导弹、防空导弹、海防导弹——笔者注）时，要吃透它的设计理论（这种技术路径后来被归纳为'逆向设计'——笔者注）。仿制成功后立即开展自行设计战术指标更高的同类国产导弹。"他在向党中央汇报时，提出了国防部第五研究院三条建院原则，① 其中"自力更生"为居于主体地位的首要原则，成为中国航天事业以自主创新实现跨越式发展的根本动力。②

2. 实现系统工程本土移植。中国航天自主创新还促进了系统工程思想在中国大地上的形成和发展，为创建系统工程中国学派（学界普遍认为，钱学森是系统工程中国学派的创始人）、促进系统工程中国化、更好发挥系统工程服务国家建设的社会功能（即系统工程的社会化）奠定了坚实基础。正如

---

① 这三条原则是：自力更生为主，力争外援，充分利用资本主义国家的已有科学成果。1956年10月16日，毛泽东、周恩来批准了这三条原则。
② 梁守槃.回忆聂荣臻对导弹事业的领导与关怀[J].中共党史研究，2013（1）：104.

原航天工业部710所研究员于景元所言，实践已经证明钱学森系统工程方法的科学性和有效性。这是一套既有中国特色又有普遍科学意义的系统工程管理方法与技术，[①]曾被党和国家领导人高度评价为"很有创建"。其基本经验在于将工程实践维度的科学技术创新、工程管理维度的组织管理创新与政策保障维度的体制机制创新有机结合，从而实现从顶层设计到项目实施全维度、全流程多元化创新与体系化创新相结合的综合集成创新。

3. 促进中国航天人的科学自信。1960年，苏联单方面撕毁《中苏国防新技术协定》（全称《中华人民共和国政府和苏维埃社会主义共和国联盟政府关于生产新式武器和军事技术装备以及在中国建立综合性原子工业的协定》），并于次年撤走全部在华工作的专家，使得国防部第五研究院的导弹仿制工作面临断水断电般的巨大困难。这也是新中国成立以来首次在科学技术领域出现被人"卡脖子"的被动局面。山重水复之际，钱学森带领全体航天科技工作者，以武器装备"外国人能搞的中国人同样能搞"的民族气节和科学自信，发扬自力更生、艰苦奋斗的民族精神和工作作风，突破了苏联和西方国家对中国国防事业进行技术封锁与政治打压等诸多困难，依靠自己的力量实现了导弹研制工作的技术突围，有力捍卫了中国科学家的科学尊严，增强了全体航天人乃至中国科技战线的科学自信。

4. 作出创新强国航天贡献。"两弹一星"所取得的辉煌成就是在以意识形态对立和阵营对抗为特征的冷战背景下党和国家领导人着眼国家安全，统筹国防、经济与社会协调发展做出的一项顶层战略决策。就历史贡献而言，

---

①于景元.钱学森科学历程中的三大创造高峰[N].科技日报，2009-11-12.

这一决策的成功实践不但有力维护了新中国主权尊严和国防安全，为国家建设创造了抵御外部战略压力、捍卫主权权益的自我防御能力，而且大幅提升了中国的国际地位和综合国力，为新中国赢得外交承认奠定了坚实的实力基础。毛泽东曾指出，除了飞机和大炮，我们"还要有原子弹。在今天的世界上，我们要不受人家欺负，就不能没有这个东西"。①"没有那个东西，人家就说你不算数。"②邓小平认为："如果六十年代以来中国没有原子弹、氢弹，没有发射卫星，中国就不能叫有重要影响的大国，就没有现在这样的国际地位。这些东西反映一个民族的能力，也是一个民族，一个国家兴旺发达的标志。"③

5. 完善国防科研管理体制。"两弹一星"工程的顺利实施积累了非常丰富且成效显著的航天系统工程管理经验，创立并完善了这一大规模科学技术工程的管理体制和机制，奏响了中国航天"两弹一星"、载人航天、探月工程三部曲的第一部雄壮乐章。自此，我国建立了完整配套的国防科研生产创新体系，造就了一支国防科技和武器装备领域高素质人才队伍，为载人航天和探月工程的顺利实施、为国家科技事业发展奠定了雄厚的物质基础、技术基础和体制基础。

（二）突破关键技术，奠定航天理论基础

1. 行政上，确立航天科研制度体系。制度建设是开展科研工作的根本性要求，起着掌舵定向的关键作用。我国第一个导弹研究机构国防部第五研究

---

① 毛泽东. 论十大关系 [M]. 北京：人民出版社，1976.
② 红色蘑菇云——第一颗原子弹诞生 [N]. 人民日报，1999-09-17.
③ 邓小平文选（第3卷）[M]. 北京：人民出版社，1993：279.

院自成立以后,一手抓导弹研制,一手抓制度建设,确保导弹研制工作稳步推进、有章可循。1961年6月20日,国家科学技术委员会、中国科学院《关于自然科学研究机构当前工作的十四条意见(草案)》精神,1961年7月19日,国防部五院根据聂荣臻副总理向中央呈送的《关于当前自然科学工作中若干政策问题的请示报告》,都是结合自身实际情况,在认真总结导弹研制经验的基础上,就领导体制、工作机制、研制规范、作风建设等做了明确规定。关于领导体制,五院对下级科研单位实行"五定"(即定方向、定任务、定人员、定设备、定制度)、"两改"(一是"研究室党支部由领导作用改为保证作用",突出科技工作者的技术自主权;二是"研究室政治委员改为指导员",突出组织领导工作的政治导向),改善了党对导弹航天科技工作的领导。关于工作机制,五院就推进导弹研制工作的具体技术问题做了三方面规定:一是建立和加强技术责任制,建立了技术指挥员制度和技术指挥线(与行政指挥线相对应);二是建立型号总设计师制度,任命了各类型号总设计师、分系统主任设计师、设备主管设计师(技术指挥线的具体化,落实落地);三是成立了以钱学森为主任委员的国防部五院科学技术委员会(职能类似高校的学术委员会)。关于研制规范,五院制定了"八项程序"和"五个阶段"。前者即"确定任务→制订方案→初步设计→技术设计→试制→综合试验→定型→移交"全维度研制流程,后者即"指标论证→方案→初样→试样→定型"全周期研制阶段。关于作风建设,五院树立一切为科研服务、为科技工作者服务的思想,要求在研制工作中树立"三敢"(即敢想、敢说、敢干,发扬技术民主)、"三严"(即严格的要求、严肃的态度、严密的方法,坚持技术原则,集中统一)作风。1962年11月8日,国防部五院在认真总结上述经验的基础上,制定并颁发了《国防部第五研究院暂行条例(草案)》(简称"七十条")。《条例》对型号研制与设计工作、研究工作、试制工作、试验工作、技术责任制与科学技术委员会、组织计划与条件保证、政治工作、党的组织与工作等作了明确规定。① 《条例》奠定了以导弹研制为主的航天系统工程管理基本制度框架,使得五院各项工作进一步走向正规化、专业化、科学化,对中国航天事业的初创起了重要作用。

2. 技术上,确立开展航天科研的指导原则。大力协同是航天传统精神和以"热爱祖国、无私奉献,自力更生、艰苦奋斗,大力协同、勇于登攀"为标志的"两弹一星"精神的核心内涵和共同要素,是中国航天事业成功的根本性制度保障和精神根基。航天事业是一项极其复杂的国家级大科学工程,离不开成千上万航天工作者的共同努力。只有大力协同、博采众长,才能突破工程研制中的关键技术,实现各种要素的优化配合和合理整合,从而扫除产品研制与定型中的技术障碍。只有将关键核心技术的主动权牢牢掌握在自己手里,不受制于人,才能将技术主动权转化为技术话语权。这是中国航天事业取得成功的"关键密码"。

作为中国航天事业奠基人和"两弹一星"工程技术领导人,钱学森一直大力提倡团结协作、发挥集体智慧、敢于承担责任,成为协同精神的自觉倡导者和实践者。在主持中国航天关键技术攻关和型号研制过程中,钱学森

---

① 闫新. 中国当代航天事业发展概况(一)[EB/OL]. 18-19. 道客巴巴:http://www.doc88.com/p-6794770365692.html.

根据聂荣臻提出的"通过仿制,'爬楼梯',大练兵,向独立设计的方向发展"[①]总体要求,基于留美期间掌握的技术科学研究与大科学工程组织管理的实践经验,紧密结合国家重大现实需求,创造性地将技术科学思想应用于航天工程实践,确立了结合中国国防建设需要开展科研工作的指导原则,采用系统工程理论与方法,突破了大量关键技术,使中国航天走过了一段从仿制、改型设计到自行设计研制,从逆向摸索到主动创造的开山之路,为许多重大航天项目的成功实施奠定了理论基础,为我国导弹航天事业发展作出了具有里程碑意义的贡献。[②]这些宝贵经验既是对中国模式、中国道路在航天领域的历史总结,也对新时代中国特色社会主义各项事业的推进具有重要现实启示意义。习近平就此指出:"当年我们依靠自力更生取得巨大成就。现在国力增强了,我们仍要继续自力更生,核心技术靠化缘是要不来的。"[③]

三、激励机制:集采众长,集中与民主协同支撑

中国航天初创时期的激励机制体现为,通过"集采众长,协同支撑",将中国共产党的民主集中制这一领导制度成功运用于航天实践,尊重专家首创精神,充分发扬技术民主,既实现了制度的领域化,也实现了领域的制度化,从而不断攻克"两弹一星"工程研制过程中的技术难关。其核心要义是

[①] 孙家栋.钱学森带领我们搞航天 [A].钱学森科学贡献暨学术思想研讨会论文集 [C].北京:中国科学技术出版社,2001:42.
[②] 汪长明.爱国、奉献、求真、创新——解读钱学森精神 [J].湖北民族学院学报(哲学社会科学版),2012(1):153.
[③] 霍小光,李学仁,李涛.习近平:核心技术靠化缘是要不来的 只有自力更生 [EB/OL].新华网:http://www.xinhua.net.com/politics/2015-02/16/c_1114383845.htm.

集中与民主协同支撑。

（一）坚持政治引领，尊重专家首创精神

1. 社会主义制度优势植根于党的集中统一领导。坚持党的集中统一领导是发挥中国特色社会主义制度优势的根本遵循。习近平总书记指出，"中国特色社会主义最本质的特征是中国共产党领导，中国特色社会主义制度的最大优势是中国共产党领导"；[①] 顺利推进新时代中国特色社会主义各项事业，必须"更好发挥党的领导这一最大优势，担负好进行伟大斗争、建设伟大工程、推进伟大事业、实现伟大梦想的重大职责"。[②] 民主集中制作为中国共产党的根本组织制度和领导制度，既是党的致胜法宝，也是包括航天科技事业等党领导下各项工作取得成功的重要机制保障。作为一项经时间和实践检验科学合理而又成效显著的制度模式和工作机制，民主集中制在党的自身建设和国家发展中发挥着巨大的政治优势、组织优势和制度优势，起着工作效能"倍增器"的作用。在科研工作尤其是大科学工程实践中，民主集中制能够通过充分发扬党内民主（运用于科技工作中成为技术民主，行使技术话语权）和正确实行集中（行使技术决策权）有机结合，以技术民主最大限度激发科研工作者的科研热情和创造活力；同时，正确实行集中能够有力保障贯彻党的思想意志与开展科研工作的统一，使社会主义制度集中力量办大事的政治优势得到充分发挥和有力彰显。

2. 党的领导是航天专家科技动能释放的根本保障。在中国科技战线，

---

① 习近平. 在庆祝中国共产党成立95周年大会上的讲话 [N]. 人民日报，2016-07-02.
② 习近平. 决胜全面建成小康社会 夺取新时代中国特色社会主义伟大胜利——在中国共产党第十九次全国代表大会上的报告 [N]. 人民日报，2017-10-19

尊重科学家首创精神，充分激发并发挥他们的创新潜能和能力，党的领导既是首要前提，也是根本保障。民主与集中相统一、行政管理与技术保障相支撑、专家智慧与领导决策相结合，成为中国共产党领导科技工作的优良传统和政治优势。据中国科学院时任党组书记兼副院长张劲夫回忆，他在作为郭沫若院长助手主持中国科学院日常工作之初，陈毅元帅即告诫他："各学科的负责人是科学元帅，绝不要从行政隶属关系来看待他们，要从学术成就来看待。尊重科学，首先要做到尊重学者。中国的科学家是我们的宝贵财富，一定要重视发挥科学家的作用。"[1] 正是在周恩来总理和聂荣臻元帅的坚强领导和亲切关怀下，广大专家和科技工作者才得以最大限度发挥自己的聪明才智，为航天事业创新发展提供宝贵的智力支持和技术支撑。

（二）发扬技术民主，攻克工程研制难关

1. 技术民主与集中决策的辩证统一。习近平总书记在给参与"东方红一号"任务的老科学家的回信中指出："老一代航天人的功勋已经牢牢铭刻在新中国史册上。……新时代的航天工作者要以老一代航天人为榜样，大力弘扬'两弹一星'精神，敢于战胜一切艰难险阻，勇于攀登航天科技高峰。"[2] 吃水不忘挖井人，在以航天梦助力中国梦的新征程中，我们要时刻牢记以钱学森为代表的老一辈航天科技工作者为我国航天事业建立的丰功伟绩，踔厉奋发、笃行不怠，早日实现建设航天强国的伟大梦想。

---

[1] 张劲夫. 让科学精神永放光芒——读《钱学森手稿》有感 [J]. 复杂系统与复杂性科学，2006（2）：77.
[2] 习近平给参与"东方红一号"任务的老科学家回信 [EB/OL]. 新华网：https://baijiahao.baidu.com/s?id=1664847764214475948&wfr=spider&for=pc.

(1)"神仙"开会,各显"神通"

技术民主是民主集中制在科技领域的实践形式,即在坚持民主集中制原则基础上,充分尊重专家的技术话语权。中国航天事业创业伊始,需要攻克的难关接踵而至、数不胜数,而拥有相关领域知识储备与实践经验的专家则如凤毛麟角、少之又少。在开创中国航天事业历程中,钱学森作为技术主帅,借鉴留美期间组织开展学术民主讨论的成功实践,充分发扬技术民主,最大限度发挥专家的技术特长,做到了技术民主与集中决策、研制效能与管理效能的辩证统一,为中国航天事业稳步推进积累了宝贵经验。据钱学森回忆,在"两弹一星"研制攻关阶段,他每个星期日下午便把四位总设计师任新民、屠守锷、黄纬禄、梁守槃,以及庄逢甘、林爽等专家召集到自己家里,讨论导弹研制中的重大技术问题。

这一技术讨论会的实践逻辑包括三个方面:一是学术权力的分配,坚持话语权平等。作为组织者和实施者,钱学森请每位总师就技术问题充分发表意见。专家发言不分主次(即身份平等)、不论对错(即不设立场)、不受限制(即表达自由),大家畅所欲言,各抒己见、各显"神通",体现了学术话语自主和学术人格平等原则。当时这种会议因此被形象地称为"神仙会"。二是决策模式的建构,坚持"程序正义"。讨论过程中,专家们如果意见一致,则现场定案,由钱学森果断决策确定,决定技术方案;如果意见不一致,且无需现场定案(有充裕时间预留),则留待下周继续讨论,争取专家意见统一的最大化,用现在比较流行说法就是求得"最大公约数";如果事情紧迫,有决策时间限制,则由钱学森在综合大家意见后,结合自己的认识做出"终极判断",形成定案并据此执行。三是风险责任的分配,坚持首长负责制。钱学森提出,按照经民主讨论形成的方案,如取得成功,功劳归大家,体现成果认定的客观性原则;如果失败,责任由作为决策者的他本人承担,体现了风险评估的科学性原则。对此,钱学森的学生、中国第一颗人造地球卫星技术总负责人、总设计师的孙家栋院士深有感触:钱学森"勇于负责、善于听取群众意见的工作作风""让我丢掉了许多顾虑"。[①] 实践证明,这种做法实际上是将党的民主集中制议事决策制度"跨界移植"到"两弹一星"这一国家级大科学工程研制之中,做到了集体(科研组织)的最大发言权与个人(技术主帅)最终决策权的最佳配置、决策民主化(发扬民主)向决策科学化(坚持集中)的合理转化、敢于放权(博采众长、兼收并蓄)与勇于担责(领导胸怀、技术远见)的有机结合,对于攻克工程研制过程中遇到的紧迫技术难题、规划技术发展方向等方面发挥了不可替代的作用。这一做法堪称学术民主运用于航天实践的典范。

(2)凝聚智慧,大家胸怀

钱学森热情倡导并在工作中付诸实践的"神仙会"并非一般意义上的民主讨论会或学术研讨会,而是一项基于国家重大战略需求导向、关乎"两弹一星"工程型号研制顺利与否乃至是成是败的政治任务,稍有不慎或技术决策失误就有可能带来重大技术风险,并由此承担相应责任。此外,作为中国航天事业初创阶段一种攻克重大技术难关的成功经验,"神仙会"还是国防

---

① 孙家栋. 钱学森带领我们搞航天[A]. 钱学森科学贡献暨学术思想研讨会论文集[C]. 北京:中国科学技术出版社,2001:46.

部第五研究院科学技术委员会（简称"五院科技委"）的"母体"和肇端。钱学森基于"神仙会"的技术决策模式，曾向主管航天事业的国务院副总理聂荣臻提议成立五院科技委，让更多科技专家参与进来。1962年2月2日，五院科技委成立。钱学森任主任委员，任新民、屠守锷、梁守槃、庄逢甘、吴朔平、蔡金涛任副主任委员。科技委聘请149名院内外各专业的专家学者为委员，其中包括郭永怀、陆元九、卢庆骏等特邀委员。五院科技委成立后，充分发挥领域专家对重大技术问题的决策咨询作用，对"两弹一星"研制顺利推进起着技术上掌舵定向的重要作用。

从"神仙会"的成功实践可以看出，这种工作方式方法体现了钱学森作为中国航天事业奠基人的大师风范和战略眼光，实非一般科学家所能企及。黄纬禄院士时为国防部第五研究院二分院第一设计部主任。他后来回忆说："钱学森同志是技术权威，但他在工作中非常相信和尊重群众意见。"其他与钱学森有过工作上直接接触的专家也对钱学森的民主作风记忆犹新。五院一分院研究室副主任戚发轫院士回忆说："在导弹和原子弹结合过程中，钱老非常民主，广泛征求大家的意见，集中大家的智慧，同时满足了导弹试验和安全性检测的多项要求，对以后的工作起到了很好的启发作用。"在时为五院自动控制研究室主任的梁思礼看来："钱老很谦虚，也很民主，他奠定了中国航天技术民主决策的优良之风。在他直接领导我们搞工程的日子里，他的技术民主传统发扬得特别好，很多问题跟大家一起讨论商量。"[1]

---

[1] 尹怀勤. 钱学森的民主作风［EB/OL］. 人本网：http://www.rbw.org.cn/article.aspx?ty=uuK&i=uEH&pg=9.

（3）跨界移植，影响深远

宏观上，从中国航天"两条指挥线"组织管理体制维度进行考察，"神仙会"决策机制属于技术指挥线下的微观范畴（案例实践）。就本质意义而言，"两条指挥线"是行政权力与学术权力的相对分离，既合中有分，责任明晰；又分中有合，统一于整体性"两弹一星"工程研制之中，是航天系统工程行政层面的组织与管理体制向技术层面的科研与试制体制让渡"技术性权限"，即技术赋权。这在综合性、系统性和专业性都极强，以"两弹一星"为标志的大科学工程管理实践中的"跨界移植"无疑业已取得并自我验证其空前巨大而毋庸置疑的、具有世界史意义的成功。回溯航天科技发展中国模式的历史经验及其话语体系，客观而论，这既离不开聂荣臻等主管航天事业政治领导人在领导决策过程中的政治气度和人格魅力，也离不开作为技术领导人的钱学森在处理工程研制重大技术难关时的技术魄力和科学视野。在政治与科学的亲切对话中，"两弹一星"工程所取得的辉煌成就成为举国体制应用于航天领域的成功典范，饱含着共和国领导人对科技作为认识世界和改造世界的工具的应然敬畏、对科技事业在新中国各项事业发展中所处地位的高度重视，以及对中国科学家爱国情怀和创新精神的本色尊重。在此意义上，"神仙会"称得上是"两条指挥线"体制的"代际次生"（即从宏观组织领导层面向微观技术实践层面转移），也是航天精神的技术表达及其在研制实践中的辐射。随着中国航天事业不断发展，"神仙会"的历史意义和时代价值必将在建设航天强国的新征程中不断得到彰显。

2. 技术民主的实践渊源与保障机制。钱学森倡导的技术民主既是一种集采众长、提高效率的工作方式，也体现了他尊重科学、勇于担当的工作作风，成为中国航天发挥技术民主的生动案例，而钱学森也因此堪称倡导技术民主的典范。追根溯源，钱学森的"技术民主情怀"与他旅美期间的科研经历密切相关。他一直对加州理工学院的创新风气和民主氛围赞赏有加，并在回国后大力提倡发扬民主，为营造学术民主氛围、培养良好学术环境鼓与呼，做到了身体力行、创新发展，同时实现了"加州理工模式"在中国大地的跨域移植。钱学森认为，作为一种科学的管理制度和工作方法，民主集中制是科学技术工作应该遵循的客观规律。他曾在致友人的信中写道："科学技术工作也必须贯彻党的民主集中制。我1955年归回祖国后，深感我们党的民主集中制也是科学技术工作的客观规律；我在美国从我的老师Theodore von Kármán（冯·卡门）那里学到的也实际上是民主集中制，只是那时在外国还没有明确的阐述。我在周恩来总理领导下从事导弹卫星工作，深感周总理在工作中是执行民主集中制的典范。"①

民主与集中对等赋权、双向支撑是技术民主得以真正"落地"的机制保障。1998年4月19日，钱学森在致中国航天工业总公司（今中国航天科技集团公司）办公厅的信中进一步指出："我从周恩来同志和聂荣臻同志多年亲自领导我们工作中，有一点体会特别深刻：对航天工作这样高技术而又复杂的科技工作，必须用民主集中制。也就是要发扬民主，以充分调动大家的积极性和能力，各尽所能，分工负责；另外又必须强调集中，有组织有纪律，关

---

① 钱学森.1996年2月22日致张玉台的信[A].涂元季，李明，顾吉环.钱学森书信（第9卷）[M].北京：国防工业出版社，2007：488.

键时刻要由领导决策，大家贯彻实施。要民主与集中并重，不能只民主不集中，也不能只集中不民主。"[①] 数十年来，中国航天事业始终贯彻党的民主集中制原则，形成了一整套科学的技术民主化管理体制、议事制度、决策机制等，为航天事业稳步推进、蓬勃发展提供了可靠的制度保障。钱学森作为科研战线民主集中制的大力倡导者和成功践行者，功不可没。

四、发展机制：集往益来，经验与现实协同演进

中国航天初创时期的发展机制体现为，通过"集往益来，协同发展"，总结航天系统工程基本经验和方法，开创社会系统工程，并实现二者融合发展、联动发展，为推进国家治理体系和治理能力现代化提供理论助力。核心要义是经验与现实协同演进。

（一）总结航天经验，开创社会系统工程

周恩来总理早年调研航天时曾语重心长地对钱学森说："学森同志，你们那套方法，能不能介绍到全国其他行业去，让他们也学学？"[②] 钱学森一直对周恩来同志的关怀、信任和嘱托念兹在兹、铭感于心。他不但为新中国国防科技事业建立了卓越功勋，而且在卸任国防科研一线领导岗位后，全身心投入学术研究，在另一条战线继续为国家建设作出自己的贡献。推广和宣传系统工程、创建系统工程中国学派、提升系统工程理论成果社会化服务功能，是钱学森晚年的代表性学术成就。他在总结中国航天成功实践经验的

---

① 钱学森.1998年4月19日致中国航天工业总公司办公厅的信[A].涂元季，李明，顾吉环.钱学森书信（第10卷）[M].北京：国防工业出版社，2007：367.
② 王斯敏，钱学森：系统工程中国学派蔚然成林[N].光明日报，2018-09-27.

基础上，基于工程控制论的理论基础和技术原则，将航天系统工程的宝贵经验应用于社会系统工程理论创建与实践探索之中，提炼出从航天系统工程拓展到社会系统工程的总体设计部思想及解决开放复杂巨系统问题的方法论基础——从定性到定量综合集成方法。在构建现代科学技术体系过程中，钱学森通过与广大科技工作者和学术同仁通信，凝聚了一大批不同领域、不同学科、不同研究专长的专家学者，集思广益、激荡真知，共同推动和促进学术协同创新与发展。

1979年，钱学森与乌家培在《经济管理》杂志发表《组织管理社会主义建设的技术——社会工程》一文。该文的发表是钱学森继系统工程中国学派奠基之作《组织管理的技术——系统工程》后，将系统工程从工程系统工程上升为社会系统工程、从工程管理上升为国家管理，在认识论和方法论层面的重要理论创建，标志着钱学森社会系统工程思想的确立。于景元指出，钱学森系统工程与系统科学思想引发的组织管理革命对现代化社会和国家管理的推动作用将是广泛而深刻的，其意义和影响重大而深远。[1] 作为一种科学的认识论和方法论，钱学森对中国航天系统工程的精髓——顶层设计、科学管理、自主创新、全国协作、综合集成——进行社会化拓展，建立起社会系统工程理论体系。

钱学森社会系统工程思想是航天系统工程与社会系统工程协同发展的产物。思想渊源上，社会系统工程脱胎于中国航天系统工程的成功实践与理论总结，是航天系统工程的社会化拓展，并在改革开放和中国特色社会主义

---

[1] 盛懿,汪长明.钱学森系统工程思想的理论和实践价值[J].上海党史与党建,2019（10）:44.

建设中不断吐故纳新、与时俱进。理论特质上，社会系统工程思想与航天系统工程思想一脉相承，坚持理论与实践的统一，具有鲜明的马克思主义理论特质和中国特色社会主义现实指向，为我国新时期全面深化改革扩大对外开放提供思想助力，与党中央治国理政强调系统思维、统筹规划以及全面深化改革强调系统性、整体性、协同性高度契合。价值定位上，社会系统工程思想是治国理政的科学认识论（社会系统工程）和科学方法论（从定性到定量综合集成方法）。钱学森认为，"搞组织管理社会主义建设的前提是社会和国家的目标，也就是建设社会主义的要求"，而社会系统工程的目标正在于"组织管理社会主义建设，制定社会和国家规模的长远规划，以及社会和国家规模的协调、平衡"。① 现实指向上，作为对系统工程思想和方法的创新发展，钱学森社会系统工程思想面向我国社会主义现代化建设，是具有中国特色和时代特征，旨在认识社会、改造社会、建设社会和管理社会，体现了马克思主义现实性品格，影响了改革开放以来的历代中央领导集体，为党中央治国理政和中国特色社会主义事业作出了重要贡献。

习近平总书记在哲学社会科学工作座谈会上的讲话中指出："构建中国特色哲学社会科学是一个系统工程，是一项极其繁重的任务。"② 钱学森系统工程思想是我国哲学社会科学理论大厦的一部分。推进钱学森系统工程思想创新与发展，不断焕发系统工程在新时代的学术生命力，对于加强中国特色社会主义话语体系建设，增强哲学社会科学工作者的道路自信、理论自信、制度自信和文化自信，为党中央治国理政提供理论支撑和智力支持，具

---

① 钱学森，乌家培. 组织管理社会主义建设的技术——社会工程[J]. 经济管理，1979（1）：6.
② 习近平. 在哲学社会科学工作座谈会上的讲话[N]. 人民日报，2016-05-19.

有重要现实意义。

(二)传承协同精神，提升国家治理效能

习近平总书记指出，全面深化改革，要突出改革的系统性、整体性、协同性；要用系统工程的思想方法、工作方法和思维方法解决我国社会主义现代化建设中出现的整体性、复杂性、全局性重大问题。① 钱学森作为系统工程中国学派的创建者和协同创新的躬行者、他作为科技主帅为中国国防科技事业铸就的丰功伟绩、他创建的系统工程思想及其中蕴含的系统思维和协同精神，对于激励广大科技工作者爱国奋斗、建功立业，对于提升国家治理效能、加快建设创新型国家和世界科技强国、为实现中华民族伟大复兴这一新时代党的历史使命注入强大精神动能并植入宝贵历史基因，无疑具有重要思想支撑作用和价值启迪意义。

"协同创新""协同治理""协同发展"是以习近平同志为核心的党中央坚定不移全面深化改革提出的治国理政新方略。党的十九届四中全会提出"政策协同""权责协同""社会协同""防控协同"等国家治理新理念。党的十九届五中全会进一步提出，要"坚持创新在我国现代化建设全局中的核心地位，把科技自立自强作为国家发展的战略支撑"；到2035年基本实现社会主义现代化远景目标，全会要求"关键核心技术实现重大突破，进入创新型国家前列"。② 中国航天事业的初创，是在党中央集中统一领导下，广

---

① 盛懿，汪长明.钱学森系统工程思想的理论和实践价值[J].上海党史与党建，2019（10）：45.
② 中国共产党第十九届中央委员会第五次全体会议公报[EB/OL].新华网：http://www.xinhuanet.com/politics/2020-10/29/c_1126674147.htm.

大航天科技工作者大力发扬"两弹一星"精神,坚持自主创新,努力实现关键核心技术突破所取得的具有世界意义的标志性重大科技创新成果。在中国特色社会主义进入新时代的今天,从中国航天体制机制协同创新实践中,从钱学森等老一辈航天科技工作者身上体现的协同精神中,我们可以汲取实现关键核心技术突围、建设世界科技强国的宝贵历史经验,充分发挥集中力量办大事这一社会主义最大制度优势,必将为坚持和完善中国特色社会主义制度、推进国家治理体系和治理能力现代化提供强大精神动力和丰富思想给养。

结语:回归现实的中国航天协同道统

社会生产力、社会分工与社会协作之间存在一种循环逻辑、因果互证:其一,社会生产力是社会分工的产物和属性,而社会分工反过来又是社会生产力发展的结果和要求;其二,社会分工是社会协作的根本前提,而社会协作又是社会分工的客观要求,起着创造集体生产力、提高劳动效率、降低交易成本的作用;其三,社会协作是社会生产力发展的必然趋向,而社会生产力发展必然推动和促进更高层次的社会协作。因此,没有社会生产力的发展就不会有社会分工,没有社会分工也就谈不上社会协作,而没有社会协作社会生产力的发展就无从谈起。诚如马克思所言,"受分工制约的不同个人的共同活动产生了一种社会力量,即扩大了的生产力",[1] "由协作和分工产

---

[1] 马克思恩格斯全集(第3卷)[M].北京:人民出版社,1960:38.

生的生产力,不费资本分文。这是社会劳动的生产力"。①由此可见,分工协作能够产生新的生产力,或者说能够实现生产力"增值"和"再生"。分工协作的社会功能对一般社会生产活动如此,对航天这种高度组织性的大规模生产活动更是如此。

中国航天事业是现代化大生产背景下,以"两弹一星"研制这一国防科技领域"生产过程的社会结合"为代表的社会大分工与社会大协作在国家体系内的高度统一与集成。这种国家规模的有序化分工协作使得中国航天事业的初创形成了四大协同网络:其一,"生产主体能动化"方面,通过探索和创新制度供给,充分发挥制度激励功能,激发广大航天科技工作者的爱国主义精神,并将其转化为科技报国的精神动能,实现了意志层面的思想大协同;其二,"生产过程规范化"方面,在党中央集中统一领导下,中国航天"全国一盘棋",全行业组织管理规范有序,为推动航天科研创新提供了强有力组织保障和制度支撑,实现了技术层面的研制大协同;其三,"生产成本最小化"方面,通过合理调配各种资源,最大限度降低资源配置成本,"以最少投入获得最大产出",实现了工程层面的要素大协同;其四,"生产效能集约化"方面,中国航天事业的开创促进了系统工程的本土化(中国化),反过来,系统工程的思想和方法通过经验反刍,成为统领中国航天事业的"理论法宝",二者相互作用、相辅相成,实现了系统层面的体系大协同。因此,中国航天事业的成功本质上是精神激励、组织保障、要素调配、系统管理等维度综合协同、实现"航天生产力"大发展的结果。

---

① 马克思恩格斯全集(第23卷)[M].北京:人民出版社,1972:423-424.

在社会化大生产体系中，"生产力发展的状况取决于社会生产力的整体功能状况，而其整体功能的优劣状况又是由生产力各要素之间在一定结构下的协调和同步（即协同）作用决定的"。①社会化大生产体系如此，作为其重要构成单元的国防科研生产体系同样如此。没有全国大协同，就无所谓航天大发展。在很大程度上，一部新中国航天史就是一部新中国航天协同体制史。协同保障的管理机制（系统管理）、协同创新的工作机制（系统运行）、协同支撑的激励机制（系统优化）、协同演进的发展机制（系统演化），是中国航天初创阶段协同机制的基本内涵和历史总结，也是中国航天这一国防科研大系统数十年辉煌发展历程的精神本源与内生动力。概言之，政治保障、体制支持、制度激励、精神凝聚、创新驱动、现实情怀，成为中国航天协同实践基本经验的核心凝聚。②以"两弹一星"为标志的新中国航天协同实践作为建国伊始一项倾举国之力捍卫国家安全和主权尊严、为国民经济建设和社会发展提供防御保障和科技支撑的大科学工程，具有维护中国国家安全、夯实中国核心实力、提升中国国际影响力、振奋民族精神和增强民族凝聚力的重大历史意义、社会意义和战略意义，产生了深远持久的影响。

经过六十多年的发展，我国航天工业在体制机制上实现了从国防研究院（国防部第五研究院）、到工业部（第七机械工业部→航天工业部→航空航

---

① 曹亚梅.协同理论与生产力的发展［J］.西藏民族学院学报（社会科学版），1991（1）：12.
② 汪长明.钱学森为什么能成为战略科学家［N］.学习时报，20201-12-30.

天工业部）、再到大型企业集团（中国航天科技集团、中国航天科工集团）的转变。随着时代发展和国家战略需求演变，如今，我国航天工业已从国防工业领域进入军民融合发展新阶段，成为国民经济建设的重要主战场。无论时代如何发展，一代代航天人协同奋进、接续前行凝聚起来的宝贵经验和优良传统，对于推进新时代中国特色社会主义建设尤其是国家大科学工程管理和协同治理体系的构建，无疑具有历久弥新的理论价值和实践价值。

习近平总书记在给参与"东方红一号"任务的老科学家的回信中指出："老一代航天人的功勋已经牢牢铭刻在新中国史册上。不管条件如何变化，自力更生、艰苦奋斗的志气不能丢。新时代的航天工作者要以老一代航天人为榜样，大力弘扬'两弹一星'精神，敢于战胜一切艰难险阻，勇于攀登航天科技高峰。"[1] 吃水不忘挖井人，在建设航天强国、以航天梦助力中国梦的新征程中，我们要时刻牢记以钱学森为代表的老一辈航天科技工作者为我国航天事业建立的丰功伟绩，踔厉奋发、笃行不息，早日实现建设航天强国的伟大梦想。

---

[1] 董瑞丰，胡喆. 习近平总书记给参与"东方红一号"任务的老科学家回信[EB/OL]. 新华社客户端：https://baijiahao.baidu.com/s?id=16648477642144759484&wfr=spider&for=pc.

人才精神的价值内涵与实践路径

毛泽东同志曾指出:"人是要有一点精神的。"往小处说,精神是一种心理状态和事业追求,是实现个人价值的"动力基础";往大处说,精神是一种价值标准,是实现国家发展和社会进步具有衍生价值和参照价值的公共意识形态。"伟大的事业产生伟大的精神,伟大的精神成就伟大的事业。"每一种精神的产生都离不开不忘初心、矢志奋斗的价值追求,离不开时代赋予的成就自我、服务人民、报效国家职业机遇与历史使命。今年是中国共产党成立一百周年。回顾中国共产党一个世纪以来的光辉历程,其中的一条基本经验,或者说中国共产党区别于其他政党的显著标志,是在领导人民创立和发展社会主义伟大事业不同历史时期,塑造了成千上万堪为国之魂魄的先进人物,熔铸了惊天动地、可歌可泣的伟大精神,由此感召广大人民群众在建立新中国、实行改革开放、建设社会主义现代化国家征程中形成强大精神合力,开创了一个又一个惊天动地的历史伟业。

面向新时代中国特色社会主义的历史方位,全社会应大力弘扬人才精神,为党中央人才强国战略赋能助力,不断开创我国人才工作新局面。在近期召开的中央人才工作会议上,习近平总书记指出,"国家发展靠人才,民族振兴靠人才""我们比历史上任何时期都更加接近实现中华民族伟大复兴的宏伟目标，也比历史上任何时期都更加渴求人才"。[1]为此，应大力营造以先进人物为引领、以先进人物精神为共同价值遵循的人才发展环境，努力培育和塑造各种人才勇于贡献自身才智、善于创造人才精神的社会氛围，形成"千舟竞发""百舸争流"、越是艰险越向前的良好人才生态，为全面建设社会主义现代化国家凝聚起万众一心不负时代的精神伟力。

本文基于习近平总书记关于人才工作的重要论述和中央有关文件精神，以先进人物精神为考察对象，旨在探索人才成长与新时期人才工作基本规律，为党的人才政策和新时期实施科教兴国战略、人才强国战略和创新驱动发展战略提供理论支撑。

一、新时代对人才精神的召唤

人无精神则不立，党无精神则不兴，国无精神则不强。习近平总书记指出，一代人有一代人的担当。百年峥嵘岁月，百年风雨历程。在中国共产党领导下，无数先进人物身先士卒、勇立潮头，走上了革命、建设和改革一线，成为推动民族解放、国家发展和社会进步的强大生力军。他们的先进事迹和精神风范凝聚成引领全国人民戮力前行、接续奋斗的伟大精神，形成了中华民族先进人物精神谱系，并在整体上融入中国共产党精神谱系之中，成为其中光彩夺目的"精神单元"。

据笔者不完全统计，自中国共产党诞生之日起，累计形成了各种具有标

---

[1] 习近平出席中央人才工作会议并发表重要讲话[EB/OL].中国政府网：http://www.gov.cn/xinwen/2021-09/28/content_5639868.htm.

志性色彩并得到国家认可的"精神词汇"120余个。其中习近平总书记提出或提及并阐释的有24个，分别为："两弹一星"精神、载人航天精神、探月精神、焦裕禄精神、雷锋精神、西柏坡精神、西迁精神、劳模精神、红船精神、脱贫攻坚精神、铁人精神、大庆精神、科学家精神、科学精神、延安精神、特区精神、井冈山精神、王杰精神、抗震救灾精神、抗美援朝精神、抗疫精神、长征精神、抗战精神、白求恩精神。

2021年9月29日，新华社发布了中央批准的第一批纳入中国共产党人精神谱系的伟大精神，共46种精神入选。新华社电文指出，这些精神集中彰显了中华民族和中国人民长期以来形成的伟大创造精神、伟大奋斗精神、伟大团结精神、伟大梦想精神，彰显了一代又一代中国共产党人"为有牺牲多壮志，敢教日月换新天"的奋斗精神。这46个"精神词汇"贯穿当代中国革命、建设、改革、发展史，从五个历史时期进行布局，涵盖中国共产党百年奋斗历程，既做到了"点"上的精准性和代表性，深得人民认可；也做到了"面"上的广泛性和全维性，广为社会熟知。点面结合，构建起了中国共产党光辉历程、辉煌成就、伟大梦想的精神大厦，熠熠生辉、光耀千秋。

这46个精神词中，人才精神占10个（张思德精神、雷锋精神、焦裕禄精神、铁人精神、孔繁森精神、劳模精神/工匠精神、女排精神、科学家精神、企业家精神），集中代表了中国共产党在领导中国人民所走过的百年奋斗历程中最具典型性、最能反映中华民族本色的先进人物精神符号，成为中国共产党精神谱系重要构成单元，是推进新时代中国特色社会主义、全面建设社会主义现代化国家的宝贵精神财富。成千上万先进人物的崇高精神、杰出贡献和价值追求融入了中国共产党百年奋斗历程，实现了个人命运与国家命运的呼应与融合，注释着中国共产党人的初心与使命，成为实现中华民族伟大复兴的中国梦宝贵的精神资源。

伟大时代呼唤伟大精神，崇高事业需要榜样引领。当前，中国特色社会主义事业已经进入新时代，需要更多先进人物和时代楷模竞相涌现、应时而生，形成"群星璀璨""精神"勃发的良好人才生态。习近平总书记指出："人民有信仰，民族有希望，国家有力量。"[①] 为此，应大力营造以先进人物为引领、以先进人物精神为共同价值遵循的人才发展环境，努力培育和塑造各种人才勇于贡献智慧和力量、善于创造人才精神的社会氛围，为全面建设社会主义现代化国家凝聚起万众一心铸就时代伟业的强大力量。

二、人才精神的群体属性与内涵要求

（一）人才精神的群体属性

1. 时代性：人才精神顺应时代发展逻辑。人才精神代表了一个时代的精气神，是时代发展的产物。从历史发展逻辑看，这120余个人才精神涵盖新民主主义革命时期、社会主义革命和建设时期、改革开放时期、新时代改革开放时期（社会主义现代化建设新时期）。例如，从人才精神提出或形成的起点看，社会主义革命和建设时期的人才精神包括雷锋精神、铁人精神、王杰精神、铁道兵精神、周恩来精神、钱学森精神、"好八连"精神、兵团精

---

① 习近平：决胜全面建成小康社会 夺取新时代中国特色社会主义伟大胜利——在中国共产党第十九次全国代表大会上的报告 [EB/OL]．中国政府网：http://www.gov.cn/zhuanti/2017-10/27/content_5234876.htm．

神等,而劳动精神、劳模精神、工匠精神、科学家精神、企业家精神、新时代浙商精神则形成于社会主义现代化建设新时期。每一种人才精神都是时代的产物,具有鲜明的时代性,是时代精神的个体(群体)呈现。

2. 融汇性:人才精神体现个体与群体的融汇统一。从精神主体看,各种人才精神既有在某一领域某个岗位做出杰出贡献的职业个体,也有某一行业或共和国历史上某一重大事件的群体性时代楷模,体现了个体精神特质(个性)与群体职业属性(共性)的统一。这种统一不是简单机械的概念植入,而是个性绽放与共性表达的统一与集成,既"各美其美",又"美美与共"。略举一例,2019年5月中共中央办公厅、国务院办公厅印发《关于进一步弘扬科学家精神加强作风和学风建设的意见》,[1] 要求大力弘扬胸怀祖国、服务人民的爱国精神,勇攀高峰、敢为人先的创新精神,追求真理、严谨治学的求实精神,淡泊名利、潜心研究的奉献精神,集智攻关、团结协作的协同精神,甘为人梯、奖掖后学的育人精神。这是在国家层面对科学家这一特殊职业精神的首次集中阐述。而在个体(群体)层面,钱学森精神、黄大年精神、"两弹一星"精神、载人航天精神、探月精神、深潜精神、"中国天眼"精神等,其内涵则成为科学家精神的微观化表述,相互之间形成了一种总分式科学家精神话语体系。

3. 先导性:人才精神引领着社会发展方向。"一个时代有一个时代的主题,一代人有一代人的使命。"主题上升为国家意志,就成为党中央治国

---

[1] 新华社.中共中央办公厅国务院办公厅印发《关于进一步弘扬科学家精神加强作风和学风建设的意见》[EB/OL].中国政府网:http://www.gov.cn/zhengce/2019-06/11/content_5399239.htm.

理政的指导思想与国家发展战略；使命内化为奋斗动力，就成为个人一往无前的精神支撑，为国家发展注入精神力量。人才精神是时代主题的核心承载和集中表达，代表了一个时代的价值追求和社会发展的基本趋势与主旋律。习近平总书记指出："我们都在努力奔跑，我们都是追梦人。"① 精神是奋斗的动力源，是初心的始发地。人才精神作为先进人物在从事本职工作中形成并为社会所认可的独特精神品质，为他们将个人职业追求融入经济社会发展、为国家做出应有贡献提供了宝贵的精神支撑。

（二）人才精神的内涵要求

笔者从大历史角度考察中国共产党精神谱系发现，虽然每一种人物精神都有着特定的内涵和话语表达，即体现了人物的"精神个性"与道德风貌，但又有着共同的内涵和要素，总体而言体现为：胸怀祖国是本质要求，不懈奋斗是根本保障，心系人民是价值情怀，淡泊名利是首要前提。这"四大特质"成为中国先进人物精神谱系乃至中国共产党精神谱系的"高频词汇"与"核心归纳"。

1. 胸怀祖国是人才精神的本质要求。爱国主义是人才精神的应有之义，是确保中国共产党作为领导我们一切事业的核心之根本要求。不爱国，谈不上爱党；不爱党，谈不上个人价值的发挥和中国特色社会主义事业的稳步推进。笔者基于有限样本，考察人物精神的具体内涵发现，虽然表述方式不一，但作为核心归纳的"爱国"是其中出现频次最高、内涵最丰富的"精神

---

① 国家主席习近平发表二〇一九年新年贺词［EB/OL］. 新华网：http://www.xinhuanet.com/politics/2018-12/31/c_1123931796.htm.

词汇",包括杨靖宇精神(矢志不渝、忠贞报国的爱国主义精神)、赵一曼精神(崇高的爱国情怀)、铁人精神("为国分忧、为民族争气"的爱国主义精神)、钱学森精神(爱国)、兵团精神(热爱祖国)、黄大年精神(心有大我、至诚报国的爱国情怀——习近平语)、科学家精神(胸怀祖国、服务人民的爱国精神——习近平语)、企业家精神(爱国敬业、遵纪守法、艰苦奋斗的精神)、新时代浙商精神(兴业报国的担当精神),等等。由此不难发现,爱国成为先进人物共同的精神符号、价值交集和思想底色。可以说,不爱国,谈不上"先进人物";不爱国,谈不上"人物精神"。习近平总书记高度重视爱国主义精神,多次在不同场合就爱国主义的重要性进行阐释和论述:"实现中华民族伟大复兴的中国梦,是当代中国爱国主义的鲜明主题,要大力弘扬伟大爱国主义精神,大力弘扬以改革创新为核心的时代精神,为实现中华民族伟大复兴的中国梦提供共同精神支柱和强大精神动力"[①];"爱国主义是我们民族精神的核心,是中华民族团结奋斗、自强不息的精神纽带"[②]。2021年5月28日,总书记在两院院士大会暨中国科协第十次全国代表大会上的讲话中进一步指出:"新时代更需要继承发扬以国家民族命运为己任的爱国主义精神……(要)保持深厚的家国情怀和强烈的社会责任感,为党、为祖国、为人民鞠躬尽瘁、不懈奋斗!"[③] 这些论断高屋建

---

① 习近平主持中共中央政治局第二十九次集体学习[EB/OL].新华网:http://www.xinhuanet.com/politics/2015-12/30/c_1117631083.htm.
② 习近平.在纪念五四运动100周年大会上的讲话[J].党建,2019(5):4.
③ 习近平.在中国科学院第二十次院士大会、中国工程院第十五次院士大会、中国科协第十次全国代表大会上的讲话[N].人民日报,2021-05-29.

瓴、立意深远，体现了党中央高度重视以爱国主义为核心的民族精神培育和价值引领的"国家意志"表达。

2. 甘于奉献是人才精神的根本保障。古人云："种树者必培其根，种德者必养其心。"奉献精神是一种美德，更是一种责任和担当，是一种精神力量（于己，内在）和价值示范（于人，外在）。奋斗是奉献的外化形式，是将个体内在奉献精神以职业追求的形式呈现在社会公众面前的一种价值表达与情怀展示。唯有不懈奋斗，才能有所作为；唯有不断作为，才能大有作为。2018年，习近平总书记对王继才同志先进事迹作出重要指示："要大力倡导爱国奉献精神，使之成为新时代奋斗者的价值追求。"[1] 2019年7月，总书记对黄文秀同志先进事迹作出重要指示，要求广大党员干部和青年同志不忘初心、牢记使命，勇于担当、甘于奉献，在新时代的长征路上做出新的更大贡献。"幸福都是奋斗出来的""奋斗本身就是一种幸福""新时代是奋斗者的时代"……这些话语既意味深长、发人深思，又正气浩然、催人奋进。没有甘于奉献的精神、没有不懈奋斗的动力，就没有职业幸福感，也难以与建功立业、奋发作为的时代主旋律形成共鸣、同频共振。

3. 心系人民是人才精神的价值情怀。从时间维度上看，人才从历史中来，到现实中去，是代际传承与自我奋斗的结果。习近平总书记在中央人才工作会议上指出："广大人才要继承和发扬老一辈科学家胸怀祖国、服务人

---

[1] 习近平对王继才同志先进事迹作出重要指示强调 要大力倡导爱国奉献精神 使之成为新时代奋斗者的价值追求 [J]. 中国纪检监察, 2018 (16): 65.

民的优秀品质,心怀'国之大者',为国分忧、为国解难、为国尽责。"①从空间维度上看,人才从人民中来,到人民中去。人才本身来自人民,是人民的一分子,与广大人民"同呼吸,共命运"。从群众中来,到群众中去,是中国共产党宝贵的历史经验和执政法宝。对广大为国家做出重要贡献的各行各业人才而言:其一,他们中很多人是领导干部,走在直接接触人民群众工作一线,必须牢固树立为民意识。"人民对美好生活的向往,就是我们的奋斗目标。"其二,人才"从群众中来",是从人民群众中培养和成长起来的"精英群众",心系人民理应成为他们共同的情感基因和道德根基,否则,他们的职业成就必将黯然失色。其三,人才从事的是党的事业,而中国共产党又是广大人民群众根本利益的最高代表,在此意义上,心系人民一方面是广大人才政治觉悟的体现和要求,另一方面,也是他们践行以习近平同志为核心的党中央人民至上执政情怀和以人民为中心执政理念实实在在的职业情感。其四,"人品做到极处,无有他异,只是本然。"心系人民折射的是人性中纯粹和共情的一面,既体现了人才的情感归向和精神风范,也是他们最基本的工作方法论,值得讴歌并不断发扬光大,使其成为中华民族的精神基因。对党员人才而言,全心全意为人民服务;一切为了群众,一切依靠群众;密切联系群众,保持党同人民群众的血肉联系……既是他们必须严格坚守的组织纪律和工作方法,也体现了他们心系人民的党性操守和政治风骨。

4. 淡泊名利是人才精神的重要前提。严格说来,淡泊名利作为一种个人

---

① 习近平出席中央人才工作会议并发表重要讲话 [EB/OL]. 中国政府网:http://www.gov.cn/xinwen/2021-09/28/content_5639868.htm.

价值观，是甘于奉献精神品质逻辑上的"衍生物"。"夫君子之行，静以修身，俭以养德。非淡泊无以明志，非宁静无以致远。"只有淡泊名利，正确权衡利害得失、孰轻孰重，正确处理小我与大我、个人与集体（国家）、事业与家庭、才华与能力、名利与成就、付出与收获等等各种利益关系，用马克思主义的对立统一观武装自己，才能全身心投入本职工作，从而实现个人工作能力和社会价值最大化。对于中国共产党这个光荣集体中的人才（优秀党员）而言，他们从入党的第一天起就在党旗下庄严宣誓："对党忠诚，积极工作，为共产主义奋斗终身，随时准备为党和人民牺牲一切。"整体上，这句入党誓词体现了人才精神的四个维度："对党忠诚"体现的是一种爱国主义精神（胸怀祖国）；"为党和人民牺牲一切"则体现了人民至上的价值情怀、甘于奉献的职业操守和淡泊名利的精神境界。"勿唯小贻大，勿唯私损公；勿唯利害己，勿唯权伤民。"无论工作还是生活，如果时时、处处、事事坚持个人利益至上，在党和国家利益面前如果不能做到"牺牲"个人利益，而是始终将个人得失作为职业成败的"准绳"，既不可能成为真正意义的"人才"，对国家的贡献和对社会的价值更是无从谈起。

三、人才精神对推进新时代人才工作的启示

（一）坚持政治引领，做到党管人才与聚才而用相结合

1. 坚持党的领导是人才工作的组织基础和政治原则。中国共产党是我们各项事业的领导核心。回顾中国共产党一百年来的光辉奋斗历程不难发现，正是因为有中国共产党这个坚强的领导核心，中国人民和中华民族才迎来了

从站起来、富起来到强起来的伟大飞跃。从历史维度看，坚持党的领导核心地位是历史选择的必然结果，是马克思主义政党治国理政的首要前提，是建设社会主义现代化国家的根本保障。人才所从事的工作从属于其所处行业，而其所处行业又是党的事业重要组成部分。三者分别处于微观、中观和宏观层次，"三位一体"、相辅而成。没有党对各项事业的领导，没有各项事业对人才职业性劳动的保障，人才的作用将失去根本依托，终将如无源之水，无以为继。在此意义上，党管人才具有了逻辑上的合理性、必要性和必然性。

2. "聚天下英才而用之"是党管人才的根本方法论。"致天下之治者在人才。"人才是衡量一个国家科技实力、综合国力和国际影响力的重要指标。习近平总书记指出："办好中国的事情，关键在党，关键在人，关键在人才。""关键在党"，讲的是政治保障，体现的是党的领导核心作用。"关键在人"，讲的是组织管理，体现的是建设一支宏大的高素质干部队伍，充分发挥人的主体作用。这也是党中央以人为本执政理念在科研管理领域的具体实践。"为政之要，莫先于用人。""关键在人才"，体现的是人才的稀缺性及其作用的独特性。人才往往掌握着某一行业、某一领域、某一专业的"核心技术"和"关键知识"，是国家发展的"关键少数"，"得人才者得天下"；"综合国力竞争说到底是人才竞争"。党的领导是"三大关键"之关键，事关我国科技事业全局和长远，彰显了中国特色科研管理优势和人才制度优势。习近平总书记指出："择天下英才而用之，关键是要坚持党管人才原则。"[①] 总书记在2021年两院院士大会上指出："我们着力实施

---

① 赵爱明.努力实现"择天下英才而用之"[N].人民日报，2015-09-07.

人才强国战略,营造良好人才创新生态环境,聚天下英才而用之,充分激发广大科技人员积极性、主动性、创造性。"[1] 总书记的讲话再次体现了党管人才与聚才而用有机统一这一中国特色人才战略的制度优势和政治优势。

(二)塑造精神文化,做到舆论引导与聚集培育相结合

人才是国家的宝贵资源,是衡量一个国家综合国力的重要指标。弘扬人才精神、培育精神文化,重在宣传、贵在践行、要在传承。应借助媒体和舆论的"散发功能",让人才的杰出贡献、人格品质、精神风范走进千家万户,激励一代又一代年轻人尤其是青少年学生树立报效祖国远大理想,实现个人志向与国家需要、个人价值与国家发展的有机统一,不负青春、无愧时代。

1. 大力营造尊重人才尊重劳动的社会氛围。一是加强舆论引领,努力营造大力弘扬人才精神的舆论氛围和社会环境,让人才及其创造性劳动融入全体社会成员的精神血脉,使其成为社会主义核心价值体系不可或缺的功能性要素。二是建立体现人才创造性劳动、弘扬人才崇高精神的成果奖励与荣誉称号颁授制度,让人才及其为推动经济与社会发展做出的重要贡献为国家所认可、社会所熟知、人民所敬仰。三是广泛开展人才精神学习教育活动,让人才精神文化深入人心。可以通过加强人才档案采集与保管,依托有关科研院所、文博场馆、人才管理部门等建立杰出人才纪念馆等人才精神教育基地,设立面向不同人才群体的行业性节日,开展人才精神教育和仪式教育,

---

[1]习近平.在中国科学院第二十次院士大会、中国工程院第十五次院士大会、中国科协第十次全国代表大会上的讲话[N].人民日报,2021-05-29.

不断提高全体社会成员的道德修养和文化素质的社会文化氛围。

2. 以聚集培育实现人才精神薪火相传。全面建设社会主义现代化国家是一项承前启后、继往开来的宏伟事业，离不开人才工作代际传承和人才工作者接续奋斗，需要一代代、一批批优秀后备人才脱颖而出。只有这样，国家各项建设事业才有薪火相传、永续发展的生命力和不断实现自我超越的"发展力"。俗话说，"人无远虑，必有近忧"。对国家而言，不抓紧"人才工作"这个发展的"命根子"，不培养造就对科技创新、产业变革、国家发展具有决定意义的人才队伍，就难以在愈益明显、日趋激烈的国际竞争中掌握战略主动、抢占战略高地、赢得战略先机。只有紧紧抓住聚集培育这个"牛鼻子"，增强人才成长的"专业点位"和"智力密度"，不断培育适应时代需要，既有专业本领和职业造诣、又有发展潜力和创新潜质的优秀人才，为建设社会主义现代化化国家输送可堪重用、可担大任的后备军和新生力量，我国各项事业发展代代传承、持续发展才有可靠的人才保障和坚实的智力基础。

（三）厚植家国情怀，做到典型展示与谱系建构相结合

研究是宣传的基础，研究得越深入，人才精神越是有血有肉，精神宣传就越能入骨入魂、走深走实。加强人才精神研究，旨在一方面更深理解人才精神的实质，另一方面更好宣传人才精神，营造尊重知识、尊重人才、尊重劳动、尊重创造的社会舆论氛围，使人才的社会地位得到应有认可和保障。

1. 典型展示是人才精神谱系建构的基础和要求。人是社会基本单元共性与个性的统一体，个性是劳动创造性的根本前提。举凡每一位取得具有广泛社会影响力和认可度的职业成就、为国家做出重要贡献的杰出人才都具有"男儿何不带吴钩"的家国情怀、"不破楼兰终不还"的职业愿景、"欲上青天揽明月"的精神追求和"不辞羸病卧残阳"的价值取向。弘扬人才精神要注重典型展示与谱系建构相结合，如此才能更好彰显人才的时代角色，发挥人才的社会价值。注重典型展示，体现的是对人才主体创造性劳动的尊重，以针对性研究展示和呈现其个性特质；同时，每一位人才精神特质的凝结，又在整体上构成了中国人才的集体风采与群体风貌。大而言之，作为社会的一个职业单元、国家的一个职业群体，人才精神又自然融入作为国家领导核心的中国共产党精神谱系之中，从而在历史和时代双重意义上实现了自身的行业价值和社会价值。加强以个体特质展示为旨归的人才个案研究、以集体风貌呈现为旨归的人才精神群体研究、以民族精神凝聚为旨归的中国共产党精神谱系研究有机统一，体现了马克思主义关于处理个体与整体关系的科学方法论。

2. 人才精神谱系与中国共产党精神谱系的呼应与融合。从宏大国家叙事视角考察人才精神，一方面可以全面认识人才群体的时代角色，准确把握和认识各种职业、各项事业的政治取向；另一方面可以丰富中国共产党精神谱系的内涵与发展规律。在人才与国家精神层面的双向互动中，将"人才精神"从"个体精神"中剥离开来并使其具有社会公共意义，将个体性人才（以及由个体组成的集体）精神特质融入行业性精神谱系（如作为个体精神的赵一曼精神、杨靖宇精神，作为集体精神的红船精神、井冈山精神、沂蒙精神、东北抗联精神、"半条被子"精神、红岩精神、南泥湾精神、北大荒精神、长征精神、抗战精神、安源精神、苏区精神、大别山精神、照金精神与作为群体精神的革命精神，作为集体精神的女排精神与作为行业性精神的中华体育精神）之中，将人才精神谱系融入中国共产党精神谱系之中，可以实现个人与集体、集体（行业）与国家、个人命运与国家命运衔接，实现个人价值与社会价值的呼应、集体精神与国家精神的契合。

（四）强化价值导向，做到精神传播与精神生产相结合

价值引领是人才工作的根本遵循。在新的历史时期，应以为社会主义核心价值体系建设赋能助力为目标导向，加强先进人物精神宣传与弘扬，不断夯实中华民族伟大复兴的精神根基；以"四史"学习教育尤其是党史学习教育为契机，从历史中汲取先进人物精神服务时代需求的智慧和力量，不断深化对共产党执政规律和社会主义建设规律的认识；以践行立德树人根本任务和培育民族精神为目标，让先进人物精神薪火相传，为新时代中国特色社会主义建设提供精神支撑与思想给养。

1. 加强精神传播是人才精神社会价值彰显的基本路径。精神是对人的意识、思维、情感等主观世界进行描述的一种内在状态描述，相对于实实在在、可见可感（显性）的行动而言，具有隐蔽性（隐性）和潜伏性（潜性）。所谓"思想是行动的先导，行动是思想的体现"，讲的其实是精神对人的行为所起的主导作用和行动对精神的反馈作用。因此，加强人物精神传播很大程度上是为了对人物意识和情感层面的"所思所想"进行直观表达，通过实实在在的言行、事迹、成就，实现人物精神的社会化和具象化，使其成为广大观众所能感知、认知并认可的公共道德规范、情感取向和价值追求，从而不断丰富社会主流价值观的要素体系和内涵支撑，使其最终融入为广大公众所依赖的社会生活体系。

2. 注重精神生产是丰富人才精神内涵、传承光大精神价值的根本要求。精神生产是与物质生产相对应的一个历史唯物主义概念。作为人类社会生产方式之一，精神生产天然地具备人类劳动的一般特征。就产品形态而言，精神生产以现实的、历史的、具体的社会个体（即"人"）为主体，在生产过程中满足人的精神需要，生产并创造出展现人的本质、体现公共价值、服务社会发展的精神产品。精神产品一般不具有物质形态，但通过可感知的形式如科学理论著作、文学艺术作品、产品制造工艺与技术等得以体现。"问渠那得清如许，为有源头活水来。"任何一项生产活动——无论物质生产还是精神生产——都离不开作为产品原初形态的"原料供给"。对精神生产而言，每一项精神产品都具有适应时代需求的特色，因而，为保障并体现精神产品的"时代性"，必须不断提高以先进人物为物质载体的精神产能。

当前，我国正在实施创新驱动发展战略，为建设创新型国家和世界科技强国提供战略引领和发展动能。创新驱动的本质是人才驱动，而人才驱动离不开人才主体的精神驱动，离不开人才作为社会个体为国家发展做出应有贡献的责任意识、主体意识，主动担当作为，在本职岗位上建功立业。要达到这个目的，首先，要不断激发和挖掘先进人物的精神产能，实现精神生产效能最大化。精神的矿藏是无穷无尽的，属于可再生、可循环，取之不尽用之不竭的宝贵资源。先进人物是国家的宝贵精神财富，其符号意义和精神价值无可限量。其次，要坚持岗位培育，让人才在岗位上实现专业发展与职业成长，以先进培育后进，以典范倒逼平凡自我赋能，从而整体发挥从高禀赋人力资源向高素质人才队伍转变的集群效应。最后，要努力实现先进人物从个体和行业领域向社会公共领域的价值转移，通过加大先进人物社会推介力度和推广模式，让人才精神"遍地开花"，传遍大江南北，走向各行各业，最终实现人才精神的集约化生产体系，形成集群化发展态势。

科学家纪念馆在"四史"学习教育中的担当与作为

从历史中汲取智慧和力量,知古鉴今、以史资政,是中国共产党的优良传统和行动自觉。习近平总书记在"不忘初心、牢记使命"主题教育总结大会上指出:"要把学习贯彻党的创新理论作为思想武装的重中之重,同学习马克思主义基本原理贯通起来,同学习党史、新中国史、改革开放史、社会主义发展史结合起来。"① 开展"四史"学习教育是牢记党的初心和使命的重要途径,是当前和今后一段时期全党的一项重要政治任务。在中国共产党建党100年之际,在全党开展"四史"学习教育具有特别重要的现实意义。

科学家纪念馆作为人物纪念馆的重要组成部分,承担着宣传科学家典型事迹,讲好中国科学家故事和中国科技、经济与社会发展史,弘扬中国科学家精神,传播社会主义先进文化,弘扬社会主义核心价值观等重要社会职能。为此,科学家纪念场馆应主动对接"四史"学习教育,充分挖掘科学家身上蕴含的"四史"学习教育资源,积极探索新时期开展"四史"学习教育

---

① 习近平. 在"不忘初心、牢记使命"主题教育总结大会上的讲话[EB/OL]. 新华网:http://www.xinhuanet.com/politics/leaders/2020-01/09/o_1125442277.htm

新思路、新途径、新方法，将科学家事迹、精神与思想宣传融入"四史"学习教育之中，更好实现开展社会教育与"四史"学习教育的职能对接、功能关联与效能彰显。

一、科学家纪念馆开展"四史"学习教育的总体要求

（一）提高政治站位，充分认识科学家纪念馆在"四史"学习教育中的责任担当

习近平总书记指出："历史是最好的教科书，也是最好的清醒剂。"学好党史、新中国史、改革开放史、社会主义发展史是牢记党的初心和使命的重要途径，是党员提升自身文化素质、政治素质和业务素质的必然要求，也是爱国主义教育的重要组成部分。科学家作为党的事业、改革开放和中国特色社会主义建设的参与者、探索者，是一部开展"四史"学习教育的厚重教材。要提高政治站位，充分认识科学家在党史、新中国史、改革开放史、社会主义发展史中的重要地位，切实承担起科学家纪念馆作为爱国主义教育基地在"四史"学习教育中的责任。

（二）对标自身职能，积极展现科学家纪念馆在"四史"学习教育中的应有作为

科学家纪念馆馆主往往是为国家做出杰出贡献、堪当"人民科学家"称号的科技精英。他们是书写党史、新中国史、改革开放史和社会主义发展史的重要参与者，是"四史"见证者和创造者。包括博物馆、纪念馆、展览馆、故居等在内的各种科学家纪念场馆，应从馆主作为科学家这一主要身份

出发，考察、发现和激活他们身上蕴藏的"四史"要素，主动作为、不尚空谈、讲求实效；应将科学家生平事迹、科学成就、精神风范、学术思想的研究、宣传与教育融入"四史"学习教育之中，既充分利用并不断夯实科学家纪念馆的馆藏资源，更好发挥其社会教育功能，又能丰富"四史"学习教育的内涵，拓展"四史"学习教育的依托空间。

（三）树立品牌意识，打造科学家纪念馆开展"四史"学习教育的优质社教项目

应着眼中国共产党建党100周年这一共和国历史上重大事件的宣传窗口期，增强政治意识、党性意识，充分酝酿、先行先试，打好"四史"学习教育组合拳，以新的历史方位和新的时代要求培育科学家纪念馆社会教育生长点，打造"四史"学习教育品牌项目，力争学习内容多样化、教育形式系列化、教育项目品牌化、教育成效显性化；以"四史"学习教育为契机，探索科学家纪念馆社会教育主题、内容、模式和途径转换机制，力争实现社会教育职能、整体工作效能和社会化服务功能最大化。

（四）坚持四个结合，切实做到科学家纪念馆特色发挥与"四史"学习教育对接

一是引进与输出相结合，在继续做好开门办馆前提下，坚持目标导向与任务导向统一，主动走向社会、下沉基层。二是学习与教育相结合，通过引导和激励全体员工不断加强"四史"学习，将其内化为自身政治素质和业务素质定向提升；通过开展"四史"学习教育提升科学家纪念馆教育功能，夯实本馆在科学家精神宣传和爱国主义教育方面的主阵地作用。三是守正与创新相结合，一方面坚守科学家精神研究、宣传、教育这一"立馆之本"，另一方面主动对接国家战略任务和社会现实需求，拓展科学家精神研究、宣传与展示新领域，提升本馆社会化服务能力。四是研究与传播相结合，以学术立馆为根本导向，开发科学家与"四史"学习教育研究选题，促进员工职业发展，加强本馆内涵建设。

二、科学家纪念馆在"四史"学习教育中的目标任务

（一）以"四史"学习教育丰富科学家精神价值内涵和时代意蕴

以"爱国、创新、求实、奉献、协同、育人"为标志的中国科学家精神，蕴含着广大科学家和科技工作者对党的事业无限忠诚、为新中国国防科技事业鞠躬尽瘁、为改革开放和中国特色社会主义事业殚精竭虑的崇高精神品质和价值追求。对科学家纪念馆而言，要通过"四史"学习教育，从时代发展需要，以新的视角认识科学家精神的思想内涵和价值空间，不断彰显科学家精神的时代张力。应聚焦课程开发、教材编研、主题展览、学术研究四大板块，秉持立德树人、以史育人、资政育人的思想价值体系，为"四史"学习教育做出自身贡献。根本价值指向应是，推动广大党员和人民群众从"四史"学习教育中汲取知史爱党、知史爱国精神力量，坚定理想信念，筑牢思想根基，为实现"两个一百年"奋斗目标不懈奋斗、砥砺前行。

（二）以"四史"学习教育促进科学家纪念馆建设成效整体提升

习近平总书记指出，只有坚持思想建党、理论强党，不忘初心才能更加自觉，担当使命才能更加坚定，要把学习贯彻党的创新理论作为思想武装

的重中之重，并同学习党史、新中国史、改革开放史、社会主义发展史结合起来。① 以学促教、学教结合，将"四史"学习与"四史"教育有机统一，促进全体党员和全体员工政治素养、职业素质提升，成为科学家纪念馆开展"四史"学习教育的应有之义。充分发挥科学家纪念馆作为爱国主义教育示范基地的职能优势和相比非人物类纪念馆而言更具科学价值的馆藏资源与学术力量（尤其是科技史研究）优势，将"四史"学习教育纳入科学家纪念馆工作体系、植入本馆学术立馆管理体系、融入本馆社会教育话语体系，不断提升其在高校博物馆和人物纪念馆领域的行业话语力、学术影响力和社会服务力。

（三）以"四史"学习教育助推科学家纪念馆各项工作提质升级

"四史"学习教育为科学家纪念馆基本陈列、社会教育、主题展览、内涵建设等提供了新机遇、新思路、新方向。科学家纪念馆既是科学家本人的纪念馆，本质上也是一座"四史"学习教育场馆，其立馆之根本目的在于通过科学家精神宣传，向广大公众普及党史、新中国史、改革开放史、社会主义发展史基本知识。其社会功用体现在，一是内化于心，让"四史"融入广大公众精神血脉之中，增强全社会的历史意识和民族凝聚力；二是外化于行，让科学家的科学成就、先进事迹和精神风范成为广大公众干事创业的精神动力和思想支撑，为国家建设与发展提供价值引领。为此，科学家纪念馆要以开展"四史"学习教育促进本馆各项工作量质同升，为本馆长远发展开

---

① 胡伯项，于楠.不断增强思想建党、理论强党的坚定性与自觉性［N］.光明日报，2020-02-05.

好局、迈好步，不忘初心、行稳致远。

三、科学家纪念馆推进"四史"学习教育的实际举措

科学家纪念馆推进"四史"学习教育的"抓手"包括基于部门职能划分的课程开发、教材编研、展教结合、学术研究等方面。

（一）课程开发：开发精品课程，拓展社会教育

课程开发是博物馆开展社会教育的"常规动作"。科学家纪念馆可以结合本馆人员知识结构、专业兴趣、学术积累和部门职责，从讲好科学家故事、讲好新中国科技史和社会发展史等层面，面向不同年龄层次、不同职业背景、不同知识结构受众需求，开设与"四史"教育相关的课程，并开列讲解、教学、讲座等不同形式、不同主题的宣讲菜单。课程模式可以是主题课堂/党课、主题观影/观展、专题讲座/座谈、专场讲解等。教学形式可以是现场教学，也可以是在线教学；可以是传授式教学，也可以是体验式教学。同时，科学家纪念馆应对标党员教育基地和干部培训基地，不断加强党员教育和干部培训功能，通过开发制定常态化的党性教育定向菜单，增强自身社会化服务功能，将"苦练内功"与"搭台唱戏"有机结合起来，推进"四史"学习教育入脑入心、走深走实。

（二）教材编研：创编定向教材，推出出版项目

与其他形式的博物馆一样，科学家纪念馆承担着将馆藏科技名人档案进行研究、满足公众精神文化需求的社会职能。在文化强国建设和中国博物馆事业高质量发展的今天，科学家纪念馆应认真思考如何实现从"以物为中

心"向"以社会为中心"理念转变，如何充分利用信息技术带来的革命性成就，在坚守办馆传统和优势基础上，更好实现与社会的良性互动，为广大公众提供便捷优质的文化服务。这就需要科学家纪念馆在藏品管理、学术研究、展示教育、观众服务等领域大胆创新、勇于实践，不断推进各项事业迈上新台阶。教材开发既是博物馆学术成果外化的载体，也是服务社会的主要途径。科学家纪念馆可以组织本馆研究人员并凝聚社会力量创作、编写科学家精神读本，创作以科学家为主人公、既反映历史又体现时代精神、人民群众喜闻乐见的影视剧等，发挥其在"四史"学习教育中的社会效应和教育价值；找准"科技史"与"四史"的最佳结合点，推进与"四史"结合度关联度较高、适合不同人群阅读的通俗类或纪实类科学家著作，将其纳入本馆"四史"学习教育体系，实现科学家纪念馆与"四史"学习教育的融合宣教。

（三）展教结合：筹划主题展览，做好配套服务

主题展览是博物馆基本陈列的延伸，形象地说，是相对于基本陈列而言的一种"动态陈列"，可以弥补基本陈列内容时滞、空间固化、形式单一等诸多阈限。因此，结合因时而变的宣传教育需要，策划不同主题、不同形式、服务不同观众需求的展览，成为保持博物馆开展社会教育的"常规动作"，是保持其生命力的一种行业性"刚需"。就开展"四史"学习教育而言，科学家纪念馆应及时做好相关主题展览策展工作，并做好配套社教活动；通过线上展览与线下展览相结合，统筹线上展览技术保障措施，发挥展览的全国辐射效应和社会影响力，让科学家精神在新媒体手段的作用下，在全国各地落地生根、遍地开花。相关展览讲解方式可由广度接待转向深度解

读,提高讲解的精准度和针对性;做好科学家精神与"四史"宣传的衔接,探索"点"的突破,实现不同形式、不同规模展览及其社教活动的周期互补,确保"四史"学习教育的连贯性。发挥微信公众号等新媒体的平台优势,实现"四史"学习教育传播效能最大化。

(四)学术研究:凝练研究方向,促进内涵发展

学术研究既是博物馆的基本职能之一,一般都有行政上相对独立、与其他部门并行不悖的机构建制;又是博物馆陈列展览、社会教育、征集保管等部门在业务上的支撑部门,具有相对独立的部门职能属性,因而其重要性无可比拟。科学家纪念馆应以"政治引领、学术支撑、敬畏历史、尊重科学"的职业情怀,将"四史"学习教育纳入本馆学术研究体系,不断加强内涵建设,夯实学术研究成果,增强作为"行业小众"的科学家纪念馆在文博系统的学术影响力;受人员编制的限制的科学家纪念馆,可以面向社会公开招标,吸引社会力量参与相关研究,提升科学家研究在"四史"学习教育中的地位和作用;通过举办以"四史"学习教育为主题的研讨会或纪念会,扩大研究成果的学术辐射力和社会影响力;就全馆而言,应注重研究方向均衡化、人员发展全员化,确保学术研究人人有方向、年年有成果,并将有关研究成果纳入"四史"学习教育社会化服务体系,使得各项工作在"四史"学习教育汇总不断开花结果。

见人见史见精神——钱学森手稿的四重价值

钱学森既是享誉海内外的杰出科学家和我国航天事业奠基人,也是一位著名的科学理论家。上海交通大学钱学森图书馆馆藏他一生留下的笔记、文稿、书信、批注等各类手稿近三万份。这些卷帙浩繁、弥足珍贵的档案文献资料,成为钱学森人生历程、学术轨迹与思想发展的真实记录,具有重要的理论价值(见思——思想大成)、人文价值(见事——民族大业)、战略价值(见势——发展大势)和社会价值(见时——国之大计),是钱学森留给后人的宝贵思想遗产和精神财富。

一、理论价值:蕴含博大精深的学术思想

钱学森手稿蕴含着博大精深的理论创建,承载着钱学森学术成长的深刻印记,堪称"思想宝库"。上海交通大学钱学森图书馆作为"国内外钱学森文献实物最完整、最系统、最全面的收藏保管中心,钱学森科学成就、治学精神、高尚品德和爱国情怀的宣传展示中心,以及钱学森科学思想和科学精神的研究交流中心",馆藏绝大多数钱学森手稿。本馆研究人员经过多年整理与研究发现,这些原始档案文献资料在思想性方面具有两个特点:第一,学科面广,涵盖钱学森创立的现代科学技术体系所列自然科学、社会科学、

数学科学、系统科学、思维科学、人体科学、地理科学、军事科学、行为科学、建筑科学和文艺理论等十一大学科门类及其"总纲"马克思主义哲学；第二，重点突出，呈现钱学森回国后尤其是晚年的主要学术关注方向和学术思想的形成过程、演变规律与发展轨迹。以20世纪80年代初退出国防科研一线领导岗位为界，钱学森的主要学术兴趣逐渐从自然科学、技术科学领域转向人文社会科学和马克思主义哲学。其中社会科学、系统科学、思维科学是晚年钱学森重点关注的学科领域。手稿堪称钱学森作为一位战略科学家重要的思想遗存，体现了一位杰出科学家纵横驰骋于众多学科领域的大家气魄和大师风采。

二、人文价值：饱含强国富民的家国情怀

钱学森手稿既是一部学术编年史，也蕴含着钱学森始终关心国家发展的现实观照和家国情怀。从钱学森公开发表的学术论文和出版的学术著作中不难发现，他的很多学术思想，无论是诸如宏观层面的总体设计部思想、社会系统工程理论与实践、教育改革思想、产业革命理论，还是中观层面的中医现代化、园林城市、科技经济、生态保护，乃至微观层面的黄河治理、北京城区规划、沙漠地区农作物产量计算等，在手稿中都有完整而清晰的记载，蕴含着他关心国家长远发展、着眼民族振兴富强、心系人民幸福安康的真知灼见和精神追求，体现了深沉的家国情怀和鲜明的现实观照，具有重要的实践参考价值。他的系统工程理论、管理科学思想、创新教育思想等新观点、新思想、新方法，已经得到党和国家领导人的充分肯定和高度评价，为我国

当前的国家治理能力建设提供了重要现实借鉴。他对马克思主义哲学的探索、继承和发展，充分体现了一位人民科学家对社会主义中国的道路自信、理论自信、制度自信和文化自信。这些理论建树渗透在钱学森手稿的字里行间，读来令人叹为观止，不由肃然起敬。

三、战略价值：体现深谋远虑的前瞻思维

钱学森具有超前的战略眼光和深邃的前瞻思维，被称为战略科学家。他提出和创建的很多理论、思想、观点、方法，既高屋建瓴、高瞻远瞩，又切中实际、有的放矢；既能"顶天"，又可"立地"，具有极强的先见性、科学性和理论高度。迄今为止，他的很多重要理论和设想，如系统工程理论、总体设计部思想、第六次产业革命理论，已经经受了实践的检验，成为献智于国、造福于民的活生生的现实，并得到从普通学者到政府官员，乃至习近平等中央领导同志的高度重视和充分赞许。这些理论、思想、观点、方法集中体现在钱学森晚年的手稿中，体现了他对有关我国社会主义建设理论和现实问题的深层思考和殷切期望，随着时间的推移和国家的不断发展，越来越折射出一位战略科学家的思想火炬和智慧光芒。诚如钱学森本人所言，如果说20世纪的钱学森称得上伟大，那么21世纪的钱学森将更加伟大。其含义和价值或许正在这里。

四、社会价值：折射启智育人的教育担当

手稿折射出钱学森丰富的内心世界和崇高的精神风范，是学习、研究、

宣传钱学森宝贵的第一手资料和活生生的教材，具有昭启后学、启迪后人的教育价值。手稿不同于科研论文。科研论文是研究成果的集中表现，是"思想的凝练""智慧的浓缩"；而手稿则通过演算、标示、修改等可见的文字与符号，直观反映作者创造性探索的动态过程。前者的读者对象主要是相关专业的科技专家和同行学者，其中部分内容因对推动和促进人类科学技术发展而被永久地载入科学技术史册；后者因其能生动地表现一位科学家的科学精神、治学态度而为更广泛的读者所理解和关注，特别是对中青年科学家和在校青少年学生有极好的教育作用。例如，钱学森的很多笔记工工整整地写在废旧纸张上，有的正反面都写满关乎即兴学术思想的记录性文字，既彰显了他孜孜以求的探索历程和严谨笃学的学术品质，也体现了他不浪费一纸一墨、勤俭节约的朴素情怀和极简主义生活作风，还折射出他下笔有力、落笔有声的思想张力。时至今日，翻阅钱学森笔记仿佛在精神层面与一位科学巨人进行一次跨越时空的二次元对话，能够真切感知到他身上科学风骨、学术品质、人文情怀的多重散发，令人肃然起敬。

从钱学森身上，我们看到了优秀人才的巨大价值。以手稿为主要形态的档案文献不仅是以爱国、奉献、求真、创新为主要特质的钱学森精神的重要载体，也是钱学森高屋建瓴、自成一家学术思想的结晶；既成为钱学森为新中国国防科技和社会主义现代化建设鞠躬尽瘁的历史见证，也浓缩着他作为一位历经近现两代、学贯中西两学的杰出科学家功高德昭、堪为世范的鲜明镜像和锲而不舍、历久弥坚的价值追求。说他是"思想的先驱、科技的泰斗、育人的导师、做人的楷模"实至名归，并不为过。在这些浩如烟海的手稿中，钱学森治学之严谨、思维之缜密、思想之深邃、眼界之开阔、境界之高远，跃然纸上，远非一般科学家所能企及。高山仰止，国士无双。随着钱学森手稿的逐步出版并实现社会化利用，一代科学伟人的家国情怀和思想光芒将成为裨益社会、服务国家、惠及人民的宝贵精神财富。

第三章

国之重器——战略科学家使命担当

（实践篇）

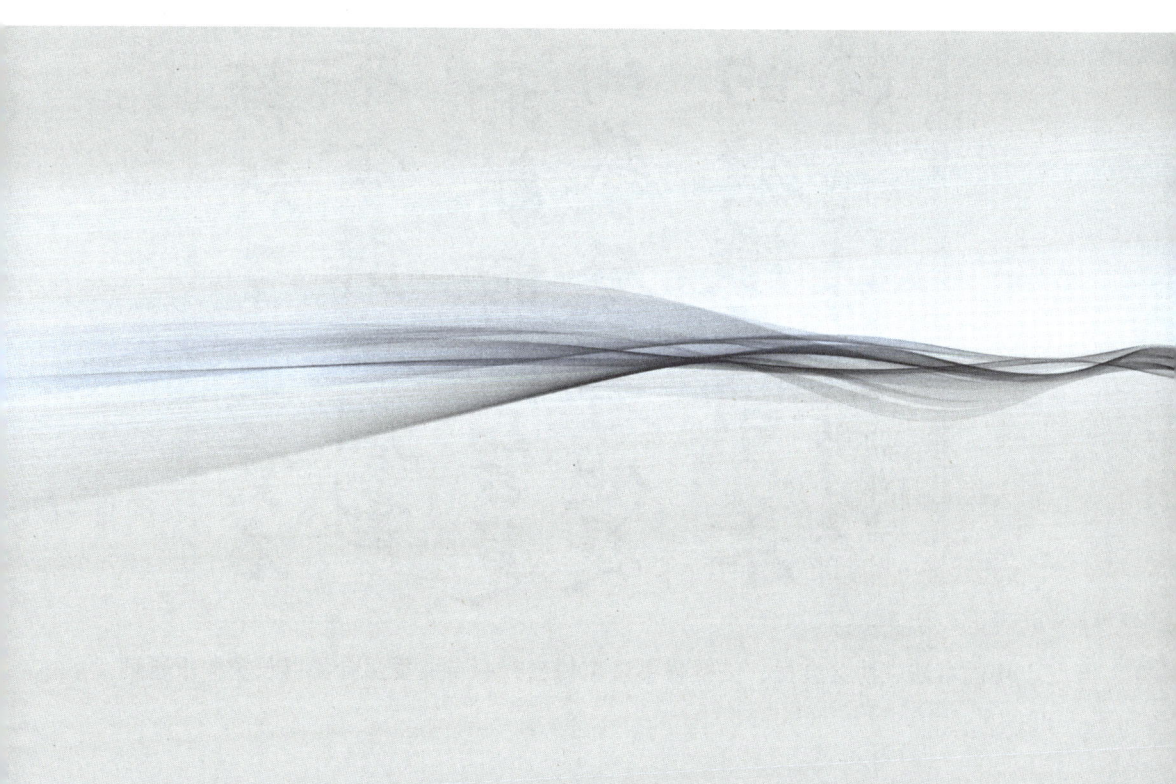

在他心里国为重家为轻科学最重名利最轻五年归国路十年两弹成开创祖国航天他是先行人劈荆斩棘把智慧锻造成阶梯留给后来的攀登者他是知识的宝藏是科学的旗帜是中华民族知识分子的典范

感动中国组委会授予钱学森的颁奖词 壬寅金秋童树根书

中国书法家协会会员、安徽省书法家协会行书专业委员会秘书长童树根题词

战略科学家的时代召唤与制度催生

当今世界,国际竞争日趋激烈,核心是科学技术的竞争,而科学技术竞争的关键则是掌握科学技术并成为科技创新主体的高层次科技人才的竞争。科技创新作为一个国家科技实力乃至综合国力的重要标志,是国家发展的核心驱动力。因而,基于对人类历史经验和社会发展规律总结得出的一个基本共识是,国家科技创新能力成为这个国家的核心竞争力。而为国家科技创新能力提升发挥关键作用、作出突出贡献的战略科学家,则成为支撑国家核心竞争力的关键性智力资源,是引领国家科技创新事业发展方向至为重要的技术力量。

2020年1月8日,习近平总书记在"不忘初心、牢记使命"主题教育总结大会上指出,"要把学习贯彻党的创新理论作为思想武装的重中之重,同学习马克思主义基本原理贯通起来,同学习党史、新中国史、改革开放史、社会主义发展史结合起来"。[①] 当前,全国上下正掀起一股"四史"学习教育热潮。战略科学家作为广大科技工作者的"最高代表",是践行党的伟大事业和历史使命的典型职业群体,助力新中国科技、经济与社会发展的"先锋

---

① 习近平出席"不忘初心、牢记使命"主题教育总结大会并发表重要讲话 [EB/OL]. 中国政府网. http://www.gov.cn/xinwen/2020-01/08/content_5467591.htm

战士",全面深化改革、扩大对外开放及实现中华民族伟大复兴中国梦的生动实践者,推进中国特色社会主义事业的重要力量和宝贵资源。充分认识战略科学家在党史、新中国史、改革开放史和社会主义发展史中的应有地位,充分发挥战略科学家在"四史"学习教育中的重要作用,成为推进新时代中国特色社会主义伟大事业的必然要求与时代召唤。

一、战略科学家是战略层面的科学家和科学领域的战略家

理解"战略"的内涵是分析战略科学家的前提和基础,也是划清战略科学家与一般科学家的概念边界、认识战略科学家独特身份及其社会价值的词源学依据。

(一)战略科学家的概念演绎

"战略"一词最早是一个军事术语,普鲁士军事理论家和军事历史学家、战略理论奠基人克劳塞维茨(Carl von Clausewitz)在《战争论》(The Theory on War)一书中指出:战略是"利用战斗来达到战争目的"。由此可见,"战略"最早是一个与战争相关、与战术相对的概念。随着战略学研究的深入,"战略"的内涵也不断拓展,从军事领域延伸到政治、经济、科技、文化、外交等各领域,并衍生出"发展战略""文化战略""外交战略""战略管理""战略规划"等诸多词汇,战略的重要性日益凸显。时至今日,举凡具有全局性、长远性、指导性的规划、策略、方针等,均可纳入"战略"范畴。基于对战略概念的厘定,对战略科学家进行讨论和研究也就具有了最根本的方向和基础。

对"战略科学家"进行定义,目前主要停留在概念阐释甚至舆论宣传上,而围绕其实际内涵所进行的深入研究尚未开展、规范阐释尚未形成,甚至有称其为"科学/科技战略家""战略科技人才""科学技术的战略家""科技领军人才"的,导致概念混乱、内涵不清、语义模糊。更有甚者,不少学者和媒体人士抑或为了提高学术关注度,抑或为了强化社会影响力,抑或为了增加受众点击量,热衷夸大其词,追求社会效应,将"战略科学家"与技术专家、时代楷模甚至商界精英混为一谈,将"科学标准"降格为"社会标准",将"学术尺度"置换成"舆论尺度",出现了形形色色的"战略科学家"。其根本原因在于价值标准(概念阐释、评价机制、保障体系)缺失。所有这些都在某种程度上降解了战略科学家的价值密度。

只有从深层内涵上揭示战略科学家的群体属性,才能对战略科学家的本质身份进行准确定位,也才能真正发挥其在国家科技事业发展中应有的价值和作用。从表述上看,战略科学家有两层含义:一是战略层面的科学家,他们既能深耕专业、探赜索隐,又能跳脱专业、总揽全局,在对学科专业发展历史、现状与前景了然于胸的基础上,提出具有前瞻性、开拓性的新理论、新思路、新方法,引领专业发展方向。二是科学领域的战略家,即一方面能够站在科学技术发展最前沿,洞察时代和社会发展基本规律及总体趋势,着眼拓展和维护国家现实需要和根本利益,对国家重大理论和现实问题进行方向性、全局性、先驱性思考,形成具有科学内涵并能用于指导科学实践的战略思想;另一方面能够树立自己在某一科学领域的权威性身份,在统领学科发展基础上,带领科研同行一起,为国家科技事业创新发展作出群体性贡献。

（二）战略科学家的群体镜像

在科学家群体中，战略科学家是科学性与战略性的集成、引领性与典范性的嫁接、专才与通才的统一、创造性知识与创新性思维的结合。美国著名学者柯林斯（John M. Collins）在《大战略：原则与实践》（Grand Strategy: Principles and Practices）一书中写道："如果说在某个领域，通才比专才更为可取，那个领域就是战略。"由此可见，与一般科学家乃至科技领军人才不同的是，战略科学家的重要性更多地在于"战略性"而非"科学性"。就与社会接受度较大的科技领军人才比较而言，在概念上，科技领军人才仅限于"科学"层面，是掌握最新科学技术前沿领域知识、具有代表性科学话语权的科学家。至于战略科学家——不妨形象地说——科学领军人才中的"领军人才"，属于"领袖型科学家""战略型科学家""国家级技术领导人"范畴。因此，战略科学家既是国家各项事业发展的宝贵财富，不可或缺、无可替代，也是国家综合实力的个体呈现，说万里挑一并不为过，有的甚至百年难得一遇，如被誉为"人民科学家"的中国航天事业奠基人钱学森。作为战略层面的科学家，他们必须悟得透、握得准，以掌握的科学技术知识引领未来；作为科学领域的战略家，他们必须站得高、看得远，以科学视野和战略眼光谋划长远。

为此，笔者将"战略科学家"定义为：战略科学家是战略层面的科学家和科学领域的战略家，通过引领学科与专业发展方向，形成具有科学内涵并用于指导社会实践的科技战略思想，为国家科技事业发展尤其是国家级大科学工程作出群体性重大贡献。其中"战略层面的科学家和科学领域的战略家"指的是战略科学家的身份属性,"引领学科与专业发展方向"指的是战略科学家的科学地位,"具有科学内涵并用于指导社会实践的科技战略思想"指的是战略科学家的理论造诣,"为国家科技事业发展尤其是国家级大科学工程作出群体性重大贡献"指的是战略科学家的"领袖特质"及其做出的社会贡献。"五位一体",始得大成。

二、战略科学家在国家创新体系中的特质呈现

战略科学家是科研创新的主体,在国家创新体系中处于"神经中枢"位置。就为中国科学事业和中国特色社会主义建设贡献科学才智、提供智力服务而言,战略科学家应具有四重根本特质。或者说,是否具有这些特质,成为判断和评价战略科学家的核心标准。

(一)政治忠诚、立场坚定,是"民族脊梁"

思想是行动的先导。人们常说"科学无国界,但科学家有祖国",这句话本质上讲的是科学家的政治立场和价值取向问题。在中国特色社会主义政治语境下,中国共产党是领导核心,中国共产党的领导是中国特色社会主义最本质的特征。战略科学家既是党的培养下成长起来的科技精英,从事的又是党的事业,应该既具有拥护党的领导、以自身科学才智为党的事业不懈奋斗的坚定政治立场,又具有自觉学习、坚持和运用马克思主义哲学的科学世界观和方法论,否则其科学成就再大也会因失去核心价值而黯然失色。对此,钱学森在给一位学术友人信中的一段话颇具代表性:"我近30年来一直

在学习马克思主义哲学,并总是试图用马克思主义哲学指导我的工作。马克思主义哲学是智慧的源泉。而且一个马克思主义者是绝不会不爱人民的,绝不会不爱国的。"[1]对于自己为国家建立的卓越功勋,他非常谦虚地说:"我本人只是沧海之一粟,渺小得很。真正伟大的是中国人民,是中国共产党,是中华人民共和国!"[2]这句话体现了他作为一位杰出的战略科学家深沉的家国情怀、崇高的政治品格和无悔的科学担当,堪为战略科学家之楷模。

(二)前瞻布局、引领创新,是"国之重器"

战略科学家往往具有前瞻布局的宏大战略视野和引领创新的深邃科学智慧,在所从事的领域有精深的研究成果和学术造诣,作出了公认的学术贡献,是全面建设国家科技创新体系、实施国家创新驱动发展战略的"关键少数"。战略科学家能立人所未立、见人所未见,在科技领域独当一面,在国际上掌握科技话语权,是国家在科技领域的"国际代言人"。战略科学家对于学科发展规律的探索、对于科学研究本质的理解、对于科学事业所作的贡献,达到了一种"透古通今、了然于胸"的境界;他们对于学科发展方向、科技发展趋势、国家发展战略,有着整体性把握、全局性思考和前瞻性认识,并能提出基于科学实证的战略性规划决策建议。他们能够较好地把握世界科技发展趋势和国家战略需求,敏锐洞察和思考本学科发展的前沿性问题,并创造性地提炼出带有根本性的重大科学问题,不断开拓新的科技领

---

[1] 钱学森.1989年8月7日致于景元的信[A].涂元季,李明,顾吉环.钱学森书信(第5卷)[M].北京:国防工业出版社,2005:004.
[2] 钱学森.在授奖仪式上的讲话[N].人民日报,1991-10-19.

域。钱学森曾在最后一次系统谈话中指出，要成为科技创新拔尖人才，"你所想的、做的，要比别人高出一大截才行。你必须想别人没有想到的东西，说别人没有说过的话，做别人不敢做的事"。[①] 这话用在科技创新人才身上如此，用在战略科学家身上更是如此。

（三）精于谋划、善于领导，是"科技帅才"

"战略"之所以重要，甚至其重要性日益凸显，主要在于战略具有根本性、统领性和决定性作用。中国工程院院士、时任武警总医院院长郑静晨认为，这取决于两个方面：一是战略在空间上具有左右全局的功用，二是战略在时间上拥有高瞻远瞩的意蕴。[②] 为此，对战略科学家而言，他们需要具有卓越的领导才能，能够组织大规模科技创新活动和承担国家重大科技任务，并作为"首席科学家"负责决策建议的组织实施，从而解决事关国家建设与发展过程中的重大理论和现实问题。他们要能跳出学科门户之见，以全局视野和长远眼光，站在国家发展的高度，结合国家总体战略布局尤其是科学发展战略（或规划），整合学科科研力量，建立独创性学科体系（基础科学领域）、技术体系（技术科学领域）与生产体系（工程技术领域），在国家大科研体系中不断开疆拓土，引领学科发展新方向，为国家经济社会发展作出一般科学家难以企及的独特贡献。中国科学院院士、中国科学院理论物理研究所研究员何祚庥指出，"科技发展战略往往是国家经济社会发展战略的核心，而科技发展战略制定得正确与否很大程度上取决于战略科学家对于我国

---

① 涂元季，顾吉环，李明整理.钱学森的最后一次系统谈话——谈科技创新人才的培养问题［N］.人民日报，2009-11-05.
② 郑静晨.时代呼唤战略科学家［N］.人民武警报，2012-04-01.

国情以及世界科技发展前景的判断"。① 战略科学家在国家科技发展战略制定中的重要作用由此可见一斑。

(四) 人格高尚、堪为师表,是"时代楷模"

人格魅力也是领导力。一个充满人格魅力的领导者,不怒自威,气宇轩昂,言之有力、足以服人,行之有规、足以示人,召之有法、足以率人,教之有道、足以化人。爱因斯坦曾说过:"大多数人都以为是才智成就了科学家,他们错了,是品格。"对科学家而言尚且如此,对领军型战略科学家而言更是如此。说"千军易得,一将难求",其意义也许正在这里,在于作为领导者的人格魅力或者说人格感召力。只有具有凝聚科技同行的魄力、培育科技新秀的胸怀,以人格塑造人格、以精神引领精神,不断为国家培养高级专业人才,才能实现科学传承与创新。因此,战略科学家不但要有深厚科学素养和崇高科学精神,还要有强大领导魄力和高尚人格魅力,能够团结大批科技工作者为国家科技事业发展共同奋斗、砥砺创新,作出自己应有的贡献。除此之外,他们还应甘于并善于引导、激励、培育和造就国家需要的科技创新人才,尤其是国家迫切需要的关键领域的关键技术人才,领导科研团队薪火相传、持续创新,为国家在国际上形成科技竞争优势不断注入新血液、激发新动能。在此意义上,"为党育人、为国育才"无疑成为战略科学家"战略性"身份发挥与价值实现的重要标志与本质需求。当前,我国正处于决胜全面建成小康社会、实现中华民族伟大复兴的伟大时期,离不开一代科技工作者接力创新、砥砺奋进,需要战略科学家挺身而出、主动担当作

---
① 何祚庥.中国呼唤战略科学家[N].光明日报,2004-06-03.

为，勇敢承担起科技创新人才培养的时代重担，充分发挥自身在国家发展历程中作为关键人物在关键历史阶段所起的关键作用。

三、发挥战略科学家引领作用的机制保障

在科技领域的竞争成为国际竞争"主战场"、成为国家实力和意志博弈核心依托的时代背景下，可以说，谁掌握了科技创新的主动权，谁就掌握了国际竞争的决胜权。科技是强国的支撑，而掌握科技创新的主动权很大程度上有赖战略科学家的培养及其作用发挥。习近平同志指出，科技是国之利器，国家赖之以强，企业赖之以赢，人民生活赖之以好。中国要强，中国人民生活要好，必须有强大科技。[1] 科技创新作为提高社会生产力、提升国际竞争力、增强综合国力、保障国家安全的战略支撑，必须摆在国家发展全局的核心位置；只有拥有强大的科技创新能力，才能提高我国国际竞争力。[2] 2020年12月16日至18日，中央经济工作会议在北京举行。会议总结2020年经济工作，分析当前经济形势，部署2021年经济工作。会议提出我国2021年八项重点任务，"强化国家战略科技力量"[3] 成为其中"一号任务"，堪称重中之重，体现了以习近平同志为核心的党中央对战略科技力量在国家发展中

---

[1] 习近平.为建设世界科技强国而奋斗——在全国科技创新大会、两院院士大会、中国科协第九次全国代表大会上的讲话[EB/OL].中华人民共和国科学技术部：https://www.most.gov.cn/ztzl/qgkejicxdh/yw/201606/t20160602_125940.html.
[2] 中共中央文献研究室.习近平关于科技创新论述摘编[M].北京：中央文献出版社，2016.
[3] 新华社.强化国家战略科技力量——学习贯彻中央经济工作会议精神[EB/OL].中国政府网：http://www.gov.cn/xinwen/2020-12/23/content_5572795.htm.

重要性和紧迫性的高度重视。强化国家战略科技力量,需要党中央战略引领、顶层设计(即制度/政治支持),更需要一代代、一批批战略科学家挺身而出、担当作为(即智力/技术支持)。

"火车跑得快,全靠车头带"。战略科学家堪称科学家群体中的"冠军选手",对国家的贡献远非一般科学家所能比拟。打造一支统领科技战线千军万马的战略科学家队伍,一方面可以为国家科技、经济与社会发展提供更多高水平且具有实践意义的战略咨询,从而提升国家战略决策力、战略执行力和国家科技创新体系整体效能,夯实国家科技实力和综合国力;另一方面有助于他们更好领悟国家战略意志、执行国家战略行动、实现国家战略目标,从而提高国家战略执行力,提升中国在国际上的战略影响力。为保证战略科学家群体在国家各项事业中的作用得到最大限度发挥,有必要建立基于组织引领的政治关怀机制、基于代际传承的战略科学家学术成长机制、基于功能发挥的战略科学家科研激励机制、基于价值彰显的战略科学家权益保障机制。

(一)战略科学家政治关怀机制

政治关怀是政治引领的支撑性要素,加强政治关怀、做到政治信任成为战略科学家价值实现的根本保障。加强战略科学家政治关怀是贯彻落实党的知识分子政策,发挥尊重科学、尊重科技人才、尊重科研创新优良传统的直接体现,有利于激发以战略科学家为引领的广大科技工作者潜心科学研究、实现科技创新的精神动能,有利于创新驱动发展战略的实施及建设创新型国家。为此,应从国家层面加强战略科学家政治关怀制度设计,努力营造大胆选用、放手使用战略科学家的制度环境。习近平总书记指出:"要放手使用人才,在全社会营造鼓励大胆创新、勇于创新、包容创新的良好氛围,既要重视成功,更要宽容失败,为人才发挥作用、施展才华提供更加广阔的天地,让他们人尽其才、才尽其用、用有所成。"[1]对一般人才如此,对处于"人才金字塔"顶端的战略科学家而言,尤其如此。只有给予战略科学家充分的科研技术赋权和战略决策赋权,政治上充分关怀、科研上充分信任,才能实现战略科学家科研工作效用最大化和科学贡献价值最大化。以美国为例,在科技制度层面,美国创建了战略科学家群体与政府首脑之间的稳定联系,形成了战略科学家参与国家重大决策的有效机制,建立了稳定多元的总统科技顾问委员会(President's Council of Advisers on Science and Technology,简称"PCAST"),[2]汇聚了一大批美国国内顶级战略科学家,为制定美国国家科技发展战略出谋划策,在美国一次次站立科技创新潮头中发挥了关键作用。[3]

关于政治关怀对战略科学家科学成就的重要性,钱学森曾经说过两句颇具代表性的话。一是国家层面的政治保障,即党对中国航天事业集中统一领导的重要性。他说:"没有党的领导,没有全国人民的大力支持和广大科技人员的协同攻关,这样的事情谁能办到?所以我常常说,一切成就归于党,

---

[1] 习近平.在参加全国政协十二届一次会议科协、科技界委员联组讨论时的讲话[EB/OL].人民网:http://theory.people.com.cn/n1/2016/0405/c402884-28249531.html.
[2] 李宏,马梧桐.美国总统科技顾问委员会的运行机制及对我国的启示[J].智库理论与实践,2016(2):108-113.
[3] 曹雪涛.充分发挥战略科学家在国家科技创新规划决策中的引领作用[N].科技日报,2016-05-29.

归于集体。这不是一句空话，而是我的切身感受。"①二是个人层面，即周恩来总理"文革"期间对以钱学森为代表的老一辈航天科技主帅的关怀和保护。他说："'文化大革命'中，我们都是受保护的；如果没有周总理的保护，恐怕我这个人早就不在人世了。"②

（二）战略科学家学术成长机制

战略科学家的培养乃千秋大业。俗话说，"人无远虑，必有近忧"。对于一个国家而言，不抓紧"科学技术"这个发展的"命根子"，不培养造就对科技创新、产业变革、国家安全具有决定意义的战略科学家，就难以在未来越来越明显的激烈竞争中掌握战略主动、抢占战略高地、赢得战略先机。党的十九大报告从人才战略价值的高度提出，"人才是实现民族振兴、赢得国际竞争主动权的战略资源"。关于人才梯队化建设，报告指出，要"加快建设创新型国家，要培养和造就一大批具有国际水平的战略科技人才、科技领军人才、青年科技人才和高水平创新团队"。③为此，需要从国家层面加强顶层设计，制定遵循教育基本规律和人才成长规律、适应国家战略需求的科技创新人才培育战略，并将战略科技人才培育战略纳入其中。举凡"战略"之举，既是现实之需，也是长久之计。应立足现实需求，从长计议，从战略高度加强对战略科技人才学术成长规律的探索研究与实践创新。

在这方面，中国科学院的成功实践颇具代表性。早在2004年就制定了

---

①钱学森.一切成就归于党归于集体[N].人民日报，1989-08-08.
②钱学森.周总理让我搞导弹[A].不尽的思念[M].北京：中央文献出版社；1988：289.
③习近平.决胜全面建成小康社会 夺取新时代中国特色社会主义伟大胜利——在中国共产党第十九次全国代表大会上的报告[N].人民日报，2017-10-28.

包括"爱因斯坦讲习教授"计划等多项人才计划,以培育"战略科学家"为终极目标,并取得了良好社会成效。该计划旨在通过培养一批适应国家重大战略需求的战略科学家和科技拔尖人才(相当于当前所说的"战略科技人才"),带动人才资源尤其是包括战略科技人才在内的高层次人才整体涌现,力争到2010年中国科学院拥有百余名能够率先作出重大科学发现尤其是原始发现、开创科学研究新领域的战略科学家和具有战略眼光与卓越组织管理才能的科技管理专家,藉此助力中国科技人才队伍实力和国家科技竞争力的整体提升。其基本经验是,从着力实现人才制度改革突破转向队伍整体创新能力提升,从强调实现智力资源代际传输转向战略科学家和科技拔尖人才培育,从队伍发展规模总量控制转向队伍的动态优化与持续发展机制建设。①

(三)战略科学家科研激励机制

2020年6月2日,习近平总书记在北京主持召开专家学者座谈会并发表重要讲话。他指出,要深化科研人才发展体制机制改革,完善战略科学家和创新型科技人才发现、培养、激励机制,吸引更多优秀人才进入科研队伍,为他们脱颖而出创造条件。② 应通过建立战略科学家潜心科研、勇攀高峰的科研激励机制,不断激发其创新潜能,实现其在科学研究中的自我激励、自我赋能、自我突破。目前,我国已经建立涵盖不同成长阶段科技人才的项目资助体系。但对于身居科研创新一线的战略科学家群体,尚缺乏实质性支持的

---

① 傅振国,朱敏.中科院培育"战略科学家"[N].人民日报海外版,2004-04-13.
② 构建起强大的公共卫生体系——三论深入学习习近平总书记在专家学者座谈会上重要讲话[N].光明日报,2020-06-06

资助项目,这与战略科学家在科研创新主体中的地位很不相称。国家应建立完整的战略科学家科研激励机制,核心要义包括:强化战略科学家决策咨询的作用,提高战略科学家在国家科研战略制定、重大项目规划等领域的话语权重;适当扩大战略科学家的科研自主权,精简报批、审定、验收程序,尽可能减少制度上的繁文缛节对其开展工作的束缚;推进战略科学家资助体制机制创新,明确适度的激励机制对激发科技人才创新潜力的重要性,在资助机制上进一步创新;建立差异化资助体系,并在资助额度有所倾斜和突破,真正做到人尽其才、才尽其用。

(四)战略科学家权益保障机制

应将科技创新的体制机制改革落实落地,让一代又一代敢立时代潮头、堪当国家重任的战略科学家骈兴错出、不断涌现,助力他们将满腔科学热忱化作"将论文写在中国大地上"的实实在在的报国行动;让战略科学家在实施重大科研项目时拥有技术路线决策权,科学尊严得到切实保障;在确保"程序正义"的前提下切实赋予战略科学家以科研经费支配权,使其不为细事琐节费力劳神;适度扩大战略科学家学术资源调配权,让经费围着人转而不是人围着经费转,确保他们心无旁骛,将主要精力用于开展科学研究。同时,要尽可能减少行政权力对学术权力的干预,更不能将行政权力凌驾于学术权力之上,将行政工作为科研工作掌舵定向,行政为科研服务、为科学工作者服务理念落到实处,让科学研究、科研创新回归价值本位。[①]

[①] 汪长明.为何要培育"战略科学家"[N].大众日报,2020-06-16.

四、结语

2018年10月，中国科协发布《第四次全国科技工作者状况调查报告》。[①] 报告显示，目前我国科技工作者突出的问题体现在三个方面。一是科研项目管理上繁文缛节仍较多。科技工作者认为科技成果转化的主要障碍是科技成果与市场需求脱节、科技成果转化对提高科研人员收益作用不大、科技成果经济价值评估难导致供需双方难以达成交易、科技成果转化的专业服务体系不健全。二是科研人员工作满意度提升但超时工作情况加剧。科研工作者自主创业/智力流失现象较普遍，但科研工作者自主创业面临诸多障碍或困难。三是科研人员收入待遇和生活状况不尽如人意。科研人员收入虽有所增加但收入满意度持续下降，形成"倒挂现象"；科研工作者在用人单位劳动过程中劳动报酬等方面的权益保障亟待完善。由此可见，一般科技工作者的"制度性关怀"尚且如此，战略科学家在社会上享有应有地位更是尚需时日。

当前，"四史"学习教育正如火如荼在各地开展。充分认识战略科学家这一独特群体在建设科技强国历程中的突出贡献及其现实意义，为广大科技工作者树立为党的事业奋斗终身、为改革开放和中国特色社会主义现代化建设贡献科学才智，实现个人价值与社会价值辩证统一、历史价值与时代价值共同彰显，注入了精神动能、提供了根本遵循，既是"四史"学习教育的重要内涵和恒久主题，也是全社会大力弘扬新时代科学家精神、为建设世界科技强国汇聚磅礴力量的现实需要。

---

① 中国科协发布《第四次全国科技工作者状况调查报告》[EB/OL]. 科学网：http://news.sciencenet.cn/htmlnews/2018/10/419133.shtm.

战略科技人才的时代角色与高等教育行动自觉

当前，在新一轮科技革命和产业变革推动下，全球科技创新版图正在进行结构性重组，各国尤其是世界主要大国之间围绕人才即智力资源的战略博弈日趋激烈。在这样的背景下，谁掌握了人才尤其是战略科技人才这个"杀手锏"，谁就下得了科技创新的"先手棋"，从而把握战略发展的机遇期，并赢得国际竞争的主动权。2020年12月16日至18日召开的中央经济工作会议提出我国2021年八项重点任务，①"强化国家战略科技力量"成为其中"一号任务"，体现了以习近平同志为核心的党中央对中国当前和今后一段时间发展环境的准确判断，以及战略科技力量在国家发展中重要性和紧迫性的高度重视。2021年3月12日发布的《中华人民共和国国民经济和社会发展第十四个五年规划和二〇三五年远景目标纲要》②提出，要通过制定科技强国行动

---

①这八项重点任务，一是强化国家战略科技力量，二是增强产业链供应链自主可控能力，三是坚持扩大内需这个战略基点，四是全面推进改革开放，五是解决好种子和耕地问题，六是强化反垄断和防止资本无序扩张，七是解决好大城市住房突出问题，八是做好碳达峰、碳中和工作。参见：（1）中央经济工作会议确定2021年八大重点任务［EB/OL］. 中国新闻网：https://baijiahao.baidu.com/s？id=1686417184613820025&wfr=spider&for=pc.（2）强化国家战略科技力量——学习贯彻中央经济工作会议精神［EB/OL］. 新华网：http://www.xinhuanet.com/politics/2020-12/3/c_1126897148.htm.
②中华人民共和国国民经济和社会发展第十四个五年规划和二〇三五年远景目标纲要［EB/OL］. 中国政府网：http://www.gov.cn/xinwen/2021-03/13/content_5592681.htm.

纲要、健全社会主义市场经济条件下新型举国体制、打好关键核心技术攻坚战、提高创新链整体效能,不断强化国家战略科技力量。在"强化国家战略科技力量"成为新时代推进我国科技创新工作的重大战略任务背景下,发挥战略科技力量在国家科技创新中引领性作用和"策源"功能,是我国突破关键核心技术、建成世界科技强国的关键所在。

一、战略科技人才在国家科技创新体系中的角色呈现

按照学术成长阶段或工作的"科学含量"划分,科技工作智力梯队一般包括五个层次:一是处于最底层的"一般科技人员","职业性"是其基本特征。他们从事的可能并非专业科研工作,而是事务性、管理性、基础性工作,离专业科技人员尚有距离。二是从事科研工作的"科技人才"(多数是青年科技人才),专业性是其基本属性。他们往往具有从事专业领域科研工作的学科与学术背景。但受制于科研工作的长周期属性和人才成长规律,他们还处在岗位适应和职业发展的成长期。三是从科技人才中脱颖而出的"科学家"。与一般科技人才相比,科学家的专业化分工与创造性劳动更加明显,社会价值也因此日益凸显。其以专门知识、专业劳动、专长研究服务国家科技事业的作用发挥体现得更加突出。四是"杰出科学家",他们是科学家群体中的佼佼者,堪称顶尖科学家、科技精英,卓越性为其主要特征。评价杰出科学家的核心标准在于,他们是否属于科学家群体中的"小众",是否做出了得到同行和社会公认的科学成就,在专业领域和学科领域是否拥有代表性话语权。五是"战略科学家"。他们往往能够引领一个国家重大科技

领域的发展方向,具有万里挑一、百年一遇的排他性,堪称"科技帅才",即能够发挥将帅作用的科技领军人才。① 基于上述划分标准,战略科技人才并非一个独立的科技工作者群体,而是介于"杰出科学家"和"战略科学家"之间的一个中位概念。也就是说,战略科技人才是具有成为战略科学家的知识储备和专业潜能、能够做出引领一个时代重大原始创新成果、堪当国家科技发展生力军重任的高端人才。

(一)战略科技人才是突破关键核心技术破解创新发展难题的"关键少数"

经过数十年发展尤其是改革开放以来长足发展,我国综合国力如今已稳居世界第二,成为世界上唯一一个拥有完整工业体系的国家。即便如此,我国的发展短板仍然存在,甚至在某些领域特别是科技领域十分突出。科技自主创新能力仍不足,尤其是原创高水平研究与主要发达国家相比差距明显,不少领域(如集成电路、高端芯片)"技术依赖"现象十分严重;中国整体产业创新能力尤其是自主创新能力不足,劳动生产率不高。据《中国科技发展与政策(1978—2018)》提供的统计数据,"从2001年到2010年十年间,中国在全世界各国的全社会劳动生产率排名中仅仅从第81位上升到第77位"。② 科技创新与产业创新能力"双重不足"的现实依然制约着国家可持续发展,一些涉及国民经济发展和国家安全的关键核心技术没有掌握在自己手上,导致我国参与国际竞争时在战略上和政策上往往处于被动,受制于

---

①关于战略科学家的概念、基本特质及典型个案,参见:汪长明.战略科学家的时代召唤与制度催生[J].理论导刊,2020(11):100-104.;汪长明.钱学森为什么能成为战略科学家[N].学习时报,2020-12-30.
②薛澜,等.中国科技发展与政策(1978—2018)[M].北京:社会科学文献出版社,2018.

人。习近平总书记指出,"实践反复告诉我们,关键核心技术是要不来、买不来、讨不来的。只有把关键核心技术掌握在自己手中,才能从根本上保障国家经济安全、国防安全和其他安全"。为此,我们要"敢于走前人没走过的路,努力实现关键核心技术自主可控,把创新主动权、发展主动权牢牢掌握在自己手中"。①

从科学发展规律看,现代科学研究的领域日益广泛和深入,复杂程度大大提高,学科交叉与学科融合现象相互交织。科学研究的"个人英雄时代"即"小科学(little science)时代"逐渐被"大科学(megascience)时代"所代替。② 现代大科学具有多学科交叉、研究目标宏大、投资强度高、实验设

---

① 习近平.在中国科学院第十九次院士大会、中国工程院第十四次院士大会上的讲话[EB/OL].新华网;http://www.xinhuanet.com/politics/2018-05/28/c_1122901308.htm.
② 科学被划分为"小科学"与"大科学",始于美国著名科学学家、科学史家,被誉为"科学计量学之父"的普赖斯(D. Price,1922—1983)《小科学与大科学》(Little Science, Big Science, Columbia Univ.Press, New York, 1963)一书的出版。作者认为,所谓大科学研究,是指规模巨大、人数众多、投资庞大,并有相当大的社会影响的综合性的科学研究。相对而言,小科学研究是单学科的,人数较少,投入较小,是领域更前沿、更具创新性的科学研究。中国科协原主席周光召指出:"基础研究面对未知的领域,如同作战一样,如果说小科学项目是小的侦察部队,大科学项目则是打攻坚战。"他认为,小科学小的研究队伍进行探索性、前瞻性的研究,强调自由探索,小科学对新兴的科学领域常常起到开路的作用。但是,当一个科学领域已经达到一定的成熟度以后,会出现若干有重大科学意义或应用价值的目标和方向,需要大规模的投资和大批科学家参与方能完成。这时,客观上就产生了组织大科学项目的需要。由此,科学的前沿和国家需求的目标催生国家重点基础研究发展规划。另一方面,大科学与小科学之间并非谁替代谁或孰轻孰重的问题,而是相互补充的关系。在2019年10月举办的第二届世界顶尖科学家论坛上,44位诺贝尔奖得主和21位图灵奖、沃尔夫奖、拉斯克奖、菲尔兹奖获得者,以及多位中外院士科学家,一起就国际大科学计划展开了一番大讨论,关注"大科学"、解决大问题。会上,2006年诺贝尔化学奖得主、世界顶尖科学家协会主席罗杰·科恩伯格提醒道,"在过去的一个世纪中,大家熟知的生物医学的重大进展:X射线、抗生素、无创影像、基因工程的发展等,都有一个共同之处,并不是来自所谓的大科学工程,而是来自个人的努力。""关注小科学",以及"关注有意义的大科学项目",才是未来一个可能的方向。

施（设备）配置昂贵且复杂、参与主体与要素多等特点，仅凭单个科研院所或单个企业很难承担，必须依靠国家主导（行为主体），坚持系统思维（思维方法），通过资源整合、全局谋划（实施路径），形成国家战略科技力量，推动大科学工程实施，才能确保实现国家战略目标。战略科技人才作为突破关键核心技术、破解创新发展难题的"关键少数"，在提升自主创新能力、实施大科学工程、完善国家科技创新体系方面承担着一般科技人才难以替代的社会责任和时代使命。

（二）战略科技人才是强化国家战略科技力量的首要主体

回顾人类历史发展进程，从大航海时代、工业革命时代到信息革命时代，从农业文明、工业文明到信息文明，科技创新始终是推动社会发展的根本动力。如果说人才是发展的第一资源，那么，战略科技人才则是国家资源宝库中品位最高、利用价值最大的优质资源。当前，我国的科技人力资源总量和研发人员总量稳居世界第一。据《中国科技人力资源发展研究报告（2018）》的数据，截至2018年底，我国科技人力资源总量达10154.5万人，规模继续保持世界第一。研发人员数量是衡量一个国家创新能力的重要指标，也是衡量科技人力资源层次与质量的重要指标。我国研发人员总量（174万）虽然同样居世界首位，但每万从业人口中研发人员占比仅为22.4人，与主要发达国家相比差距明显。提高研发人员数量、提升科技人员质量、培养战略科技人才、夯实战略科技力量，成为未来我国科技人力资源发展战略的重点。战略科技人才在国家科技人才体系中举足轻重，属于"精兵强将"和"主力部队"。他们虽然比例不大，但其知识产能、创新能力远非一般科技人才所能企及，具有典型的高附加值特征。只有不断培育壮大一支忠于党的科技事业、服务国家战略利益、促进国家战略安全的战略科技人才队伍，将发展的主动权牢牢掌握在自己手里，实现中华民族伟大复兴的中国梦才不至成为纸上谈兵。

（三）战略科技人才是建设世界科技强国的中坚力量

当今时代，科技创新已经成为提高国家综合实力，增强国家国际竞争力的决定性力量，在党和国家发展全局中举足轻重，具有引领高质量发展、决定世界科技强国建设进程的重大现实意义。在这一进程中，时代赋予战略科技人才独特的历史角色。党的十九大报告明确指出，人才是实现民族振兴、赢得国际竞争主动权的战略资源。加快建设创新型国家，要培养和造就一大批具有国际水平的战略科技人才、科技领军人才、青年科技人才和高水平创新团队。[①] 在党的报告中提出"战略科技人才"概念，在中国共产党历史上尚属首次。而将战略科技人才置于国家人才体系"第一方阵"位置，更进一步说明了战略科技人才在国家发展中的重要性。就我国而言，要建设世界科技强国，实现由科技大国向科技强国的历史性跨越，离不开广大科技工作者尤其是身处人才金字塔"塔尖"位置、承担科技创新重任的战略科技人才智力支撑。站在实现"两个一百年"奋斗目标的历史交汇点上，我们比历史上任何时候都更需要拥有一支具有前瞻科技事业、善于开拓创新、不断向科学技术广度与深度进军的战略科技力量。

---

① 习近平.决胜全面建成小康社会 夺取新时代中国特色社会主义伟大胜利——在中国共产党第十九次全国代表大会上的报告［N］.人民日报，2017-10-28.

（四）战略科技人才是践行科学家精神的杰出代表

价值观决定一个人的能力和格局，指引一个人前进的方向和目标。思想决定行动，树立正确的价值观是一个人开展一切社会活动尤其是从事职业性活动的根本前提。真正成就一个人的，是正确的价值观，是他（她）如何认识"人为什么"与"为什么人"两大根本问题，从而做出相应的行为反馈。求解"人为什么"，解决的是人生动力问题；而求解"为什么人"，解决的则是奋斗方向问题。有思想动力且方向正确，具有了可靠的思想保障和行动保障，做出一定的职业成就也就成为了必然；反之，思想动力丧失或方向出现偏差，奋斗与贡献难免流于空谈。就科技工作而言，"科学成就离不开精神支撑"，否则科技工作终将无以为继。以爱国、创新、求实、奉献、协同、育人为核心内涵的科学家精神，是开展科技工作的首要前提，也是广大科技工作者的根本遵循。战略科技人才作为国家科技人才方阵中的"主力部队"，支撑其取得重要科学成就、勇立国家科技创新事业潮头的，正在于他们内化于心、外化于行，将植根于心灵深处的价值信仰转化为服务国家科技事业的"精神因素"。而这种"精神因素"对任何一个国家、任何一个时代而言，都是用之不竭、弥足珍贵的财富。在大力弘扬科学家精神的新时代背景下，我们尤其需要一代代战略科技人才脱颖而出，尤其需要大力弘扬战略科技人才身上体现的科学家精神。如此，科技事业才能薪火相传，建设世界科技强国也有稳定可靠的智力保障。在此意义上，抓住了战略科技人才这个科技创新的"牛鼻子"，国家科技事业行稳致远也就有了"留得青山在，不怕没柴烧"的"动力学"基础。

二、战略科技人才价值实现路径

战略科技人才是具有引领科技创新战略视野，在国家科技事业尤其是重大科技项目中发挥关键性作用、具有战略性价值的科技创新人才。更好发挥战略科技人才在国家创新体系中的举旗定向作用，为强化国家战略科技力量注入源头活水，需要积极探索战略科技人才价值生成逻辑及其实现路径，打造一支学术队伍整体涌现、科研潜能不断激发、制度保障坚实有力的战略科技人才队伍，不断完善国家人才培养体系和科技创新体系。

（一）以学术培育带动战略科技人才整体涌现[①]

战略科技人才的培养乃千秋大业。对于一个国家而言，不抓紧"科学技术"这个发展的"命根子"，不培养造就对科技创新、产业变革、国家安全具有决定意义的战略科技人才，就难以在日趋激烈的国际竞争尤其是科技竞争中掌握战略主动、抢占战略高地、赢得战略先机。党的十九大报告从人才战略价值的高度提出，"人才是实现民族振兴、赢得国际竞争主动权的战略资源"。关于人才梯队化建设，报告指出，要"加快建设创新型国家，要培养和造就一大批具有国际水平的战略科技人才、科技领军人才、青年科技人才和高水平创新团队"。[②] 为此，需要从国家层面加强顶层设计，制定遵

---

① "以学术培育带动战略科技人才整体涌现""以科研激励助推战略科技人才动能优化"两部分内容与前文《战略科学家的时代召唤与制度催生》略有重合，为保持文章体系完整性，此处予以保留。
② 习近平. 决胜全面建成小康社会　夺取新时代中国特色社会主义伟大胜利——在中国共产党第十九次全国代表大会上的报告[N]. 人民日报，2017-10-20.

循教育基本规律和人才成长规律、适应国家战略需求的科技创新人才培育战略，并将战略科技人才培育战略纳入其中。举凡"战略"之举，既是现实之需，也是长久之计。应立足现实需求，从长计议，从战略高度加强对战略科技人才学术成长规律的探索研究与实践创新。

在这方面，中国科学院的成功实践颇具代表性。早在2004年就制定了包括"爱因斯坦讲习教授"计划等多项人才计划，以培育为国家发展"干惊天动地事"的"战略科学家"为终极目标，并取得了良好社会成效。该计划旨在通过培养一批适应国家重大战略需求的战略科学家和科技拔尖人才（相当于当前所说的"战略科技人才"），带动人才资源尤其是包括战略科技人才在内的高层次人才整体涌现，力争到2010年中国科学院拥有百余名能够率先作出重大科学发现尤其是原始发现、开创科学研究新领域的战略科学家和具有战略眼光与卓越组织管理才能的科技管理专家，藉此助力中国科技人才队伍实力和国家科技竞争力的整体提升。其基本经验是，从着力实现人才制度改革突破转向队伍整体创新能力提升，从强调实现智力资源代际传输转向战略科学家和科技拔尖人才培育，从队伍发展规模总量控制转向队伍的动态优化与持续发展机制建设。[1]

（二）以科研激励助推战略科技人才动能优化

2020年6月2日，习近平总书记在北京主持召开专家学者座谈会上的讲话中指出，要深化科研人才发展体制机制改革，完善战略科学家和创新型科技人才发现、培养、激励机制，吸引更多优秀人才进入科研队伍，为他们脱颖

---

[1] 傅振国，朱敏.中科院培育"战略科学家"[N].人民日报海外版，2004-04-13.

而出创造条件。① 为此，应通过建立包括战略科技人才在内的广大科技工作者潜心科研、勇攀高峰的科研激励机制，不断激发他们的创新动力与创新潜能，以科研激励体制机制创新助力战略科技人才在科学研究中自我赋能、自我激励，实现战略科技人才在国家科研创新体系中的全谱系、全维度成长。目前，虽然我国已经建立涵盖不同成长阶段科技人才的项目资助体系，但对于身居科研创新一线的战略科技人才这一独特群体而言，尚缺乏实质性支持的资助项目。这与战略科技人才的科研创新主体地位很不相称。国家应建立完整的战略科技人才科研激励机制，核心要义包括：其一，强化战略科技人才决策咨询的作用，充分激活和发挥其作为掌握前言科技知识的知识优势与智力潜能，提高战略科技人才在国家科研决策实施、发展规划制定、重大项目实施等领域的话语权重；其二，适当扩大战略科技人才的科研自主权，精简报批、审定、验收程序，尽可能减少制度上的繁文缛节对其开展工作的束缚，尽可能降低战略科技人才不必要的精力损耗，最大限度发挥他们的智力效能与技术效能；其三，推进战略科学家资助体制机制创新，明确适度的激励机制对于激发科技人才创新潜力的重要性，在资助机制上进一步创新；建立差异化资助体系，并在资助额度有所倾斜和突破，真正做到人尽其才、才尽其用。②

（三）以制度保障夯实战略科技人才职业关照

当前，我国正在实施创新驱动发展战略。实施创新驱动发展战略要始

---

① 构建起强大的公共卫生体系——三论深入学习习近平总书记在专家学者座谈会上重要讲话［N］.光明日报，2020-06-06.
② 汪长明.钱学森为什么能成为战略科学家［N］.学习时报，2020-12-30.

终把"人"摆在最根本、最核心的位置，将"才"置于最突出、最优先的位置，实现从"人"到"才"的动能转换，构建让各类人才创新智慧、创业活力、创造潜能充分迸发、集成涌现的发展环境和制度保障。由于各种因素的作用，我国科技人才队伍的整体素质与我国社会经济发展需求还具有较大距离，人才供需矛盾尤其是高层次人才供需矛盾突出。其中的根本原因在于，我国科技人才管理制度与创新规律、人才成长规律尚存诸多不适应、不"兼容"之处，人才作用的有效发挥受制度藩篱的掣肘一直没有得到根本消除。

2018年10月，中国科协发布《第四次全国科技工作者状况调查报告》。[①] 报告显示，目前，我国科技工作者面临的突出问题体现在三个方面：一是科研项目管理缺乏明确的需求导向，科研人员的获得感不够明显。科技工作者认为科技成果转化的主要障碍是科技成果与市场需求脱节、科技成果转化对提高科研人员收益作用不大、科技成果经济价值评估难导致供需双方难以达成交易、科技成果转化的专业服务体系不健全。二是科研人员工作满意度提升但超时工作情况加剧。由此导致科研工作者自主创业/智力流失现象较普遍，科研工作者自主创业面临诸多障碍或困难。三是科研人员收入待遇和生活状况不尽如人意。科研人员收入虽有所增加但收入满意度持续下降，形成"倒挂现象"；科研工作者在用人单位劳动过程中劳动报酬等方面劳动权益保障亟待完善。由此可见，一般科技工作者的"制度性关怀"尚且如此，要

[①] 中国科协发布《第四次全国科技工作者状况调查报告》[EB/OL].科学网：http://news.sciencenet.cn/htmlnews/2018/10/419133.shtm.

使作为战略科技人才在社会上享有与其社会作用相匹配的应有地位，更是尚需时日。所有这些问题的解决都需要制度保障这根"指挥棒"的"导航定向"作用得到切实发挥，不断夯实战略科技人才的职业关照。

三、强化国家战略科技力量语境下高等教育的行动自觉

大学是人才培养的阵地、科学研究的重镇，也是战略科技人才学术成长的"母体"、成就职业抱负的舞台。在强化国家战略科技力量时代召唤下，大学应该努力建设立足科技精英培育的人才培养体系、基于知识创新的科研创新体系、以高水平实验室为载体的科研平台体系、有利于开展原创性研究的基础研究体系，自觉承担起不断为国家输送战略科技人才的历史重任，大力培养具有科学家精神、适应国家和时代需要的未来战略科学家，打通从一般科技人才向杰出科学家突破、从杰出科学家向战略科学家迈进的"最后一公里"，为建设世界科技强国做出应有贡献。

（一）推进人才驱动战略，实施创新型科技人才向战略科技人才转化工程

人才是创新的动力源，创新驱动的实质是人才驱动、智力驱动，突破关键核心技术关键系于人才尤其是堪称"关键核心人才"的战略科技人才。可以说，谁拥有战略科技人才这个"智力富矿"，谁就掌握了突破关键核心技术的"杀手锏"，掌握了创新驱动的主导权。习近平总书记多次强调："人才是创新的核心要素。"2019年6月11日，中共中央办公厅、国务院办公厅印发的《关于进一步弘扬科学家精神加强作风和学风建设的意见》指出，要"大胆突破不符合科技创新规律和人才成长规律的制度藩篱，营造良好学术

生态，激发全社会创新创造活力"。① 当前，我国创新型科技人才尤其是具有突破关键核心技术潜能的战略科技人才结构性不足与国家紧迫需求之间的结构性矛盾尤为突出，世界级科技大师屈指可数，领军型科技人才供需失衡，高水平工程技术人才培养同生产和创新实践脱节。这是我国高等教育急需破解的"瓶颈问题"。

在强化国家战略科技力量时代背景下，中国的大学需要不断探索创新型科技人才向战略科技人才转化的途径和机制，努力做好人才强校这篇"大文章"。一要通过内生性培养与外生性引进相结合，加大发现、培养和引进人才尤其是"关键核心人才"的力度，让推进新时代高等教育高质量发展这个"巧妇"有"米"可炊；二要营造核心人才潜心研究、厚积薄发、脱颖而出的工作环境和研究氛围，做到人尽其才、才尽其用；三要在科研报酬、工作待遇、职业发展等方面向优秀科研人才倾斜，加大力度祛除"唯论文、唯职称、唯学历、唯奖项"（通称"四唯"）人才评价沉疴痼疾，让成果产能成为衡量和评价人才的核心标准，也是开展科学研究的应有之义；四要大力弘扬以"爱国、创新、求实、奉献、协同、育人"为核心内涵的中国科学家精神。"科学成就离不开精神支撑"，要大力引导科研人才树立崇高科学理想和职业情操，以热爱本职、矢志创新、甘于奉献为根本价值坚守，扮演好攻克关键核心技术先锋的时代角色。唯如此，大学成为战略科技人才"原生母体"的社会功能才能得到切实发挥。

---

① 中共中央办公厅，国务院办公厅.关于进一步弘扬科学家精神加强作风和学风建设的意见［EB/OL］.新华网：http://www.xinhuanet.com/politics/2019-06/11/c_1124609190.htm.

（二）坚持集聚培育模式，将人才技术优势转化为战略科技人才知识创新优势

关键核心技术是在技术系统中科技含量最高、社会价值最大、处于核心地位、发挥关键作用的技术。从核心技术的知识本质角度看，关键核心技术可分为原理性核心技术、性能性核心技术和可靠性核心技术。其中原理性核心技术以产品基本功能实现过程的基础和规律为指向，解决的是核心技术原理"从无到有"的问题；性能性核心技术以产品开发的核心算法、模型、控制策略和设计方案为指向，解决的是实现核心技术原理产品化"从无到有"的问题。这两项核心技术的突破主体是大学尤其是高水平研究型大学。

知识创新代表着科技创新的前沿方向，是科技创新的首要前提。原生性是知识创新的首要特征。任何一种新知识都是掌握不同类型知识、具有相应知识基础或背景的个体和组织，在原有知识基础上创造而成。关键核心技术尤其是重要领域关键核心技术堪称科技创新领域的"珠穆朗玛峰"，代表了一个国家的科技最高水平和产出能力。对我国而言，关键核心技术上的短板及与之带来的随时可能面临被"卡脖子"的风险，成为困扰经济社会发展的一片"洼地"，国家经济战略安全存在"断水断电"的不确定性。这促使我们深刻意识到，没有知识创新，没有知识创新引发的原生性知识变革，实现关键核心技术突破、建设世界科技强国将流于空谈。

战略科技人才集聚培育的基本规律一般体现为"尖端人才荟萃、创新活力涌现、巅峰知识对决"，即在新一轮创新创业浪潮来临之际，通过组织行为将"最聪明的大脑"汇集在一起，相互激荡、共同发力，实现新的知识

生产，从而突破重大技术瓶颈制约；在此之后，当科技浪潮向外围扩散即产生溢出效应时，这些已经成长为战略科技人才的科技精英就能统领属于自己专业领域的科技队伍，从而实现科技创新成果的最大规模化和最佳效能化，如此循环往复，不断推进科技原始创新。纵观人类科技发展史，每一项原始创新技术的孕育形成与发展嬗变，无不依从和呈现着知识创新的递进特征和科技创新的基本规律。原始创新技术的孕育形成，除了需要显性知识外，还需要有包含大量隐性知识在内的知识库作为支撑。原始创新技术绝非凭空产生，更不是灵光闪现的产物，而是过往知识累积、集成、集合的产物，是不同知识和技术全新组合与创生而成的"高阶知识""高阶技术"，体现出颠覆性（对既往知识的扬弃性）、关键性（对现实需求的契合性）、独特性（对已有技术的排他性）等特征。而掌握这些"颠覆性""关键性""独特性"技术的，往往是身处科研一线的战略科技人才。大学作为科技创新的主战场，不仅要传授知识，更要创造知识、生产知识，并以原始性知识创新、智力集聚推动科技创新、成果产出，在国家创新体系中占有无可替代的作用。因此，以知识创新推动关键人才培养，以集聚培育推进战略科技人才集聚涌现，不断实现战略性技术突破，成为高等教育改革尤其是高水平研究型大学建设的一项根本使命。

（三）优化科研组织形式，让科研平台成为战略科技人才学术成长舞台

纵观人类社会发展史尤其是自工业革命至19世纪中叶的近代科技发展史，科学研究的主要组织形式是以知识探究和自由探索为特点的小科学。不少科学上的重大发现也是建立在这种组织方式基础之上。进入现代以来，随着以人类基因组计划（Human Genome Project）、哈勃太空望远镜（Hubble Space Telescope）等为代表的一批重大科研项目的实施，大科学更多地呈现在人们面前。科学发现与科技创新成为现代国家支持与组织下展开的系统性科学活动。大科学以其精准的目标指向、庞大的组织体系、注重部门联动与团体协作、面向国家重大需求等特点，成为大型科研项目（或称大科学工程①）的主要组织形式。对于高校科研来说，树立大科学观，积极参与国家重大科研项目，有助于打破高校分立的学科体系，促使学科交叉融合，② 激发科技人才成长，推进重大原始创新。

大学尤其是高水平研究型大学是产学研合作与国家创新体系建设的重要支撑，是增强原始创新能力、攻克关键核心技术的"三大主阵地"之一。习近平总书记指出，成为世界科技强国，成为世界主要科学中心和创新高地，必须拥有一批世界一流科研机构、研究型大学、创新型企业，能够持续涌现一批重大原创性科学成果。以高水平实验室为核心依托的科研平台，是研究型大学科技创新的重要载体和重大原创性科学成果的"发祥地"，承载着科学研究、人才培养、社会服务等基本职能，也是其学科建设的核心依托。

党的十八届五中全会提出，要在重大创新领域组建一批国家实验室。党的十九届五中全会更是提出了到2035年"关键核心技术实现重大突破，进

---

①大科学工程（large-scale scientific project），又称重大科技工程，指为了进行基础性和前沿性科学研究，大规模集中人、财、物等各种资源建造大型研究设施，或者多学科、多机构协作的科学研究项目。大科学工程是科学技术高度发展的综合体现，是一个国家科技和经济实力的重要标志。大科学工程的提出和实施，不但反映了科学家对科学发展趋势和问题的科学判断，而且体现了一个国家对自身科技发展布局的战略选择和政治决策。

②王晓峰.树立大科学观 创新跨学科科研组织模式[J].中国高等教育，2011（2）：24.

入创新型国家前列"①的宏伟目标。为此,高水平研究型大学要将高水平实验室建设成为青年学生成长成才的重要基地、中青年科技工作者学术成长的重要平台,让青年学生和中青年科技工作者在高水平实验室这个舞台上培育科学精神、塑造创新能力、拓展知识视野、绽放学术光彩;要以增强原始创新能力、服务国家重大战略需求为重要抓手,以产生重大原创性科研成果为导向,以赋能国家科技事业发展为使命,以承接国家重大科技任务攻关为依托,不断增强自身知识生产能力和社会服务能力建设。高校实验室管理者和负责人发展要直面新一轮科技革命和产业变革带来的挑战,顺应移动互联网、大数据、高级计算、脑科学等新理论、新技术的要求,促进不同学科之间,科学、技术与工程之间,自然科学、人文科学与社会科学之间的交叉融合,真正实现产学研一体化,面向科技主战场,推动原始创新、系统创新、集成创新。

(四)依托新型举国体制,以基础研究带动和增强战略科技人才原始创新产能

新型举国体制是在充分发挥市场经济基础上政府集中力量办大事的优势体制,是中国特色社会主义制度优势的重要体现。新型举国体制具有四大"基本优势":依托中国特色社会主义制度的政治优势,能够一方面不断增强党的领导,另一方面集中力量办大事更加有效;更好发挥政府作用与兼顾市场决定作用的经济优势,能够正确处理好政府与市场关系,充分发挥市场

---

① 中国共产党第十九届中央委员会第五次全体会议公报 [EB/OL]. 新华网:http://www.xinhuanet.com/2020-10/29/c_1126674147.htm.

主体作用，使资源配置效益最大化、效率最优化；统筹"政产学研用"① 五方面协同攻关的组织优势，明确政府、企业、高校、科研院所、用户在创新体系中不同的功能定位，能够激发各类主体创新激情和活力，形成自主创新的强大合力，构建功能互补、深度融合、良性互动、完备高效的协同创新格局；凝神聚力于科技创新的战略优势，能够全面增强自主创新能力，强化战略科技力量，推动科技创新和经济社会发展深度融合。新型举国体制在强化国家战略科技力量、引导科技创新重点突破、实现跨越式创新发展方面，具有一般市场经济下政府所不具备的能力。②

关键核心技术的突破源于原创新科学理论的发现，是在所发现并依托的原创性科学理论指引下技术化的结果，而原创性科学理论的发现离不开基础研究的支撑。习近平总书记《在科学家座谈会上的讲话》中指出，基础研究是科技创新的源头。我国基础研究虽然取得显著进步，但同国际先进水平的差距还是明显的。当前，我国正在建设科技强国，科技强则国家强。要实现"科技强"的战略目标，必须找准基础研究跟不上的这根"软肋"，突破创新能力不够这个"瓶颈"。

---

① 政府、企业、高校、科研院所、用户的合称。"政用产学研"是一种创新合作系统工程，是生产、学习、科学研究、实践运用的系统合作，是技术创新上、中、下游及创新环境与最终用户的对接与耦合，是对产学研结合在认识上、实践上的又一次深化。随着信息技术的发展和创新形态的演变，政府在开放创新平台搭建和政策引导中的作用以及用户在创新进程中的主体地位进一步凸显。从"产学研"到"政产学研""政产学研用"以及进一步强化用户在创新中的主体地位而提出的"政用产学研"，虽然只有一两字之差，但后者进一步强调了政府推动的开放创新平台搭建以及用户体验与创新，强调了面向应用的价值实现，凸显了创新2.0时代开放创新、用户创新的新特征，突出了产学研结合必须以企业为主体，以用户为中心，以市场为导向，是更加符合科技创新本质和规律、面向知识社会的下一代创新形态。

② 武力.发挥新型举国体制优势 强化国家战略科技力量[N].中国组织人事报，2020-12-24.

纵观世界主要国家尤其是西方发达国家科技腾飞的历史经验不难发现，高水平研究型大学建设在其中扮演者不可或缺的支撑作用：注重培养科技精英，抢占科技创新高地；注重基础研究，加大基础研究投入，致力于产生重大原创性科技成果；推动高新技术产业的发展，实现基础研究向应用研究的成果转化。这些宝贵经验对于我国高水平研究型大学建设无疑具有重要启示意义。

建设科技强国对推进基础研究提出了紧迫的战略需求和时代召唤。高水平研究型大学是承担国家基础科学研究的重镇，应充分利用新型举国体制的政治优势，充分发挥"政产学研用"五方面协同攻关的组织优势，主动作为，自觉抢占基础科学研究的前沿阵地，为提升国家原创创新能力做出应有时代贡献。要充分发挥高水平研究型大学在学科建设、人才培养、科学研究、社会服务等方面的集成优势和综合优势，加大基础科学研究整体布局、资源配置、人才培养力度，增强原始创新能力建设，使高水平研究型大学成为我国基础科学研究的主阵地、策源地。为此，一要以"双一流"建设为契机，加强基础科学研究平台建设。加大高水平研究基地尤其是国家重点实验室、国家实验室等的建设力度，增强科研平台的原始创新能力和重大成果产能。二要以问题意识引领学术研究，加强前沿问题"发现能力"建设。"发现问题"是"解决问题"的前提，只有勇于发现问题、敢于大胆假设，科学研究尤其是作为"科技创新源头"的基础科学研究才不至成为无源之水。

四、结语

科技创新的基本任务是面向世界科技前沿，不断探索未知领域，突破人类的认知极限，拓展人类肢体和工具器物的功能限度，进而促进人类认知边界的动态演化和工具效能的迭代更新，从而更好认识世界和改造世界。[①] 党的十九届五中全会提出："坚持创新在我国现代化建设全局中的核心地位，把科技自立自强作为国家发展的战略支撑。"[②] 这是我们党放眼世界、立足全局、面向未来，深刻洞察世情、国情作出的重大战略决策，对于我国加快建设创新型国家、开启建设世界科技强国新征程、实现"两个一百年"奋斗目标，具有十分重大的意义。纵观历史经纬，身处百年未有之大变局，科技创新对于国家发展而言从来没有像今天这样迫切且如此重要。

强化国家战略科技力量离不开科技创新的支撑，离不开作为科技创新"主角"的战略科技人才脱颖而出、薪火相承，凝聚着党中央对科技工作的殷切期望。"问渠哪得清如许，为有源头活水来。"加强科技人才队伍建设，不断为国家输送战略科技人才，以高等教育高质量发展赋能科技强国建设，是高等教育的时代使命和应有担当。而在更宏大视角、更宏伟目标和更长远意义上，大力培育战略科技人才是产生战略科学家进而夯实国家战略科技力量的前置条件，是一项功在当代、利在千秋的科技工程和政治工程。有理由期待，在国家如此重视科学、如此重视科技创新、如此重视科学家创造性劳动的今天，一代代钱学森式战略科学家"横空出世"、国家战略科技力量体系坚不可摧的愿景成为现实，当为期不远、指日可待。

[①] 汪长明.坚持"四个面向"的理论逻辑［N］.学习时报，2020-09-23.
[②] 中国共产党第十九届中央委员会第五次全体会议公报［EB/OL］.新华网：http://www.xinhuanet.com/2020-10/29/c_1126674147.htm.

科技工作坚持"四个面向"的理论逻辑

2020年9月11日，习近平总书记主持召开科学家座谈会，听取七位科学家对"十四五"时期及更长一个时期推动创新驱动发展、加快科技创新步伐的意见和建议。座谈会上，总书记殷切希望广大科学家和科技工作者肩负起历史责任，坚持面向世界科技前沿、面向经济主战场、面向国家重大需求、面向人民生命健康，不断向科学技术广度和深度进军。9月27日至28日，中央人才工作会议在北京召开，习近平总书记出席会议并发表重要讲话，强调要坚持面向世界科技前沿、面向经济主战场、面向国家重大需求、面向人民生命健康，深入实施新时代人才强国战略。学习和领会习近平总书记"四个面向"提出的时代背景及其价值意蕴，对于深化科研体制改革、推动科技事业创新发展、建设世界科技强国，具有重要现实意义和深远战略意义。

一、"面向世界科技前沿"——科技工作的智力依托，核心要义是创新性，自主创新是科技工作的首要前提

科技创新的基本任务乃至首要任务，就是面向世界科技前沿，探索最具未知性、先驱性和挑战性的研究领域，不断突破人类的认知极限，实现人类肢体和工具器物的拓展与延伸，进而促进人类认知边界的动态扩展和工具效

能的迭代更新，从而更好认识世界和改造世界。习近平总书记指出，创新是一个民族进步的灵魂，是一个国家兴旺发达的不竭源泉，也是中华民族最鲜明的民族禀赋。民族进步、国家兴旺发达的核心推动力系于科技，系于科技创新。如果没有创新，科技工作将黯然失色。

面向世界科技前沿开展创新性科学研究，既是广大科技工作者尤其是作为科技工作者主体的科学家的职业操守和智力依托，也是他们不断实现自我超越继而更好实现人生价值的根本要求和内生需要。世界科技前沿犹如科学技术领域的"珠穆朗玛峰"，没有"山登绝顶我为峰"的科学豪情与职业勇气，没有"见人之所未见"的革新意识与战略眼光，无论于个人还是于国家，科技工作终将归于平淡、流于平凡。著名科学家钱学森就此经常告诫科技工作者："如果不创新，我们将成为无能之辈。"

更好面向世界科技前沿，要求我们做到：其一，坚持走中国特色自主创新道路。历史经验告诉我们，自主创新是别人抢不走的"法宝"、废不掉的"武功"。掌握科技创新的主动权，激活科技创新的时代伟力，是我国科技事业行稳致远之根本。只有不断提升科技自主创新能力，不但增强自身"科技肌体"造血功能，在劣势领域补齐"短板"，在优势领域打造"长板"，在强势领域树立"样板"，抢占科技创新高地、建设科技创新强国才不至于流于空谈。其二，加强基础研究的前瞻谋划和统筹布局，更加注重原始创新。基础研究、应用基础研究、应用研究是科学研究的三个不同层次，三者既相对独立又相互关联。基础研究所要解决的是科学技术的基础理论问题，是科技创新的源头和根本动力，是应用研究（技术科学范畴）和技术开发（工程技术范畴）的先导。没有基础研究做支撑，应用研究和技术开发将缺少最根本的理论依托。诚如习近平总书记在座谈会上所言，我国面临的很多"卡脖子"技术问题，根子是基础理论研究跟不上，源头和底层的东西没有搞清楚。其三，深化科技体制改革，完善科研生态，激发科技人员首创精神、创新潜力和创造动力。如今，我国已成为具有全球影响力的科技大国。根据世界知识产权组织评估显示，我国创新指数已经位居世界第14位，整体创新能力大幅提升，创新型国家建设取得了跨越式的进展。即便如此，由于各种因素，约束科研人员和机构的制度藩篱依然存在，科研人员被迫将很多宝贵时间和精力用于处理科研工作之外的事务。现行科技评价体系与当前科技高速发展、国家对科技人员现实需求之间的矛盾日渐凸显。综观世界主要科技强国发展史发现，建立包括科技创新体系、科研保障体系、学术评价体系等在内的完善的科研体制，是激发科技人员活力、提高科技创新产能的基础条件和根本保障。其中科研评价体系是科研的指挥棒和风向标，建立以学术评价为核心的科研评价体系是营造崇尚创新的良好科研生态的关键。

二、"面向经济主战场"——科技工作的职业归宿，核心要义是实践性，实践指向是科技工作的根本要求

"穷理以致其知，反躬以践其实"。如同任何其他社会活动一样，科技工作应具有服务国家经济社会发展的实践指向。实用性是科技工作的首要属性，服务于经济主战场成为科技工作的终极归宿和科技工作者的根本使命。为此，科技工作者应具有将自身科研实践与国家发展相结合的奉献精神与现

实情怀。

在全球范围内，科技水平既是影响世界经济周期最主要的变量之一，也是决定经济总量提升的最主要因素。而就国家而言，科技实力成为一个国家综合国力和国际竞争力的核心指标，其经济社会发展归根结底系于科技事业发展和科技水平提升。因此，广大科技工作者要面向经济主战场，推动科技工作与国家经济社会发展"无缝衔接"、深度融合，打通从科技强到国家强、从科技事业发展到国家整体发展的通道。

科学技术是第一生产力，实践性是科学研究的首要品质。科学技术渗透和作用于生产的过程本质上是其实现自身社会化即为社会所用的过程。在这一过程中，科学技术可以转化为现实的、直接的生产力，而生产力的发展反过来又可以推动和促进科学技术的进步。一个国家的科技创新水平和科技发展水平，很大程度上决定了这个国家生产力的基本状况和经济社会发展的基本面貌。科学研究的价值，理论上体现为对未知的探究、对已知的质疑、对真理的追求，实践上体现为以科研成果服务国家经济社会发展，并通过对国家经济社会发展的实效即"服务力"来检验。习近平总书记指出："科技是国之利器，国家赖之以强，企业赖之以赢，人民生活赖之以好。中国要强，中国人民生活要好，必须有强大科技。"[1] 面向经济主战场，抓好科技创新、加强科技供给，就抓住了牵动中国经济社会发展全局的"牛鼻子"。

---

[1] 习近平. 为建设世界科技强国而奋斗［EB/OL］. 新华网：http://www.xinhuanet.com/politics/2016-05/31/c_1118965169.htm.

三、"面向国家重大需求"——科技工作的价值呈现,核心要义是时代性,呼应时代是科技工作的使命担当

当今时代,谁掌握了科技创新的主动权,谁就掌握了国际竞争的决胜权。经过数十年长足发展,我国科技发展正处于从量的积累向质的飞跃、从科技实力整体推进向关键核心技术突破、从技术瓶颈破解向系统能力提升的重要时期。但与建设世界科技强国的宏伟目标、与主要发达国家科技实力相比,我们仍然面临制约科技发展的诸多结构性问题,关键领域核心技术受制于人的格局没有得到根本性改变。我国科技基础总体上仍然比较薄弱,客观而论,科技创新能力特别是原始创新能力相比主要发达国家而言还有不小的差距。在实现中华民族伟大复兴历史征程和百年未有之大变局时空交汇的关键时刻,广大科技工作者面临的时代使命之重要性紧迫性比历史上任何时期不是下降了而是上升了。习近平总书记就此指出,如果我们不识变、不应变、不求变,就可能陷入战略被动,错失发展机遇,甚至错过整整一个时代。

科技兴则民族兴,科技强则国家强。科技创新必须把国家需求尤其是重大战略性需求放在首位,作为科技创新主体的科技工作者对此责无旁贷。"科学无国界,科学家有祖国",爱国主义是科学家最基本的价值保守。"凡益之道,与时偕行。" 举凡事物实现增益(即价值扩张)时所蕴含的哲理,都随时间一起流变,并按照一定时机化的方式展现出来。国家交往之道如此,个人与国家互动之道亦如此。与国家共担当,与时代同前行,是科学

家成就科学事业、追求职业理想、实现人生价值的应然选择。习近平总书记殷切期望广大科技工作者，"把论文写在祖国的大地上，把科技成果应用在实现现代化的伟大事业中"。把论文写在祖国大地上，让科学研究成于科学家的家国情怀中，民生赖之以兴，学问赖之以成，人才赖之以强，事业赖之以成，国家赖之以盛。广大科技工作者应不辱使命，将个人理想信念和价值追求与国家重大战略需求紧密结合在一起，自觉呼应时代对科技工作者勠力创新的深切召唤，以献身科学事业的职业精神和源源不断的原创性科研成果回报祖国和人民的重托和期许。

科技工作面向国家重大需求：其一，要有自主意识，努力实现关键核心技术自主可控。为此，要全力打好科技重大专项突围战、攻坚战，结合核心技术瓶颈问题，瞄准"卡脖子"技术，集中优势科研力量，加大攻关力度、加快突围速度；其二，要有问题意识，在重点领域抢占前沿高地，抢登科技制高点，下好战略先手棋。为此，要实施关键核心技术攻关工程，集成优势科研资源开展技术攻关，将科技创新的主动权牢牢掌握在自己手里；其三，要有战略意识，重点打造国家战略科技力量，培养造就一支勇立时代潮头、勇担家国重任的战略科学家队伍，为国家科技工作探路领航。为此，要建立基于代际传承的战略科学家学术成长机制、基于功能发挥的战略科学家科研激励机制、基于价值彰显的战略科学家权益保障机制，让中国科技事业薪火相传、生生不息。

四、"面向人民生命健康"——科技工作的精神旨归,核心要义是人民性,人民健康是科技工作的现实归依

科学技术既是人类社会发展的产物,也是推动人类社会发展的决定性力量。科技从产生之日起,就以其改造自然和社会的强大威力,不断为人类谋取包括生命健康在内的各种福利。人本导向是科技工作的本质,面向以人民生命健康需求为基础的各种人文需求是科技工作社会价值发挥的应有之义。提升人的生活品质、让人的生活更美好,离不开科技的支撑。人是科技工作的主体,也是科技服务的对象。科技工作如离开了对人的关照、悖离了对人民生命健康的关照,将失去存在的意义。

"人最宝贵的是生命,生命对于人只有一次。"科技面向人民生命健康,就是坚持以人为本、生命至上、人民至上,体现了对生命的尊重和对人民的关怀,折射出科技工作的人文关照和价值选择,是以习近平同志为核心的党中央"以人民为中心"执政理念在科技领域的理论表达与现实呈现。"民为邦本,本固邦宁。""人民是历史的创造者,是决定党和国家前途命运的根本力量。"中国共产党始终坚持人民群众创造历史的历史主体地位观,坚定的人民立场是中国共产党区别于其他政党的显著标志。科技工作面向人民生命健康,体现了中国共产党人民观、历史观、执政观。在中国特色社会主义进入新时代的历史背景下,我国社会主要矛盾已经转化为人民日益增长的美好生活需要和不平衡不充分的发展之间的矛盾,人民生命健康是实现美好生活需要的底线要求和根本保障。

科技工作面向人民生命健康，要求广大科技工作者以胸怀天下的家国情怀、济世安民的理想信念、护佑生灵的生命意识，做人民生命安全和身体健康的忠诚卫士，不断提升人民生活品质，将造福于民的科学精神和科学品质融入满足人民日益增长的美好生活需要的光辉事业之中，实现科学的应有社会价值。此外，"民心是最大的政治"，人民的需要与呼唤代表着科技进步、创新发展的时代之声。高度重视民心民意，是中国共产党的执政底色、一贯特色、基本成色。科技工作面向人民生命健康，符合人民群众的根本需求和利益，体现了中国共产党的根本宗旨和执政品格。面向人民生命健康，使党领导下的科技事业赢得民心、契合民意、凝聚民智，具有重要政治意义，成为新时代中国特色社会主义的基本方略。

从钱学森身上汲取强化国家战略科技力量历史给养

2020年12月16日至18日,中央经济工作会议在北京举行。会议提出我国2021年八项重点任务,"强化国家战略科技力量"成为其中"一号任务",堪称重中之重,体现了以习近平同志为核心的党中央对战略科技力量在国家发展中重要性和紧迫性的高度重视。人民科学家钱学森作为以"两弹一星"工程为标志的新中国自成立以来规模最大,涉及部门、领域和人员最多,"难度系数"最大,对我国世界影响力提升作用最明显的国家级大科学工程的"首席科学家"和技术领导人,是我国首屈一指的战略科学家。考察钱学森成为战略科学家的核心要素,对于新时期探索战略科学家成长机制、强化国家战略科技力量,具有标志性意义。

一、政治觉悟的先进性:心怀社稷矢志科技报国

对祖国和人民无比热爱、无限忠诚,是钱学森爱国主义情怀的核心要素和突出写照。在钱学森眼里和心里,祖国和人民的利益、祖国和人民的需要一直是他选择时的唯一标准和最高指向。钱学森一生始终将个人理想与祖国命运相结合,将个人选择与社会需要相统一,将个人追求与时代主流相契

合，实现了人生价值与国家、社会和时代的紧密关联。爱国是钱学森成为战略科学家的思想根基和政治基因。

（一）勤学精进，树立航空救国理想

一个人的人生志向的选择与他的价值取向及日后的成长息息相关。古今中外无数的人才成长个案证明，只有将个人理想与国家前途，将个人志向与国家命运，将个人发展与国家发展紧密联系在一起，才能实现人生价值的最大化、极优化。钱学森的成长是祖国需要与个人理想志向结合成才的光辉典范。他从小就接受了"学习知识，贡献社会"思想的启蒙，在幼小的心灵里播下了爱国的种子；中学毕业后，他抱着振兴祖国的决心，考上被誉为"东方MIT"的上海交通大学，立志交通救国；在大学期间，一·二八事变爆发，面对国弱民苦的现状，钱学森痛感中国必须拥有强大的航空工业，才能自立于世界民族之林，于是及时将人生理想从交通救国转向航空救国，并进行了初步探索，为日后报效祖国奠定了坚实的基础。由此可见，钱学森在青年时期的人生选择始终以国家强盛为目标，以国家需要为导向。

（二）潜心研攻，决心学成返国服务

从交通大学毕业后，钱学森怀着一种强烈的报国信念，报考留美公费生，出国留学。在美国学习和工作期间，他的心中始终只有一个愿望，就是要将最先进的科学技术学到手，为中国人争气，为祖国争光。正是因为有这种坚定的爱国情怀、家国梦想作支撑，在美期间，钱学森潜心研攻，心系祖国，他硕士毕业后即认识到"一名技术科学家对于祖国的帮助远大于一名工程师"，于是他将研究方向从航空工程转向航空理论；在美国学习工作20年

间，钱学森时刻准备回国，没有买一美元的保险，因为他"根本不打算在美国住一辈子"；他在将风洞原理应用于风车发电的实例计算时，选取的数据就是参照祖国的自然条件；成为世界著名科学家后，钱学森并不为国外优厚的生活待遇和优越的工作条件所动，当得知新中国即将诞生，他即先后辞去各种要职，毅然决定回国。他说过："我的事业在中国，我的成就在中国，我的归宿在中国。"科学是没有国界的，但科学家都有自己的祖国，钱学森对此做了最好的诠释。

（三）献身国防，成就"两弹一星"伟业

钱学森回国后，自觉服从国家需要，勇敢承担创建我国航天事业的重任，为中华民族屹立于世界民族之林忘我工作，不懈奋斗。他始终站在世界科技前沿，以自己的远见卓识从战略高度思考我国科学技术发展特别是国防科技发展的重大问题，提出许多富于创造性、前瞻性的重要学术思想和有重大价值的建议，以渊博知识和超凡智慧解决了一系列关键技术难题，成为"两弹一星"事业中一位卓越的技术领导人，为我国导弹航天事业发展作出了许多具有里程碑意义的贡献。在钱学森的带领下，中国国防科研战线形成了"热爱祖国、无私奉献，自力更生、艰苦奋斗，大力协同、勇于登攀"的"两弹一星"精神，成为中华民族勇攀世界科技高峰的动力之源。

二、科技视野的前瞻性：开拓创新攻克科研高地

创新是一个民族进步的灵魂，是一个国家兴旺发达的不竭动力。以思想创新推动理论创新，以理论创新推动技术创新，是时代发展的强劲推力。一

个人只有热爱自己生活的时代，进而产生创新的动机与创造的动力，才能在时代的发展中更好地发挥自己的才智，贡献自己的力量，并使个人发展顺应时代发展，成为时代的骄子。钱学森认为，科学精神最重要的是创新，他经常说："如果不创新，我们将成为无能之辈！"他自己也被中国科技界誉为创新的典范、科学的旗帜。

（一）勇于探索，开拓现代科学新的领域

在漫长的科研生涯中，钱学森以敢为人先、敢立潮头、敢于超越的勇气，突破传统观念和思维定势的束缚，探索科学的新领域，研究别人没有研究过的科学前沿问题，为许多新兴学科的创建和发展作出了开拓性贡献。旅美期间，钱学森在应用力学、喷气推进以及火箭与导弹研究方面，取得了举世瞩目的成就：与导师冯·卡门共同完成的高速空气动力学问题研究课题和建立的"卡门-钱近似"公式，使他在28岁时一举成名，成为世界知名的空气动力学家；他独立完成的学术论文《关于薄壳体稳定性的研究》，使他在航空技术工程理论界获得很高声誉；他提出的火箭与航空领域中的若干重要概念、超前设想和科学预见，奠定了他在力学和喷气推进领域的翘楚地位……同时，钱学森还在总结近代科学技术发展规律基础上，提炼出技术科学思想与方法，并将技术科学思想方法推广到其他工程领域，创建了工程控制论和物理力学两门新的技术科学，为人类科学事业的发展作出了开创性的重要贡献。1954年，钱学森出版他的奠基性著作《工程控制论》。该书被认为是"自动控制领域的一本经典著作"（戴汝为）、"系统科学发展的第一个里程碑"（于景元）。这些划时代科技成就的取得，无不凝聚着钱学森科

学报国的雄心壮志、智力储备和学术积淀,也因此铸就了他科学历程中的第一座创造高峰。此外,钱学森回国后,在组织实施我国导弹航天工程中,成功运用工程控制论的方法,研究、制定了一整套中国现代工程系统开发的技术过程,并在实践中得到验证并不断完善,对于组织管理航天系统工程,发挥着重要作用。

(二)善于攻坚,不断攻克国防科研难关

中国航天界历来具有"特别能吃苦,特别能战斗,特别能攻关"的光荣传统,钱学森就是其中的杰出代表。在主持中国航天技术研发过程中,钱学森从战略和全局的高度谋划我国国防科技发展的重大问题。他创造性地将技术科学思想与国家需求紧密结合,确立结合我国航天和国防建设需要开展科研的指导原则,以渊博知识和超凡智慧突破了大量关键技术,攻克了众多科研难关,为许多重大航天项目的成功实施奠定了理论基础,为我国导弹航天事业发展作出了许多具有里程碑意义的贡献。在研制"两弹一星"的历程中,以钱学森为代表的中国航天科技人员,在没有充分资料可查、没有现成模式可依的情况下,白手起家、自力更生、艰苦奋斗、攻坚克难,仅用不到十年的时间就成功地研制出了中国自己的原子弹、氢弹和导弹,并成功实施了"两弹结合"试验,在艰苦卓绝的环境中开创了中国的航天事业。

(三)敢于突破,构建现代科学技术体系

钱学森涉猎广泛,视野开阔,在现代科学技术的诸多领域纵横驰骋,从自然科学、社会科学到人文科学,特别是在多学科交叉融合的研究上,他提出了许多新概念、新思想、新理论和新方法。晚年,钱学森运用博大精深的

系统论思想和敏锐的洞察力，广泛吸收现代科学技术各个领域的知识，融会贯通，提出综合集成方法，构建了从基础科学、技术科学到工程技术"三层次论"的现代科学技术体系结构，并将马克思主义哲学摆在最高层次，作为人类对客观世界认识的最高概括，是钱学森马克思主义哲学观的集中体现。钱学森的现代科学技术体系是一个多维的、开放的、动态的系统，在横向（广度）上拓宽了现代科学技术的学科门类，在纵向（深度）上深化了现代科学技术的层次结构，颠覆了传统的体系划分模式，是现代科学技术体系在认识论与方法论上的一次革命性突破。它的观点、理论与方法具有前瞻性、开创性、战略性和实用性，是一个科学的理论谱系。

三、技术保障的协同性：集智攻关奠基航天伟业

钱学森是中国航天事业奠基人。作为新中国火箭、导弹和航天计划的技术领导人，钱学森自觉服从国家战略需要，带领广大科研人员，开拓创新，攻坚克难，在极其困难的条件下成功开创了举世瞩目的大规模科学技术工程——"两弹一星"事业，创造出国内外公认的"科技奇迹"，开辟了一条主要通过自力更生、自主创新振兴国家科技事业的中国道路，为我国国家安全的维护、大国地位的获得和国际影响力的提升提供了有效保障。"两弹一星"的成功研制，使中国航天工程在较短的时间内实现了跨越式发展，也为今天许多重大航天项目的成功实施积累了宝贵的经验，奠定了坚实的理论基础。

（一）以集体攻关塑造航天协同创新体系

在很大程度上，中国航天事业取得的辉煌成就与贯彻大力协同的制度

催化作用密不可分。回眸历史，大力协同作为中国航天发展的重要历史经验，已经凝聚成中国航天人共同的精神符号，并内化为中国航天事业蓬勃发展的制度基因。具体而言，包括四个方面：管理机制维度，集智攻关、协同保障，凝聚以航天三大精神为代表的中国第一代航天人之精神合力，充分发挥集中力量办大事的社会主义制度优势，开创以行政和技术"两条指挥线"为代表的航天协同管理模式。核心要义是行政与技术协同保障。工作机制维度，集成研制、协同创新，实现"争取外援→自力更生→自主创新"动能转化，开创以"两弹一星"这一大规模航天系统工程为标志的新中国国防尖端科技事业。核心要义是技术与方法协同创新。激励机制维度，集采众长、协同支撑，将党领导下的民主集中制运用于航天实践，尊重专家首创精神、发扬技术民主作风，不断攻克"两弹一星"工程研制难关。核心要义是集中与民主协同支撑。发展机制维度，集往益来、协同发展，总结航天系统工程基本经验和方法，开创社会系统工程，并实现二者融合发展、联动发展，为推进国家治理体系和治理能力现代化提供理论助力。核心要义是经验与现实协同演进。在四大协同机制作用下，中国航天形成了四大协同网络：意志层面的思想大协同，实现了生产主体能动化；技术层面的研制大协同，实现了生产过程规范化；工程层面的要素大协同，实现了生产成本最小化；系统层面的体系大协同，实现了生产效能集约化。概言之，政治保障、体制支持、自力更生、自我赋能、制度激励、精神培植、创新驱动、现实情怀，是中国航天初创时期系统协同机制的核心凝聚，对于国家大科学工程管理和协同治理体系构建，具有重要理论价值和实践价值。

（二）以体系创新推进中国航天接续发展

协同保障的管理机制、协同创新的工作机制、协同支撑的激励机制、协同演进的发展机制，是中国航天初创阶段系统协同机制的历史总结与范式话语表达。经过六十多年的发展，我国航天工业在体制机制上实现了从国防研究院、到工业部、再到大型企业集团的转变。随着时代发展和国家战略需求演变，如今，我国航天工业已从国防工业领域进入军民融合发展新阶段，成为国民经济建设的重要主战场。从国家发展全局角度看，在中国航天实现历史性跨越的今天，重温以钱学森为代表的第一代航天科技工作者在毛泽东、周恩来、聂荣臻等党和国家领导人坚强领导和亲切关怀下共同塑造的中国航天协同机制体系，从航天创新历史经验中汲取治国理政智慧，对于贯彻中央经济工作会议关于强化国家战略科技力量的战略部署，开创协同发展新局面，推进新时代中国特色社会主义建设尤其是国家大科学工程管理和协同治理体系的构建，无疑具有重要现实意义。对此，钱学森曾于1989年12月25日致信聂荣臻元帅，对"两弹一星"成功经验所体现的社会主义制度优势进行了科学总结，他指出，"'两弹一星'是社会主义新中国创立的现代高技术、尖端技术，是从研究、设计、试制、试验直到定型生产的一整套组织管理的制度和方法；这是把解放战争时期中国人民解放军大兵团作战的成功经验运用到现代大科学工作上来；这一整套组织管理的制度和方法不仅是科学的，而且也是结合我国实际的，是社会主义的；它们不但在过去的'两弹一星'事业中是成功的，现在的国家高技术工作也应该采用"。

四、领导工作的艺术性：发扬民主展示非凡魅力

钱学森是中国航天事业的技术领导人。在"两弹一星"工程研制过程中，他借鉴导师冯·卡门管理美国大科学工程的成功经验，利用社会主义集中力量办大事的制度优势，充分发扬自己的技术领导魅力，带领广大航天科技工作者攻克了一个又一个技术难关。

（一）坚持政治引领，尊重专家首创精神

在中国科技战线，尊重科学家首创精神，党的领导既是首要前提，也是根本保障。民主与集中相统一，专家智慧与领导决策相结合，成为中国共产党领导科技工作的优良传统和政治优势。据中国科学院原院长张劲夫回忆，他在作为郭沫若院长助手、主持中国科学院日常工作之初，陈毅元帅即告诫他："各学科的负责人是科学元帅，绝不要从行政隶属关系来看待他们，要从学术成就来看待。尊重科学，首先要做到尊重学者。中国的科学家是我们的宝贵财富，一定要重视发挥科学家的作用。"得益于周恩来总理和聂荣臻元帅的充分信任，钱学森才得以充分施展自己的领导才华，带领广大专家和科技工作者才得以最大限度发挥自己的聪明才智，为航天事业创新发展提供宝贵的智力支持和技术支撑。尤其在中国航天事业创业伊始，需要攻克的难关数不胜数，而拥有相关领域知识储备与实践经验的专家却少之又少。在"两弹一星"工程研制过程中，钱学森作为技术主帅，充分发扬技术民主，最大限度发挥专家的技术特长，做到了技术民主与集中决策、研制效能与管理效能的辩证统一，为中国航天事业稳步推进积累了宝贵经验。

（二）发扬技术民主，攻克工程研制难关

钱学森一贯主张，科研领导工作应发扬科学民主、技术民主和学术民主，这是由科研工作的特点和规律决定的。"古今中外，概莫能外。"钱学森晚年在对中国航天成功经验进行理论总结的过程中指出，将党领导下的民主集中制运用于航天实践，尊重专家首创精神，发扬技术民主作风，不断攻克"两弹一星"工程研制难关，是中国航天系统工程管理的"成功密钥"。航天系统工程管理的宝贵经验，归结到一点，就是做到了技术民主与集中决策的辩证统一。他曾经说："科学技术工作也必须贯彻党的民主集中制。我1955年归回祖国后，深感我们党的民主集中制也是科学技术工作的客观规律；我在美国从我的老师冯·卡门那里学到的也实际上是民主集中制，只是那时在外国还没有明确的阐述。我在周恩来总理领导下从事导弹卫星工作，深感周总理在工作中是执行民主集中制的典范。"

（三）坚持效果导向，确保决策程序规范

在"两弹一星"研制攻关阶段，钱学森开创了一种后来被称为"神仙会"的决策模式。他每个星期天下午把任新民、屠守锷、黄纬禄、梁守槃四位总设计师和庄逢甘、林爽等专家召集到自己家里，讨论导弹研制中的重大技术问题。会上，关于学术权力，坚持话语权平等。钱学森请每位总师充分发表意见。专家发言不分主次、不论对错，畅所欲言、各显"神通"。当时这种会议因此被形象地称为"神仙会"。关于决策模式，坚持"程序正义"。如果意见一致，现场决定方案；如果意见不一致，又无需现场定案，则留待下周继续讨论；如果事情紧迫，钱学森在综合大家意见后给出自己的

判断，形成定案并据此执行。关于风险责任，坚持首长负责制。钱学森提出，按照经民主讨论形成的方案，如取得成功，功劳归大家；如果失败，责任由作为决策者的他承担。实践证明，这种做法实际上是将党的民主集中制决策模式"跨界移植"到"两弹一星"研制之中，做到了最大发言权（民主）与最终决策权（集中）的最佳配置、决策科学化与决策民主化的合理转化、敢于放权与勇于担责的有机结合，对于攻克工程研制过程中遇到的紧迫技术难题、规划技术发展方向等方面发挥了不可替代的作用。时任国防部五院自动控制研究室主任梁思礼认为："钱老很谦虚，也很民主，他奠定了中国航天技术民主决策的优良之风。在他直接领导我们搞工程的日子里，他的技术民主传统发扬得特别好，很多问题跟大家一起讨论商量。"从其成功经验可以看出，"神仙会"恰恰体现了钱学森作为技术领导人的大家胸怀和战略远见。

第四章

党之大计——科学家档案存史育人

（传承篇）

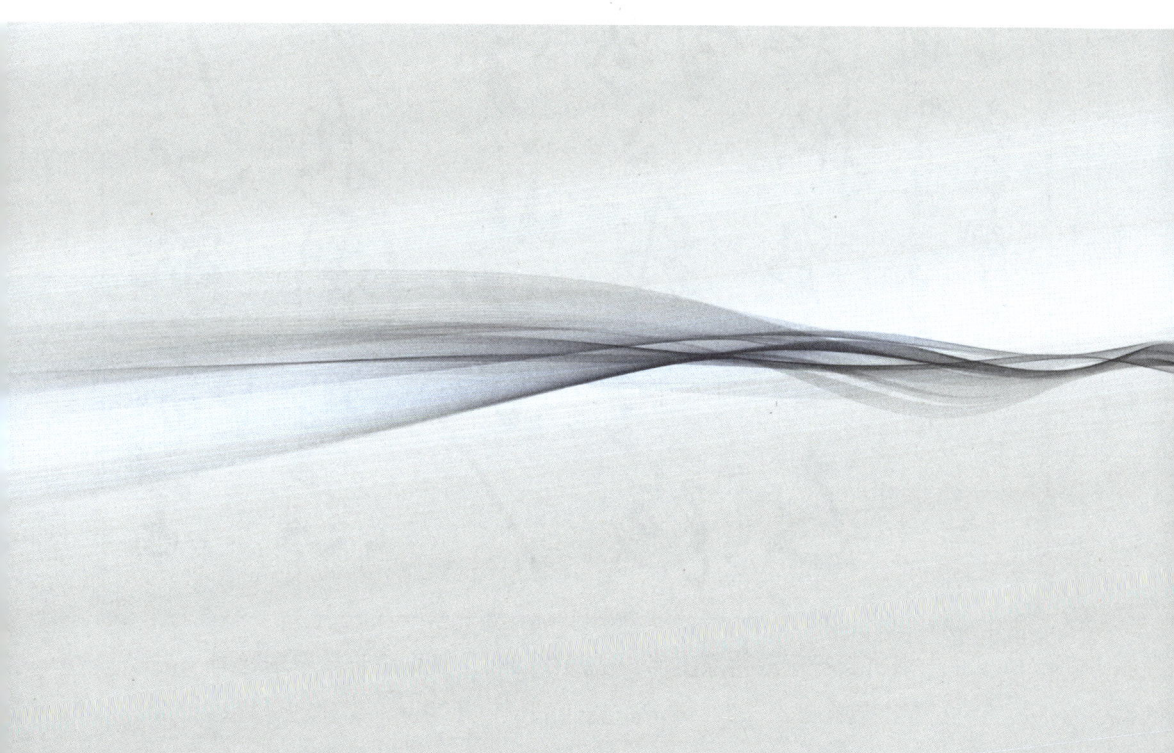

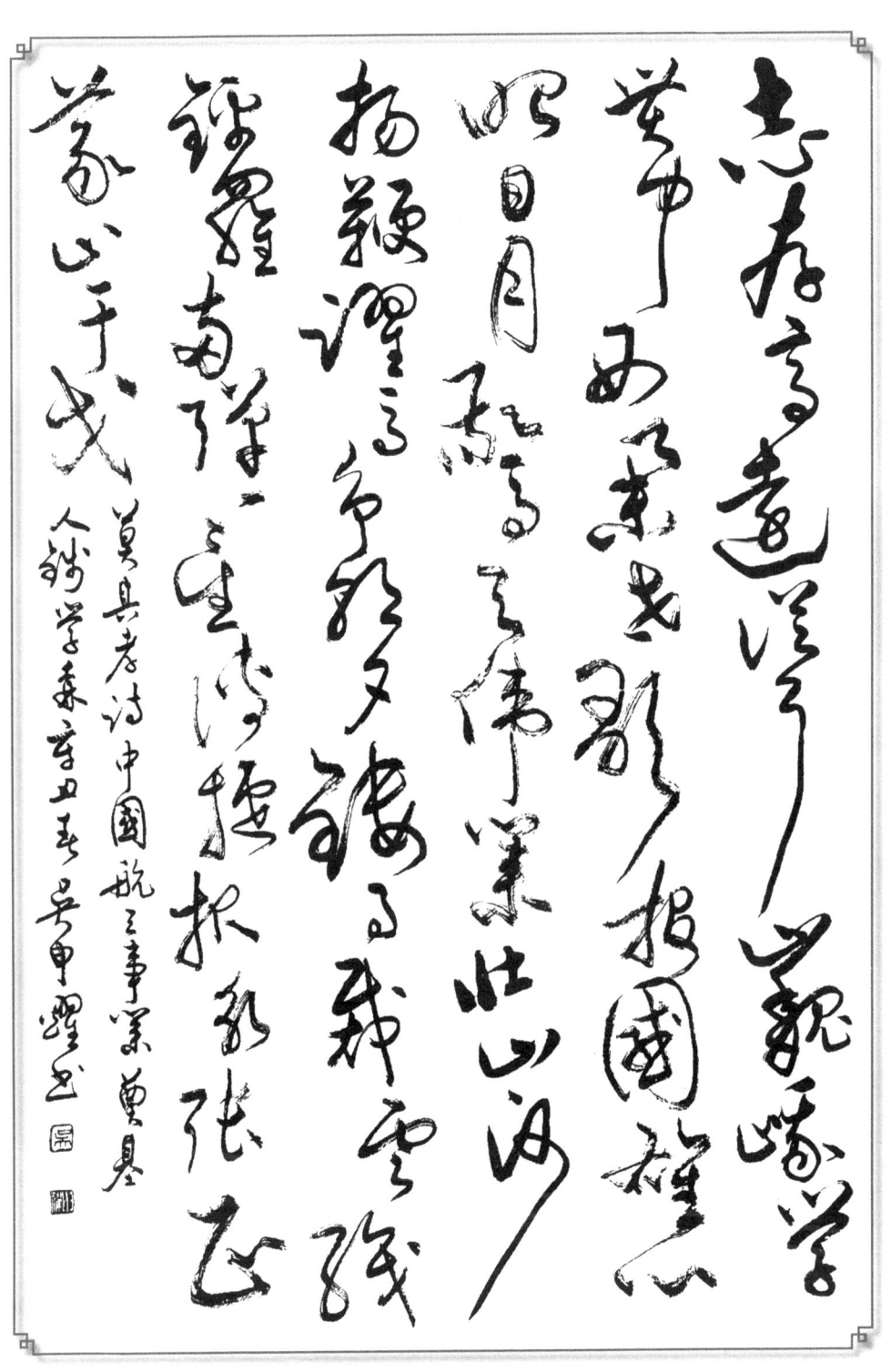

上海市闵行区政协原主席、上海中国书法院副院长吴申耀题词

人物纪念馆专题展览策划与青少年社会教育

博物馆是征集、保藏、陈列和研究自然历史标本、人类物质及精神文化珍品,并对那些具有科学价值、历史价值、思想价值和艺术价值的物品进行分类,为公众提供知识、教育和欣赏的文化教育机构、建筑物、地点或社会公共机构。按照中国的传统划分标准,博物馆分为专门性博物馆(如西安秦始皇兵马俑博物馆、武汉辛亥革命博物馆等)、纪念性博物馆(如上海交通大学钱学森图书馆、韶山毛泽东同志纪念馆、北京中国人民抗日战争纪念馆等)和综合性博物馆(如中国国家博物馆、故宫博物院等)三类。

博物馆是一座城市、一个地区,乃至一个国家、一个民族的历史标签、文化名片,浓缩着弥足珍贵的文化记忆和精神趋向。作为博物馆家族的一个重要分支,与其他类型的博物馆一样,人物纪念馆承担着收藏保管、宣传教育和科学研究三大基本职能,承载着对全体社会成员尤其是广大在校学生进行爱国主义与民族精神培养、理想信念与道德情操塑造、科学文化与人文文化传播等社会教育功能。

专题展览(或称展览、临时展览)是与基本陈列相辅而成、相驱而行的社会教育平台,是人物纪念馆基本陈列之外一项十分重要的业务活动。为增强人物纪念馆社会教育工作的有效性,策划面向青少年学生,融知识性、趣味性、思想性、教育性于一体的专题展览，探索适应时代和社会发展需要的社会教育新形式，努力开创人物纪念馆文化育人新局面，是博物馆事业蓬勃发展背景下广大人物类纪念馆面临的重要课题，也是其永续发展的必然要求和现实召唤。

一、文化之根：人物纪念馆是青少年重要的第二课堂

中国共产党十八大报告指出，"文化是民族的血脉，是人民的精神家园"，必须"发挥文化引领风尚、教育人民、服务社会、推动发展的作用"。[1]博物馆文化（包括文化产品、文化理念等）是社会公共文化服务体系的重要支系，是社会公共文化产品生产体系的重要组成部分。作为一个有着五千年历史的文明古国，我国博物馆文化博大精深、气势恢宏，以其民族凝聚力，诉说着民族文化的博大精深、源远流长；以其历史穿透力，演绎着漫长历史的沧桑巨变、岁月坦诚；以其文明渗透力，寻觅着中华文明的悠悠源头、绵绵根脉；以其艺术感染力，守护着华夏儿女的精神家园、灵魂住所。[2]博物馆（含纪念馆，下同）文化堪称一个民族的"文化之根"。

（一）社会教育对青少年学习与成长的重要意义

社会教育是与家庭教育、学校教育相并列的一种教育形式，有广义和狭义之分。广义的社会教育指一切社会生活影响于个人身心发展的教育；狭

---

[1] 胡锦涛.坚定不移沿着中国特色社会主义道路前进　为全面建成小康社会而奋斗——在中国共产党第十八次全国代表大会上的报告[J].求是，2012（22）：15.
[2] 陈燮君.公共文化服务体系中的博物馆文化的力量与智慧[A].上海中国航海博物馆.文化力量与博物馆的挑战[M].上海：上海古籍出版社，2013：19-23.

义的则是指家庭教育和学校教育以外的一切文化教育设施对儿童、青少年和成人进行的各种教育活动。关于社会教育的起源，法国的弟穆、美国的诺威斯、英国的皮尔斯、日本的新堀通等部分教育学者认为，近代社会教育大约产生于16—18世纪，但其发展一直比较缓慢，直到第二次世界大战以后，随着现代科技、经济的突飞猛进才获得了迅速发展。

现代社会教育是对学校教育的重要补充，二者相辅相成，共同促进人的全面发展。在我国，社会教育的任务是宣传党和国家方针政策，普及科学文化知识，开展群众性文艺、体育活动，以提高广大青少年和人民群众的思想道德素质和科学文化素质，为社会主义三个文明（物质文明、精神文明和政治文明）建设服务。社会教育的执行主体包括博物馆、纪念馆等公共文化机构。总的看来，社会教育日益发展，教育体系日趋完善，教育成效日渐凸显，尽管在整个教育体系中还处于辅助和补充地位，但越来越显示出不可替代的作用。良好的社会教育有利于对学生进行思想品德教育，有利于学生增长知识、塑造品质、发展能力，有利于丰富学生的精神生活，有利于发展学生的兴趣、爱好和特长。可以说，社会教育是青少年健康成长走向社会的必经之途、必由之路，将日益成为全民教育体系中不可或缺的重要组成部分。

（二）人物纪念馆是青少年社会教育的重要载体

博物馆是陈列、展示、宣传人类文化和自然遗存的重要场所，是国民教育体系的重要组成部分。但与家庭教育和学校教育不同，博物馆的教育具有较强的服务属性，其教育对象是全体社会成员，包括所有年龄层、职业层和学历层的社会群体。博物馆以展品和互动展览等可见可触的实物，可以帮助学生理解很多书本上的内容，并开启他们学习和探索的兴趣。如何发挥博物馆自身的优势，参与非常规教育，尤其是与学校教学结合，对在校学生进行课堂以外的非常规教育，是一个非常值得探讨的问题。有学者指出，"未来博物馆与学校的结合是一个提升教育水平的重要平台"，为此，有必要"在展览设计、公众活动等方面提升教育的效果"。[1]

人物纪念馆是为纪念对国家独立与富强、民族振兴与发展、人类和平与进步做出重大成就和突出贡献历史人物的文化教育事业机构，一般选择以事件发生的地点或人物出生、居住、工作的地方为馆址，保存和恢复历史原状，说明事件发生经过或人物活动情况，向人民进行直观教育。对于我国而言，广大人物纪念馆所纪念"人物"身上所体现的爱国、奉献、务实、拼搏等崇高精神品质和高尚理想情操，是一部对广大青少年学生进行爱国主义与集体主义意识培养和理想信念与道德情操塑造的生动教材。尤其对当代重要历史人物而言，他们是社会主义核心价值观的自觉践行者和生动诠释者。人物纪念馆多为爱国主义教育基地，是青少年爱国主义和集体主义教育的第二课堂，对于青少年的知识拓展、人格培养、情操陶冶和精神塑造起着重要的催化作用。

（三）人物纪念馆专题展览是对学校教育、课堂教育的重要补充

如前所述，人物纪念馆专题展览是与基本陈列相并列的基本展示手段，二者相互补充，共同构成面向社会的人物展陈体系，实现纪念馆开展社会教

---

[1] 焦天龙.博物馆教育模式的探讨——以美国毕世普博物馆和香港海事博物馆为例[A].上海中国航海博物馆.文化力量与博物馆的挑战[M].上海：上海古籍出版社，2013：69-72.

育、服务社会的基本职能。人物纪念馆的纪念对象丰富多彩的人生经历、职业成就、思想品格和精神境界是广大青少年学生的生动教科书,是一部爱国主义、科学普及、励志成才的鲜活教材。相比基本陈列而言,人物纪念馆专题展览的灵活性特征具有适应青少年学生需要独特的比较优势。一般而言,通过策划面向青少年学生的,具有较强趣味性、科学性、知识性的专题展览,能够起到学校教育、课堂教育难以企及的教育效果,从而得以充分发挥人物纪念馆作为公益性文化机构的社会价值,有利于青少年学生健康成长,丰富他们的知识储备与文化素养,增强他们的爱国主义情操。

二、立身之道:创新人物纪念馆专题展览策划理念与方法,面向青少年学生开展社会教育活动

一个人物纪念馆是否有吸引力,看它的基本陈列;一个人物纪念馆是否有生命力,看它的专题展览。探索面向广大青少年学生的社会教育新形式,开创人物纪念馆文化育人新局面,是广大人物纪念馆面临的重要课题。因时制宜,不断推出各种不同主题、不同内容,符合青少年身心特点、认知倾向和精神需求的,喜闻乐见、寓教于乐的专题展览,应该成为建设社会主义文化强国新形势下广大纪念馆人努力的方向。为此,应把握好几个基本原则。

(一)坚持主体原则,以人为本,紧密围绕人物的生平事迹与精神轨迹

人物类纪念馆以某一位或某些特定先进人物(一般为历史人物)为展示对象。对任何一个人物纪念馆而言,该"人物"是纪念馆开展一切社会教育活动的核心和原点。策划专题展览最基本的要求是,应以陈列主体为基本叙

事对象，以"人"为本，既坚持主体本位，又坚持主体拓展，并准确把握好二者之间的对接度和相关性，这样既能避免展览内容与基本陈列的趋同与单一化，又能避免基本陈列与临时展览之间逻辑上的分离与断裂，引发移花接木牵强附会之虞，到头来劳而无功，"吃力不讨好"。

一般而言，人物的先进性主要体现在两个方面：其一，该人物（或人物群体）的先进事迹和成就及其经历的重大事件对历史发展所起的直接推动作用，从而具有重要的标本价值；其二，该人物身上所体现的积极、崇高的思想品格与精神风范，具有精神激励和价值塑造的精英符号效应，能够引领社会成员的共同价值追求，推动社会正能量的集聚和阐发，具有无可比拟的示范价值。人物纪念馆专题展览应以此为基点进行策划和筹备。

随着人物纪念馆纪念对象（馆主）成为历史人物，"物"即藏品的功能逐渐凸显，成为人物精神、事迹和成就的载体。当藏品走进展厅、成为展品，藏品以其丰富的价值内涵，从而具有直面观众开展社会教育的叙事功能，体现在三个方面：其一，藏品具有恒久价值生命力。藏品是人物类博物馆叙事对象（馆主，即纪念对象）的精神承载，以"物化""活化"与"效化"叠加的形式演绎并诠释着"人物"超越社会普遍意义的先进性和超越物理生命意义的恒久性。这是藏品对公众进行价值观传导的功用起点与效用基础。其二，藏品具有建构历史的叙事功能。藏品作为融入人物生平的代表性"物证"，既具有还原并体系化建构人物生活轨迹的历史性意义，也具有引导公众走进小历史（微观层面的个人史），从而至少部分认知大历史（宏观层面的社会史）的叙事功能。人去物在、见物见人，"让藏品活起来"成为博物馆尤其是人物类博物馆的根本性职业要求和社会使命。其三，藏品具有身份昭示的"技术尊严"。藏品从社会空间走向文博场馆、从封闭式库房走向开放式展厅，从静态无声之"物"变为动态能言之"事"，以博物馆"陈列语言＋技术语言"的形式直面公众，通过专业人员"学术＋技术"层面的导向性加工与标签化识别，以至简语言、最大限度体现"藏品→展品"精神维度的体面性和价值维度的正确性，从而实现从"藏品"到"展品"的身份转移（即陈列展览）与价值变迁（即社会教育）。

（二）坚持服务原则，有的放矢，准确研判展览目标观众的定位与需求

毋庸置疑，观众是任何一个博物馆、纪念馆生命力、凝聚力的根本所在。面向观众、服务社会是博物馆、纪念馆发挥社会教育职能最基本的属性和要求。专题展览策划伊始即需树立起观众意识、服务意识，可以说，坚持观众本位是任何一个展览设计最好的"服务"，是衡量展览成功与否的标尺与砝码。很难相信，如果推出的展览门庭冷落无人问津，观众反应平淡，它的社会价值是否还值得肯定。

为有效实施服务理念，应对本馆目标观众的定位和需求进行及时、准确的调研。可资获取观众信息的手段包括前期问卷（如拟定展览主题的受欢迎度和认可度、征集展览主题建议等）、中期调查（例如，进入形式设计阶段面向拟定观众推出展览模拟展示或数字化演示，获取反馈信息，对于问题比较集中的板块和内容应及时调整纠正，切忌因噎废食、将错就错）、后期反馈（如观众留言、现场调研等），所有这些还可为日后的展览策划获取资讯，积累经验，不断优化展览设计理念和研究水平。

（三）坚持创新原则，推陈出新，避免走入对基本陈列变相复述的歧途

创新是展览策划的灵魂。专题展览不应成为基本陈列的"解压版"和"复制品"，在选题策划过程中，应力戒改头换面、换汤不换药式或"剪切式"地对基本陈列进行简单的变相复述，避免"穿新鞋走老路""新瓶装旧酒"，否则将毫无新意可言，乏善可陈，也起不到激活资源、吸引观众、提高效益、增加内涵、强化功能的作用。应坚持差异化原则，推陈出新，不断创新展览策划的理念与方法。

基本要求是：首先，展览选题要新，给人耳目一新之感，这是判断任何一个专题展览的基本价值标准和内在要求。其次，内容设计要新，应尽可能利用、盘活馆藏资源，尽量使用未曾公开的文献、照片与实物等，吸引观众的"眼球"，捕获观众的"芳心"，而不应让珍贵藏品长期在库房里"睡大觉"，处于休眠、"冷冻"状态。尤其是那些有重要文物价值的实物类展品，很多观众更是难得一见。能否不断推出内容丰富多彩、寓教于乐的高品质专题展览，体现了一个人物纪念馆的整体办馆能力、学术实力和研究水平。最后，研究方法要新，应根据展览选题要求，选择适合逻辑需要的展览文本体例，进行从内容设计到形式转化的合理编排，做到内容与形式的统一、文本与展品的呼应。

（四）坚持互补原则，互通有无，确保基本陈列与专题展览之相辅相成

临时展览因其"主题化"特征，一方面，解决了由于受场馆空间体量和主题选择限制，不能在基本陈列中得到充分展示的矛盾和缺憾，是对基本陈列的有效补充与合理完善。由于人物纪念馆涵盖人物一生的方方面面，小至日常饮食起居，大至重要社会活动，不可能在基本陈列中面面俱到，得到全部展示和体现，只能按照陈列设计的体例要求和逻辑需要，择取人物生平事迹的主要方面，选取最具代表性的展品进行"典型展示"。这也为专题展览的策划预留了足够的研究空间，从而使二者之间保持静态（陈列）与动态（展览）、单一与多维的合理平衡，发挥互补优势，产生组合效应。另一方面，也解决了基本陈列在内容设计方面，由于受陈列内容研究人员在有限时间内对陈列主体的研究难以避免的认知缺陷（实际上，任何一个人物纪念馆的基本陈列都不可能做到尽善尽美，这是多数人物纪念馆建成之后要进行阶段性改陈，有的甚至是结构性改造的主要原因），以及相对于专题展览内容可相对自主调整而言，基本陈列因物理空间与展品结构固化、在一个较长展示周期内所具有的不可修复性特征的限制，可以进行有针对性的调整与修正。

（五）坚持反馈原则，扬长避短，及时做好观众体验与认知的调研分析

"从观众中来，到观众中去"，应该成为人物纪念馆服务观众需求的基本方法论。做好观众参观体验与展览认知的信息反馈，是改善包括展览策划工作在内各项工作的重要内容之一。成功的人物纪念馆必定注重观众的参观需求，注重对观众情感体验的分析把握，而不是闭门造车甚至拒谏饰非，从成功不断走向新的成功，从而实现良性循环、永续发展。

做好观众反馈，小而言之，或是一张表格、一句话，大而言之，则是一种价值理念、一种事业观。应力戒走过场，搞形式主义，一味营造舆论声势，华而不实；应力倡问题意识、革新意识，切实树立服务型展览理念。充分利用宝贵的观众反馈信息与调研资源，既可以有效改进工作方法，提高工

作绩效，为今后的展览策划积累经验；又可以为有关人员开展相关研究获取、积累、储备学术资源，将实践知识转化为理论成果；还可以密切本馆与观众的联系，做到人性化、科学化办馆，可谓一举多得。

（六）坚持时效原则，良机在握，善于捕捉关键时间节点做好展览策划

人物的生平以事迹为载体，以其思想和精神为内核，以时间为顺序，贯穿于人物的一生。举凡先进人物，都因其在历史的某些节点所经历的某些重大事件而成为其先进形象和重要历史地位的主要支撑元素，是其"纪念"价值所在。可以说，如果没有这样具有"划人生意义"的事迹、事件，人物的先进性将因缺少实际依托而不复存在，也就失去了"纪念"的意义。

准确捕捉、及时把握人物生平的这些节点时间和事件（例如某科学家的某一重要理论创立多少周年、某革命领袖领导或参加的某一重大政治运动、某艺术家取得某项重大艺术成就的标志性事件等），对接社会热点需求，推出有纪念意义、宣传价值和社会教育意义的专题展览，往往成为人物纪念馆策划专题展览尤其是年度或阶段性展览总体规划的优先选项。一俟疏忽或错过这种机会，将很难在短期内进行弥补。

略举一例，上海交通大学钱学森图书馆是一座国家级科学家纪念馆，主要展示钱学森的科学成就、学术思想、精神风范和成长经历。由于受展览空间和体量的限制，钱学森对中国载人航天事业的贡献未能在本馆"中国航天事业奠基人"展厅中得到全面呈现。2012年恰逢中国载人航天工程实施20周年，以此为契机，作为年度展览规划一部分，该馆陈列展览研究人员在结合本馆馆藏、观众调研与内容研究的基础上，为此专门策划了"圆梦九天——

中国载人航天工程的壮丽航程"展览,旨在展示中国载人航天工程的发展历程,充分反映以钱学森为代表的历代航天人为中国载人航天事业作出的开创性贡献。为达到更好对接社会、服务观众尤其是青少年学生的目的,该馆邀请中国首飞航天员、中国载人航天办公室副主任杨利伟出席开幕式并参加同时举办的青少年航天科技作品展示活动。[①] 展览专门从有关单位引进并设计了长征系列火箭及内蒙古主着陆场大场景展示、模拟太空人照相、神舟四号返回舱原件、曾搭载神舟八号飞船进入太空并返回的钱学森肖像苏绣等珍贵藏品及体验式互动平台,符合青少年学生的认知规律和兴趣特征。展览期间,广大在校学生尤其是中小学生踊跃参观,络绎不绝。同时,与之相配合,本馆还面向青少年在校学生,专门举办了系列专家讲座,普及航天科普知识,取得了良好的社会效果与社会效益,是一次成功的、对广大人物类纪念馆具有示范效应的展览策划实践。

三、社会之责:发展文博事业,树立适应时代特征和教育规律的教育理念,引导和培养青少年学生的观展兴趣和文博意识

(一)健全家庭、学校、社会三位一体教育体系

著名教育家陶行知先生曾说过:"生活即教育,社会即学校。"家庭、学校、社会是一个人从小到大、从自然人成长为社会人必经的三个阶段。做好家庭教育、学校教育与社会教育三大教育体系之间的联动与平衡,是青少

---

① "圆梦九天——中国载人航天工程的壮丽航程"展览开幕[EB/OL]. 中国上海网:http://www.shanghai.gov.cn/shanghai/node2314/node2315/node5827/u21ai673212.html.

年教育的必然要求。家庭教育是学校教育乃至整个教育的基础，学校教育是整个教育阶段的核心，社会教育则是家庭教育、学校教育的延伸。三者一体（学校教育）两翼（家庭教育、社会教育），互相促进，彼此协调，任何一个部位缺失，再健硕的鲲鹏也无法腾空而起展翅飞翔。

长期以来，由于受传统文化、教育传统和思维惯性的影响，加之教育主体不够明晰，相比家庭教育和学校教育而言，社会教育在我国国民教育体系中的地位并未得到应用的重视和体现，博物馆、纪念馆等承担社会教育任务的文化单位长期处在边缘化的尴尬状态之中，"以火热的笑脸去贴社会的冷屁股"，奋力跋涉，举步维艰。塑造家庭教育与学校教育有机结合、学校教育与社会教育相互补充、家庭教育与社会教育并驾齐驱的三位一体大教育体系，成为摆在全社会面前的一道现实而迫切的教育课题。

（二）加强文博场馆建设，增加博物馆、纪念馆内生文化力量

博物馆事业是一项具有重要社会价值的公益性文化事业，承载着文化传承、文化育人、文化强国的重要使命，为社会成员提供了宝贵的精神文化营养。新中国成立以来，尤其是改革开放以来，我国博物馆事业获得了长足的发展。据国家文化部副部长、国家文物局局长励小捷在2014年世界博物馆日主场活动开幕致辞中透露，2013年我国博物馆数量已达4165家，比上年增长299家。据文化部统计，全年接待观众数量超过6亿人次，同比增长13.1%，[1]呈现蓬勃发展的喜人态势。但是，由于历史原因和现实条件的制约，各地博

---

[1] 中国博物馆数量达4165家，参观人数超6亿[EB/OL]. 新华网：http://news.xinhuanet.com/2014-05/18/c_11 10740690.htm.

物馆的发展很不均衡，主要表现为：地区分布不均，各地博物馆数量与水平与经济发展程度成正相关，落后地区博物馆发展较慢，博物馆子类分布不均，以传统意义的博物馆为主，人物类纪念馆比例偏小，且因其天然的地理属性限制（一般建在纪念人物的出生地、就读学校或工作地等），地区分布的差异化特征显得尤为明显；各地博物馆规模大小不一，多数场馆馆藏数量有限，基本陈列可视性不强，加之受理念、经费等条件制约，长期处于单一化运行状态，既难以吸引观众，更难以招揽"回头客"。很多场馆并没有发挥应有的社会教育功能，尚不能满足服务社会、建设社会主义文化强国的需要。

博物馆不仅是历史文化记忆的宝库，也是广大人民群众借以认识过去、把握现在、探索未来的教育机构，是传播和弘扬先进文化，倡导社会清正风气的舆论阵地，肩负着用优秀文化资源凝聚人心、引领风尚，保障人民群众基本文化权益、提高人民群众文化意识和文化素质、构筑社会进步和谐的使命。励小捷指出，国家文物局为此开展了完善博物馆青少年教育工作的试点，希望全国博物馆为未成年人提供更多更好的展示与教育服务。文博界已经先入为主，现在应是教育界有所回应的时候。

（三）主动对接，馆校联动，充分利用博物馆、纪念馆文化育人资源

学校应该主动对接博物馆、纪念馆，自觉开辟以博物馆、纪念馆展陈为对象的校外课堂。作为中小学教育的第一责任人，广大中小学校长责无旁贷，应该树立全新教育理念，摈弃局限于课堂教育、指标化管理与书本知识为主体的传统应试型教育、校本教育（school-based education）模式，积极搭

身引导青少年学参观博物馆、纪念馆展陈活动、积极开辟第二课堂系列活动之中，这既是对博物馆、纪念馆事业的必要支持，更是对教育事业的自觉担当。

学校应充分利用课余时间和节假日，鼓励和引导越来越多的学生走进博物馆、纪念馆，热爱文博场馆，感受文化与艺术的气息，获取科学与自然的知识，领受社会与人文的教益。为此，有必要调整学校的管理理念与考核指标，将学生参观博物馆、纪念馆纳入学生成长记录的指标体系之中。首先，应将以人物纪念馆社会教育纳入青少年教育体系，实行社会教育与家庭教育、课堂教育并行发展的三轨合一制教育体系。其次，应将接受纪念馆专题展览教育纳入学校管理与评价体系之中，实行校馆对接，开展"请进来，走出去"等系列教育活动。最后，应将纪念馆社会教育纳入中小学校长考核体系，做到有章可循，确保有关工作的常态化机制化有序化，避免形式主义。

值得一提的是，上海市教委对此正在进行有益的探索与实践。2014年6月，市教委青少年学生校外活动联系会议办公室在全市中学生中开展了"文化根、民族魂、中国梦——'进馆有益'微课题研究论文竞赛活动"。本次活动旨在配合暑假期间学生拓展性、研究性学习活动的深入开展，充分挖掘博物馆、纪念馆丰富的人文和科技资源，探索馆校结合，引导学生开展自主性、研究性学习。[1] 目前，该项活动已经圆满结束，在有关博物馆开设对应性专题展览的有力支撑与大力配合下，[2] 竞赛活动取得了良好的效果，达到

---

[1]市校外联办关于开展"文化根、民族魂、中国梦——进馆有益"微课题研究论文竞赛活动通知［EB/OL］.易班博雅网：http://www.21boya.cn/dianping/news/detail? type=0&id=1180.
[2]上海市中学生暑期"进馆有益——微课题研究"课题指南［EB/OL］.易班博雅网：http://www.21boya.cn/dianping/news/detail? type=0&id=1179.

了预期的目标,可以说,这在全国文博界和教育界都是一次具有引领效应和借鉴意义的创新尝试,开了馆校结合、学校教育与社会教育有效对接互动的先河。其成功的经验和模式值得各地在教育实践中根据区域博物馆特征和教育发展状况不断推广。

四、结语

在中国共产党百年伟大奋斗历程中,涌现了许许多多功勋卓著、可歌可泣的先进人物。他们谱写了气壮山河、永载史册的历史篇章,成为一段历史的参与者、见证者和书写者,堪称时代楷模。人物类博物馆作为先进人物的纪念地,发挥着见证历史、记录时代、传播先进文化、弘扬社会主义核心价值观重要使命。在此意义上,一部新中国人物类博物馆的建设史,既是中国博物馆事业一百多年发展历程的缩影,也在很大程度上融入了中国共产党的发展历程,成为党史重要组成部分。

党的十九大报告指出,"人民有信仰,国家有力量,民族有希望。要提高人民思想觉悟、道德水准、文明素养,提高全社会文明程度。广泛开展理想信念教育,深化中国特色社会主义和中国梦宣传教育,弘扬民族精神和时代精神,加强爱国主义、集体主义、社会主义教育,引导人们树立正确的历史观、民族观、国家观、文化观"。[①] 人物纪念馆陈列展览体现了社会先进人物集民族精神与时代精神于一身的丰富正能量,是适应国家文化战略需

---

① 习近平. 决胜全面建成小康社会夺取新时代中国特色社会主义伟大胜利——在中国共产党第十九次全国代表大会上的报告[N]. 人民日报,2017-10-18.

求，增强文化自觉和文化自信的宝贵财富，同时也是加强青少年社会教育、推动和促进社会文明、进步、发展的优质教育资源。人物纪念馆承载着文化保护、文化展示、文化传承与文化育人多维使命。实现人物纪念馆与中小学校的"联姻"，合力打造信息互通、资源互享、优势互补、互利互惠社会教育平台，应该成为文博界和教育界共同的事业追求与理想归宿。

基于思想政治工作的科技名人档案社会化服务研究

党的十八大以来,以习近平同志为核心的党中央从党和国家事业发展全局的战略高度,对新时期思想政治工作的使命、目标、原则和任务进行了一系列深刻阐述,提出了明确的工作要求和目标任务,为实现新时代党的历史使命提供有力思想支撑。2018年8月,总书记在全国宣传思想工作会议上指出,中国特色社会主义进入新时代,必须把统一思想、凝聚力量作为宣传思想工作的中心环节;宣传思想工作是做人的工作的,要把培养担当民族复兴大任的时代新人作为重要职责;重中之重是要以坚定的理想信念筑牢精神之基。① 随着国家各项事业蓬勃发展和社会文明程度日益提高,档案文博事业在国家文化建设中的地位和作用日益突出,成为推进文化育人、建设文化强国的重要依托。科技名人档案作为一种独特的档案门类,因其丰富的价值内涵,在思想政治工作和精神文明建设中发挥着一般文化载体无可替代的作用。笔者基于新时期党的思想政治工作现实需求与战略任务,探讨科技名人档案社会化服务的功能发挥及其机制构建路径,以期更好实现科技名人档案

---

① 周慧琳.把统一思想、凝聚力量作为宣传思想工作的中心环节[EB/OL].求是理论网:http://www.qstheory.cn/dukan/qs/2018-09/01/c_1123362576.htm.

的社会价值。

一、提高科技名人档案社会化服务能力的时代需求与现实召唤

实现科技名人档案的社会化，发挥科技名人档案服务国家经济社会发展的功能，根本动因在于弘扬科学家精神和落实立德树人根本任务两大"现实刚需"。科学家精神是科技名人档案内在价值和历史价值的体现，而发挥立德树人功能则是科技名人档案外在价值和现实价值的召唤。

（一）科技名人档案与科学家精神的价值关联

科技名人，或称科技精英，是为我国经济增长、社会发展和文明进步作出杰出贡献的科学家群体或个人，是广大科技工作者的杰出代表和社会的宝贵财富。习近平总书记指出，科学家是"干惊天动地事，做隐姓埋名人"的民族英雄。如果说科学技术是第一生产力，那么，工作在科技一线的科技名人则是第一生产力的首要创造者。

所谓科技名人档案，是指"反映科技名人成长经历、学术活动、科学成就、社会贡献，以及家庭与社会活动等各种具有保存、查考和利用价值的历史记录"。[①]科技名人档案以笔记、文稿、信札、证书与证件、影像与照片、生活物品等各种档案（包括实物档案）形式，记载着档主的成长轨迹、科学历程和社会活动，成为反映他们人生事迹、职业成就、社会声誉的原始记录和主要载体。尤其对已故科技名人而言，档案成为其科学精神和人格魅

---

①汪长明.知识管理：科技名人档案的认知、组织与揭示[J].档案与建设，2016（2）：11-12.

力的现实"投影"和历史影像,是他们留诸后世、昭启后人的"软遗产",在某种意义上也是国家科学进步和社会发展的一面镜子。这些档案既闪耀着科学的光辉,又折射着思想的光芒,还蕴含着精神的力量,是开展思想政治工作和社会主义核心价值观教育的鲜活蓝本和重要教材。各类文博场馆和档案保管单位作为科技名人档案的重要收藏和展示基地,具有面向广大公众开展社会教育的先天性职能优势和资源优势,应该主动发挥面向广大公众尤其是在校学生和青年科技工作者开展思想政治工作的主阵地作用。

加强科技名人档案采集、整理与研究,深入揭示广大科技名人身上折射的以"爱国、创新、求实、奉献、协同、育人"为标志的精神品质和价值追求,既体现了对科学与科学家的双重尊重,有利于科学家精神社会价值的应然回归,又为引导广大在校学生树立崇高理想信念和正确人生观价值观世界观确立了现实参照,还为激励广大科技和教育工作者坚守初心、潜心科研、落实立德树人根本任务提供了资源保障和典范引领。充分发挥科技名人档案的社会化服务功能,对于加强社会主义核心价值体系建设、推进国家治理体系和治理能力现代化等,具有重要现实意义和深远战略意义。

(二)落实立德树人根本任务对档案社会化服务的现实召唤

2019年6月中共中央办公厅、国务院办公厅联合印发的《关于进一步弘扬科学家精神加强作风和学风建设的意见》指出,要高度重视"人民科学家"等功勋荣誉表彰奖励获得者的精神宣传,大力表彰科技界的民族英雄和国家脊梁。《意见》要求,关于科学家精神教育,"要推动科学家精神进校园、进课堂、进头脑";关于科学家档案利用,"要系统采集、妥善保存科学家学术成长资料，深入挖掘所蕴含的学术思想、人生积累和精神财富"；关于宣传科学家精神开展社会教育，"要建设科学家博物馆……依托科技馆、国家重点实验室、重大科技工程纪念馆（遗迹）等设施建设一批科学家精神教育基地"。① 笔者秉持"科学家精神进校园、进课堂、进头脑"现实情怀和问题意识，着眼科学家精神挖掘、研究和利用，更好服务社会发展需要，可以说是在学术层面响应中央有关文件精神的实际行动。

习近平总书记指出："办好中国特色社会主义大学，要坚持立德树人，把培育和践行社会主义核心价值观融入教书育人全过程。"② 本研究以各级文博场馆馆藏科技名人档案为研究对象，拟对其在新时期思想政治工作中的作用和功能进行研究，为加强思想理论教育和价值引领、落实立德树人根本任务、加强社会主义核心价值体系建设注入新的源头活水，更好地服务于新时代中国特色社会主义建设。

二、科技名人档案社会化服务目标框架

档案是历史的凭据、决策的参考。习近平总书记在中共中央政治局第十八次集体学习时强调，对待历史，我们要牢记历史经验、为推进国家治理体系和治理能力现代化提供有益借鉴。③ 科技名人档案既是科学家个人生平

---

① 中共中央办公厅国务院办公厅印发《关于进一步弘扬科学家精神加强作风和学风建设的意见》[EB/OL]. 中国政府网：http://www.gov.cn/zhengce/2019-06/11/content_5399239.htm.
② 万鹏，赵晶，沈王一. 习近平谈高等教育：把立德树人作为中心 把思政工作贯穿全程[EB/OL]. 人民网：http://cpc.people.com.cn/xuexi/n1/2016/1209/c385474-28938271.html.
③ 习近平：牢记历史经验历史教训历史警示为国家治理能力现代化提供有益借鉴[EB/OL]. 新华网：http://www.China news.com/gn/2014/10-13/6673897.shtml.

的见证，很大程度上也是国家经济社会发展的记录和产物，是党史国史的重要组成部分。让那些作为历史凭证且不可替代的科技名人档案回归社会、服务社会，是其实现社会价值并被赋予其新的生命力的有效途径，也是国家发展的现实需求。

（一）为弘扬民族精神和时代精神提供历史镜鉴

爱国和创新是科学家精神的重要内涵。不爱国，谈不上"精神"；不创新，无所谓"科学"。中国科学家是以爱国主义为核心的民族精神的自觉践行者和以改革创新为核心的时代精神的生动诠释者。档案无声胜有声，让尘封的科技名人档案触手可及、走近公众，让鲜活的科技名人故事触及人心、走进时代，既赋予档案以新的生命，又为社会发展和时代进步提供了新的精神力量。一封钱学森的回国求援信，倾注着一位留美青年科学家"冲破藩篱归故国"的赤胆忠心，堪称一部爱国主义的光辉诗篇；一份钱学森起草的《建立我国国防航空工业意见书》，凝聚着党和国家领导人对钱学森的充分信任，体现了他卓尔不群的科学智慧和战略视野，成为新中国航天事业的奠基之作。而另一位"两弹一星"功勋科学家郭永怀牺牲时留下的那个公文包，则诠释着他用生命守护科学事业、用热血捍卫国家使命的壮烈情怀……发生在老一辈科学家身上如此种种感人肺腑的故事见诸档案传诸后世，它们既是科学家本人人生历程的直接"信物"，也是新中国科技事业的缩影和时代进步的历史镜像，具有历久弥新的时代价值。

（二）为推进科技强国战略和建设创新型国家提供思想支撑

科技名人档案是科技名人学术成长、科学实践和社会活动的真实记录，承载着科学家的科学历程、创新实践、思想轨迹和价值情怀，蕴含着永不磨灭的科学文化，成为维护和传承社会记忆的重要载体。而对已故科学家而言，他们留给世人的科学遗存在某种意义上称得上是他们"科学生命"的延续，成为其以另一种形式继续服务社会的物质载体和精神符号。正因如此，科技名人档案的价值生命不因档主的自然生命终结而终结，而是具有经久不衰的生命力，可以激发勇于追求真理、崇尚科学创新的社会氛围，为科学传承与创新、建设创新型国家、推进科技强国战略提供宝贵的思想支撑。

（三）为科学家精神传承和社会主义核心价值体系建设提供价值引领

加强科技名人档案的开发利用，增强档案服务社会、服务新时期思想政治工作，是贯彻中央有关文件和中央领导同志重要指示精神的现实需要。中共中央办公厅、国务院办公厅《关于进一步弘扬科学家精神加强作风和学风建设的意见》明确提出，要大力弘扬广大科技工作者胸怀祖国、服务人民的爱国精神，勇攀高峰、敢为人先的创新精神，追求真理、严谨治学的求实精神，淡泊名利、潜心研究的奉献精神，集智攻关、团结协作的协同精神和甘为人梯、奖掖后学的育人精神。[1] 科技名人档案中蕴含着他们以"爱国、创新、求实、奉献、协同、育人"为特质的科学家精神的重要"物证"，是弘扬科学家精神、推进社会主义核心价值体系建设的"生动教材"，具有一般教材难以比拟的教育价值。

---

[1] 中共中央办公厅国务院办公厅印发《关于进一步弘扬科学家精神加强作风和学风建设的意见》[EB/OL].中国政府网：http://www.gov.cn/zhengce/2019-06/11/content_5399239.htm.

（四）为立德树人和培养社会主义建设者和接班人构建精神支点

所谓思想政治教育，是"基于思想矫正、知识输送、价值观引导与道德塑造，面向在校学生进行符合社会公共标准的精神动员和情感组织，使其成为符合社会需要的人的教育实践活动"。① 中共中央国务院《关于加强和改进新形势下高校思想政治工作的意见》为中国特色社会主义进入新时代的历史背景下推进高校思想政治工作提供了新的理论指引和实践指南。其中指出："加强和改进高校思想政治工作，事关办什么样的大学、怎样办大学的根本问题，事关党对高校的领导，事关中国特色社会主义事业后继有人，是一项重大的政治任务和战略工程。坚持把立德树人作为中心环节"，②"把立德树人融入思想道德教育、文化知识教育、社会实践教育各环节"。③ 习近平总书记在全国高校思想政治工作会议和全国教育大会上的讲话中指出，"高校思想政治工作关系高校培养什么样的人、如何培养人以及为谁培养人这个根本问题。要坚持把立德树人作为中心环节"，④"把思想政治工作贯穿教育教学全过程，实现全程育人、全方位育人"；⑤"教育必须把培养社会主义建设者和接班人作为根本任务，培养一代又一代拥护中国共产党领导

---

① 汪长明.印度学校思想政治教育研究［J］.南亚研究季刊，2017（3）：100.
② 中共中央国务院印发《关于加强和改进新形势下高校思想政治工作的意见》［N］.人民日报，2017-02-28.
③ 习近平：把思想政治工作贯穿教育教学全过程［EB/OL］.新华网：http://www.xinhuanet.com//politics/2016-12/08/c_1120082577.htm.
④ 习近平：把思想政治工作贯穿教育教学全过程［EB/OL］.新华网：http://www.xinhuanet.com//politics/2016-12/08/c_1120082577.htm.
⑤ 中共中央国务院印发《关于加强和改进新形势下高校思想政治工作的意见》［N］.人民日报，2017-02-28.

和我国社会主义制度、立志为中国特色社会主义奋斗终身的有用人才"。[①]总书记的讲话为新时期高校思想政治工作和高等教育事业提供了战略指引，也为档案文博事业高质量发展提供了根本遵循。

科技名人档案既是文化知识教育的厚重教材，也是思想道德教育的有益读本，在立德树人和培养社会主义建设者和接班人方面占有重要一席之地。增强科技名人档案面向高校思想政治工作的服务功能，对在校大学生而言，可以增强他们追求真理、献身科学、报效祖国远大理想信念的塑造，在实践上可以为"全程育人""全方位育人"提供新的突破口；对在校教师和科研人员而言，可以引导和激励他们在教学科研工作中自觉履行立德树人根本使命，"把论文写在祖国大地上"，努力培养社会主义建设者和接班人，为高等教育事业贡献自己的应有力量。

（五）为文博事业发展和社会主义文化建设注入科学内涵

科学家档案主要留存在科研管理单位（如各级档案局）、科研机构的档案编研部门和档案文博场馆（如人物纪念馆、档案馆、校史博物馆、行业纪念馆等），而科研管理单位保管的档案因各种因素，对社会而言处于被动服务的"沉睡"状态，使得真正面向广大公众提供社会化服务的仅为各级文博场馆（以人物纪念馆为主）。目前，我国人物纪念馆在博物馆家族中尚处于弱势地位、属于"小众"，且主要以领袖人物、革命人物和文化名人为主，科学家纪念馆屈指可数。这使得总体上，我国科技名人档案社会化利用程度

[①] 习近平：把思想政治工作贯穿教育教学全过程［EB/OL］.新华网：http://www.xinhuanet.com//politics/2016-12/08/c_1120082577.htm.

不高，没有很好地发挥其应有的社会价值，与科学家对我国科技事业进步和经济社会发展所做的贡献显然不符。档案是记录科学家生平事迹、科学历程和反映其精神风范、思想境界的主要形式，也是已故科学家留给后人的主要遗存，具有重要历史价值和科学价值。通过加强以科学家为主的科技名人纪念场馆建设，充分发挥科技名人纪念馆的公共文化服务、优秀文化传承和先进思想引领阵地作用和科技名人档案的社会教育功能，可以为文博事业发展和社会主义文化建设注入科学内涵，促进科学文化繁荣。①

三、科技名人档案社会化服务机制系统

科技名人档案因其独特的价值而具有服务社会的多维功能，如何全面认识、合理开发并充分利用科技名人档案的"公共服务力"，既离不开各级政府部门、不同行业领域齐抓共管，也需要全社会积极参与，形成科技名人档案服务社会的强大合力。

（一）科技名人档案价值生成机制②

科技名人档案具有标本价值、激励价值、教育价值、镜像价值、史学价值五大价值领域。

1. 以档资政：科技名人档案的标本价值。档案是科学家学术生命的见证，是他们学术成长、科学历程、职业成就的真实记录。通过梳理、研究档案，可以还原并揭示科技精英个体成长的独特经历和影响因素。而通过对一

---

① 汪长明.发挥科技名人档案的社会化服务功能［N］.学习时报，2020-05-22.
② 汪长明.要注重发挥科技名人档案的价值［N］.中国档案报，2017-08-24.

定规模和数量科技名人人生经历的群体性探索，化个性特征为共性规律，可以探寻科技人才成长的规律性因素，为国家科教兴国和人才强国战略的实施、科技政策的制定和教育体制改革的推进等提供有价值的现实借鉴和决策参考。

2. 精神激励：科技名人档案的激励价值。在我国，科技名人档案蕴含着为国家做出突出贡献的科技精英求真务实、严谨笃学、开拓创新、无私奉献、献身科学的崇高精神品质。基于社会化服务导向，开发那些具有代表性身份的科技精英留存的档案资源，有利于激励后人追崇楷模、崇尚英雄的荣誉感，爱岗敬业、奋发有为的使命感和报效祖国、服务人民的责任感；有利于在全社会营造尊重知识、尊重科学、尊重人才、尊重创造的良好社会氛围，让科学家成为令人敬仰的崇高职业；有利于学术传统薪火相传、科学创造光耀时代，由此激励广大在校学生奋发图强，为将来报效祖国、实现自己人生价值不懈奋斗。

3. 以档育人：科技名人档案的教育价值。科技名人档案是一座知识的富矿、文化的宝藏，不仅成为一个国家科技发展的重要见证和珍贵记录，而且通过不断开发与利用，还可以为社会提供用之不竭的教育资源，堪称科学知识普及、科学精神传承和科学文化教育活的教科书。要发挥教育作用需对其进行"双重活化"：一方面，对不为人知的"沉睡档案"进行唤醒，将其呈现给观众，使观众可知可感可触；另一方面，以档案为媒介，通过档案内容（以文字为主）与观众进行信息互动，使档主"活化"并跨越时空与公众进行对话。将经"活化"的科技名人档案中蕴含的科学知识、求知精神、科学信仰、价值情怀等传达给受众,有利于推进科学知识普及、科学精神弘扬与传播,以及科技创新教育,从而促进社会学术环境净化、文化氛围营造和道德体系构建,更好激励人才培养与成长。

4. 科学传承:科技名人档案的镜像价值。科技名人往往是某一专业、某一学科的领军人物,在某所属科学领域做出了开创性重大贡献。他们的人生历程、学术经历、科学成就等,成为这些领域和学科发展的重要标志,是一个时代的重要缩影和一个社会的珍贵镜像。开展科技名人档案史料整理与研究,可以梳理出这些学科与专业的科学技术发展脉络与演进轨迹,通过规律性探索人才尤其是科技创新人才培养机制,藉此激励广大在校学生尤其是大学生树立献身科学事业远大理想,更好地推动并服务于科学的传承与发展。

5. 存史鉴今:科技名人档案的史学价值。马克思指出,科学是推动经济和社会发展"历史的有力的杠杆",是"最高意义上的革命力量"。科学家档案从不同侧面、不同视角折射、反映出某一历史阶段、某个国家或地区的科技进步、经济发展与社会变迁,具有科技文明史、经济发展史、社会变迁史意义上的史证价值。加强科学家档案的开发利用,可以激活其中蕴含的丰富史学资源,以史鉴今、以史资治、以史辅政,更好地为当代社会发展服务。

(二)科技名人档案功能发挥机制

科技名人档案为我国科技、经济和社会各项事业发展烙下了坚实历史印记,是各级管理部门、高等院校、科研机构、企事业单位等参与国家经济建设的重要见证。这些档案对于面向广大公众尤其是科技和教育工作者、大中小学生开展思想政治教育,具有得天独厚的资源优势,是其社会价值的重要实现途径。①

1. 开展科学教育，展示科学之美。科学是人类探索未知、揭示奥秘、认识本质的社会实践活动，充满着无穷的美学元素。科学之美"包括独创性、统一性、和谐性和简单性四个方面"，②但"科学之美是一种客观的美、无我的美。换言之，这种美不因人类的存在才存在"。③因此，不断发现科学之美、认识科学之美，就成为人类自古以来尤其是进入文明社会以来科学探索及与之相关的社会实践活动之重要使命。科技名人档案是科技名人科研成果及精神品质方面展现的科学之美的化身。通过开展科学教育，向受教育者深入揭示其中蕴藏的科学之美，既能让其学到既奥妙无穷又丰富有趣的科学知识，还能使其得到科学美的熏陶和感染，从而以知识传达、科学教育的形式带动和促进受教育者思想境界和认识水平的提升，推动社会文明程度的整体提高。

2. 塑造理想信念，补足精神之钙。科技名人档案作为科学的物化载体，同步、真实地跟踪记录了科技名人的生平、事迹、活动，并由此折射出人物身份的代表性、科学事迹的典型性、崇高精神的示范性及价值引导的正向性，成为社会全体成员所认可、追崇的公共正向资源，为思想政治教育提供了鲜明的导向和指引。各级学校尤其是高等院校应不断挖掘、唤醒和激活"沉睡"在本校档案馆、校史馆、纪念馆、博物馆中的科技名人档案，通过开展校史、科技史研究进行软资源开发和价值引领，主动为在校学生"塑造

---

①汪长明.开发高校科技名人档案抢占思想政治教育高地［N］.中国档案报，2017-05-29.
②李醒民.论科学家的科学良心：爱因斯坦的启示［J］.科学文化评论，2005（2）：92.
③杨振宁.科学之美与艺术之美［N］，光明日报，2015-02-12.

理想信念,补足精神之钙"、夯实牢固的思想政治基础提供服务,使其成为学生思想政治教育的近水楼台。

3. 弘扬民族精神,培育爱国之情。科技名人档案既具有科技属性,又具有教育属性;既体现了学校的办学特色,又彰显了国家发展和社会进步的真实面貌;既完整、客观呈现了学校的艰难创业历程及不断发展、改革、创新的坚实足迹,又真实、生动记录了学校广大教师和科研工作者献身科学事业、立足本职岗位、对接国家需求、勇于开拓创新、淡薄功名利禄等高尚情操和爱国情怀,是面向在校学生进行以校训、校规、校情、校史教育为主的集体主义和以爱国主义为核心的民族精神教育的鲜活教材。

4. 彰显求真精神,激发报国之志。通过不断挖掘科技名人档案中蕴藏的创新意识、开拓精神、家国情怀、高尚情操等"有灵魂的东西",充分发挥其教育功能,将科学知识融入读者书本知识之中,将科学精神融入个人价值追求之中,将科学教育融入社会教育体系之中,将科学信仰融入国民精神血脉之中,可以为受教育者理想信念的塑造、道德情操的培养及全社会价值体系的构建提供具有说服力和感染力的生动蓝本,更好地激励人才的成长,从而实现科学创新与传承。

5. 凝聚青春力量,砥砺效国之能。对于各级学校而言,作为校友身份的科技名人事迹能够引发在校学生的情感共鸣、心灵震撼和灵魂触动。通过对学校尤其是高等院校馆藏科技名人档案史料进行社会化开发与利用,可以增强在校学生的集体荣誉感、对母校的认同感,并将其内化报效祖国的能量积聚,激励其自觉将个人理想信念和价值追求与国家发展需要相结合,为其日后更好地献身国家经济社会发展等各项事业提供精神支撑。

6. 践行文化育人，传承大学之道。党的十九届四中全会提出，坚持和完善繁荣发展社会主义先进文化的制度，巩固全体人民团结奋斗的共同思想基础，必须"加强和改进学校思想政治教育，建立全员、全程、全方位育人体制机制"。①在思想政治教育体系和人才培养体系中，高等院校均处于"塔顶"位置，举足轻重。对高校而言，馆藏校友科技名人档案集中体现了他们以无私奉献为荣耀、以探索未知为追崇、以开拓创新为己任、以爱国荣校为担当、与国家命运共荣辱的崇高精神境界和职业情怀。这些宝贵的价值理念既是大学精神、教育理念、办学成就和社会贡献的真实写照，也是面向在校学生开展校情校史教育和激发广大教师职业情感的生动教材，在传承大学精神、加强校园文化建设、发挥文化育人功能方面发挥着独特的作用。

（三）科技名人档案开发利用机制

实现科技名人档案的社会价值最大化，既离不开科学家档案保管与服务单位的服务职能优化与工作机制创新，也离不开文博、宣传、教育、出版等有关部门的协同努力。应通过社会合力的塑造，努力构建科技名人档案社会化服务意识不断提升、利用效果日益凸显的良好生态。

1. 开展档案采集，夯实资源基础。档案是活的历史，档案的社会价值在于"活起来"，能为社会所利用。习近平总书记指出，必须坚持正确历史观、加强规划和力量整合、加强史料收集和整理、加强舆论宣传工作，让历

---

①中共中央关于坚持和完善中国特色社会主义制度推进国家治理体系和治理能力现代化若干重大问题的决定［N］.人民日报，2019-11-06.

史说话,用史实发言。① 为此,通过开展科技名人档案知识采集工程,丰富科学档案资源,激活其中蕴含的思想价值和精神内涵,夯实科技名人档案社会化服务资源基础,成为其社会价值实现的必然要求,是基于思想政治工作的科技名人档案社会化服务之根本保障。

2. 建立爱教基地,强化社会教育。建立以开展思想政治工作为核心功能、以开展社会教育为基本职能的爱国主义教育基地,是文博场馆尤其是人物类纪念馆的主要社会职能。为此,有必要加大科学与科技名人纪念场馆建设,面向社会开展爱国主义教育。通过举办陈列展览、开展各种形式的社会教育,对其进行"活化",使人物在档案中"再生",让档案走进公众、跟公众对话、走进公众心灵,提振和弘扬民族精神,增强民族凝聚力。

3. 整合文博资源,发挥集成效应。科技名人档案跨越档主生平不同年代、涵盖不同学科领域和不同工作单位,档案保管因各单位编研机制和服务方式的不同而显得分散、无序,且很多科技名人具有海外学习和工作经历,档案"国际化"特征比一般人物档案更为明显。为此,有必要以系统思维和集成方法,在国家层面加强对科学家档案资源社会化服务的顶层设计,实现其社会利用效果最大化。可以通过成立以文博场馆为基本单元的科技名人档案联盟、以历史大事编年为统领整合科学家群体档案等。同时,还可建立国家级科学(家)档案数据总库(数字化社会服务平台),实现实体档案与数字档案融合发展,消除档案服务功能发挥的时空限制,拓展受众利用率和社

---

① 习近平:让历史说话用史实发言 深入开展中国人民抗日战争研究[EB/OL].人民网: http://cpc.people.com.cn/n/2015/0731/c64094-27393899.html.

会效率。

4. 开发思政教材，实现档案育人。2019年11月中共中央、国务院印发的《新时代爱国主义教育实施纲要》明确提出，要充分发挥课堂教学的主渠道作用，将爱国主义精神贯穿于学校教育全过程，推动爱国主义教育进课堂、进教材、进头脑，培养学生的爱国情怀。① 档案育人是科技名人档案社会化服务的根本出发点和核心价值，而爱国主义教育则是档案育人的核心内涵和关键着力点。进行以爱国主义为核心、以思想政治教育为导向的科技名人档案教材开发，是发挥科技名人档案思想政治教育功能的重要途径。开设面向在校学生的通识课程、编写科技名人档案爱国主义教材、开发服务广大公众的科学家精神通识读本、编写主要面向各级干部培训学校及其培训基地（党校、干部学院等）以党性教育为指向的干部培训教材等，可以充实和完善思想政治工作的内涵、方法、机制与效果，提高全社会思想道德素质和科学文化素质。

5. 加强舆论宣传，弘扬科学精神。弘扬科学家精神不能坐而论道，要言之有物、直击人心。《关于进一步弘扬科学家精神加强作风和学风建设的意见》指出，弘扬科学家精神，要从大力宣传科学家精神、创新宣传方式和加强宣传阵地建设三个方面，"加强宣传，营造尊重人才、尊崇创新的舆论氛围"。② 宣传科学家精神，科技名人档案无疑是最接地气、最能触动公众心灵的一道"硬菜"。在思想政治工作方面，可以结合国家重大宣传活动和主

---

① 中共中央 国务院印发《新时代爱国主义教育实施纲要》[EB/OL]. 新华网：http://www.xinhuanet.com/politics/2019-11/12/c_1125223796.htm.
② 中共中央办公厅国务院办公厅印发《关于进一步弘扬科学家精神加强作风和学风建设的意见》[EB/OL]. 中国政府网：http://www.gov.cn/zhengce/2019-06/11/content_5399239.htm.

题教育，开展科学家精神宣讲与传播（如中国科协开展的中国科学家精神报告团巡回宣讲活动）；运用小说、诗歌、戏剧、漫画、影视剧、微视频等多种艺术形式，讲好科技名人科学报国故事（如上海交通大学钱学森研究中心编写的歌颂钱学森诗词集《学森颂》及《钱学森精神读本》《翰墨高风——钱学森图书馆馆藏钱学森书画作品集》）；编排创作演出反映科学家精神的文艺作品（如上海交通大学编排的校园原创话剧《钱学森》、钱学森图书馆创作的音舞诗剧《仰望星空》）；有条件的文博场馆和有关单位，围绕科学家精神某一特定主题，开展专题研究与学术研讨，定期推出有关主题展览等等，打出科学家精神宣传"组合拳"，全方位创新青少年思想政治教育手段，营造尊重科学、尊重科学家、弘扬科学家精神的良好社会氛围，让科学家崇高精神品质和价值追求在公众心里落地生根。

6. 推进学术出版，助力文化繁荣。无论在档案文博界还是在档案学领域，科技名人档案均尚未形成一个具有明确"身份标签"的档案门类。科技名人档案作为人类认识科学规律并通过科学实践改造社会的历史记录，是科技名人科学智慧和学术智慧的结晶，是社会宝贵的精神财富，因而，科技名人档案也是一种文化，是"档案文化"的重要组成部分。加强科技名人档案科学研究和学术出版，一方面有利于强化科技名人档案在文博系统的学术地位，增强档案学、科技史、政治学等学科建设，为大德育教育体系的构建和创新型人才培养提供学科支撑；另一方面有利于通过学术研究促进文化繁荣、增强文化自信和国家文化软实力，助力社会主义核心价值体系建设和文化强国建设。

科技名人档案的思想政治教育功能研究

党的十八大以来，以习近平同志为核心的党中央，从党的执政地位是否稳固和社会主义事业兴衰成败的战略高度，把高校思想政治工作摆在十分突出的位置。为适应国内国际形势的深刻变化，2017年2月，中共中央国务院印发《关于加强和改进新形势下高校思想政治工作的意见》。其中指出："加强和改进高校思想政治工作，事关办什么样的大学、怎样办大学的根本问题，事关党对高校的领导，事关中国特色社会主义事业后继有人，是一项重大的政治任务和战略工程。"[1]这一科学论断为党的思想政治工作理论增添了新的内涵，注入了新的力量，赋予了新的生机，为新形势下高校思想政治工作尤其是在校大学生思想政治教育提供了新的理论指引和实践指南。为此，应通过推进理念思路、内容形式、方法手段创新，不断增强工作的时代感和实效性，开创新时期高校思想政治工作的新局面。

随着国家科技事业的发展和社会档案意识的增强，特别是近年来中央关于加强和改进大学生思想政治工作系列文件的颁布与贯彻落实，包括高校档

---

[1] 中共中央国务院印发《关于加强和改进新形势下高校思想政治工作的意见》[N].人民日报，2017-02-28.

案与文博机构利用馆藏资源开展大学生思想政治教育的责任日益突出。[①] 科技名人档案作为一种重要的档案形态，对其收集、整理、研究与利用的重视，正在促使其回归应有的社会价值定位。本文基于高校馆藏科技名人档案的开发和社会化服务，对其在大学生思想政治教育中的作用和功能进行初步探讨。

一、科技名人档案与思想政治教育的价值关联

科技名人是科学家群体中科学成就和学术地位最突出，公众认可度和社会影响力最高，对社会发展和人类进步所产生影响最大的精英群体。科学技术是推动人类社会发展进步的第一生产力，而科技名人则是第一生产力的首要创造者。科学家在参加科研生产、学术研究和社会活动中形成的各种档案文献，呈现着他们创造和发展生产力、推动社会与人类文明进步的真实面貌，对于追溯科学家开展科学探索实践，还原其科技人生及国家科技与社会发展历程，起着无可替代的作用。

所谓科技名人档案，是指"反映科技名人成长经历、学术活动、科学成就、社会贡献，以及家庭与社会活动等各种具有保存、查考和利用价值的历史记录"。[②] 与一般的文书档案、专门档案、声像档案、电子档案、实物档

---

①尤其是2004年8月26日中共中央国务院颁布《关于进一步加强和改进大学生思想政治教育的意见》（中发〔2004〕16文），对文博场馆在大学生思想政治教育中的作用予以明确规定："要充分发挥各类博物馆、纪念馆、展览馆等爱国主义教育基地对大学生的教育作用。"
②汪长明.知识管理：科技名人档案的认知、组织与揭示[J].档案与建设，2016（2）：11.

案等相比,①此类档案作为科技档案的一个分支,因独特的或相对明显的知识属性而在直接推动社会发展方面起着更加显著的作用,因而无论就历史价值、科学价值还是社会价值而言,都有着更高的地位。有研究认为,科技名人档案具有标本价值、激励价值、教育价值、镜像价值和史学价值等方面的重要价值。②

思想政治教育是用一定的意识形态、政治观点、思想观念、价值标准、道德规范、行为准则等,对社会成员有目的、有计划、有组织地施加影响,使其成为符合社会需要的人的一种实践活动。高校思想政治教育是思想政治教育的重要组成部分,对于大学生伦理意识、道德观念、文化修养和人文精神的培育并促进其全面发展方面发挥着重要作用。2016年12月7日,习近平同志在全国高校思想政治工作会议上的讲话中指出,思想政治工作事关高校"培养什么样的人、如何培养人以及为谁培养人"这一根本性、战略性、全局性的问题。"要坚持把立德树人作为中心环节,把思想政治工作贯穿教育教学全过程,实现全程育人、全方位育人,努力开创我国高等教育事业发展

---

①关于档案的分类,截至目前,档案学界尚未形成统一的分类标准和体系,但基本可以从档案的形成者(保管单位)、内容性质、载体形式、信息记录方式、信息记录时间、所有权形式、档案种类等七个方面进行划分。例如,按照记录信息方式,档案可分为古代档案、近代档案和现代档案;按照档案所有权形式,档案可分为国家所有档案、集体所有档案和个人所有档案;而按照内容性质,档案可分为立法档案、行政档案、军事档案、外交档案、经济档案、科学技术档案、艺术档案、宗教档案等等。

②汪长明.知识管理:科技名人档案的认知、组织与揭示[J].档案与建设,2016(2):11-12.

新局面。"①

科技名人档案一般依托有关高校和科研单位归档立卷，具有深刻的思想内涵和鲜明的价值导向，蕴含着丰富的思想政治教育资源。尤其是高校馆藏科技名人档案，不但是科学家本人科学成就、学术思想和精神风范的真实写照，而且记录了学校开榛辟莽的创业历程、砥砺奋进的发展轨迹、继往开来的改革风貌、海纳百川的精神气质，还承载着由学风、教风、校风共同塑造的大学历史传统、办学理念、学术品质和文化风格。这些精神财富堪称一个时代的多彩缩影，可窥见一所大学的"文化之斑"，是高校开展思想政治教育的重要本土资源和校本教材。

二、科技名人档案的思想政治教育功能

高校科技名人档案为高等教育事业发展烙下了坚实的历史印记，是高校参与经济社会建设的重要见证。这些档案对于大学生思想政治工作而言，具有得天独厚的资源优势和价值内涵，主要包括六个方面。

（一）开展科学教育、展示科学之美的宝贵资料

科学是人类探索未知、揭示奥秘的社会实践活动，充满着无穷的美，包括独创性、统一性、和谐性和简单性四个方面，② 但"科学之美是一种客观的美、无我的美，换言之，这种美不因人类的存在才存在"。（杨振宁

---

①张烁.把思想政治工作贯穿教育教学全过程 开创我国高等教育事业发展新局面[N].人民日报，2016-12-09.
②李醒民.论科学家的科学良心：爱因斯坦的启示[J].科学文化评论，2005（2）：92.

语）① 因此，不断发现"科学之美"就成为人类自古以来尤其是进入文明社会以来科学探索的重要使命。在推动人类社会发展进步根本性力量的意义上，一部人类社会的发展史就是一部人类的科学发展史，一部人类文明的进步史也就是一部人类的科技进步史。在漫长的历史长河中，科学一直在永不停歇中奋力前行，一直在朝着越来越精彩、越来越美丽的方向前进。破解科学"美的密码"是科学家追求科学真理、探索科学奥秘的本能动力，也是科学本身存在的价值所在。

档案存史留志、见物见人，蕴含着丰富的历史、文化和科学知识，成为人类社会发展、科技进步与文明演进的重要凭证。科技名人档案作为科技名人学术成长、职业成就的"传本"，小而言之，浓缩着科学家职业生涯中最精彩的时刻；大而言之，闪耀着国家科技发展的光辉历程。这些档案呈现出科技名人闪亮多姿的科学足迹、广博深邃的学术思想，是他们科研成果及精神品质方面展现的科学之美的化身。可以说，科技名人档案是科技名人通过静态的文字记录遗诸后世、昭启后人的一种存在方式。在社会价值上，科技名人档案与科技名人本身一样，都是社会的宝贵财富和科学教育的珍贵资料。通过对这些作为历史遗存的档案根据编研与展陈内容设计要求进行序化，并按照陈列语言逻辑将那些科技精英非凡的成长经历、丰富的学术旨趣和卓越的科学成就充分揭示并呈现在在校学生面前，既能让他们学到丰富有趣的科学知识，还能使其获得科学美的熏陶和感染，从而以知识传达、科学教育的形式带动和促进受教育者思想境界和认识水平的提升。

---

①科学之美与艺术之美[N].光明日报，2015-02-12.

（二）弘扬民族精神、培育爱国之情的鲜活教材

高等院校作为知识分子和高层次人才汇聚的场所，智慧荟萃，思想激荡，真知涌现。一所高校尤其是具有悠久历史的百年名校的办学历史，在某种意义上即是一部从救亡图存、教育救国，到国家独立、民族解放，进而追求国家富强、民族振兴、人民幸福中国梦的光辉历史，"蕴含着我们国家和民族的优良革命传统和核心价值观"。[1] 我国高校在长期的办学实践中，培养了一代又一代学界精英、科技翘楚、文化名流和社会贤达。考察这些知名校友的先进事迹，不难发现，他们心怀民族大义与爱国情操，通过不懈努力进入大学殿堂求知，以实现自己的报国梦想；并在以后的科技生涯中自觉将以爱国主义为核心的民族精神和以改革创新为核心的时代精神紧密结合，将以求真务实的科学精神和无私奉献的人文精神统一起来，[2] 为我国的科技进步、教育发展、文化繁荣，为实现中华民族伟大复兴的中国梦贡献自己的力量。他们有的原本在国外深造、工作，在事业有成之际，以国家利益至上，以国家需要为重，响应祖国召唤，放弃国外的优越生活条件和优厚工作待遇，毅然回到贫穷落后的祖国，在艰难困苦的科研和生活条件下创造了大量适应国家经济社会发展需要的科学成就与学术成果；有的长期坚守高校教学、科研一线岗位，"板凳坐得十年冷"，为人才培养、科学研究、社会服务倾注了毕生心血，探索和积累了一系列适应高等教育发展规律和教学改革

---

[1] 王琴华.高校档案蕴藏的思想政治教育功能优势及其拓展[J].学校党建与思想教育，2015（8）：30.
[2] 汪长明.爱国、奉献、求真、创新——解读钱学森精神[J].湖北民族学院学报（哲学社会科学版），2012（1）：153.

需要、为社会发展提供智力服务的成功经验。

高校馆藏科技名人档案作为科技档案的重要组成部分，是我国科技和教育事业的缩影。这些档案既具有科技属性，又具有教育属性；既体现了学校特定时期、一定阶段的办学特色，又彰显了国家发展和社会进步的真实面貌；既完整、客观呈现了学校筚路蓝缕、以启山林的艰难创业历程及不断发展、改革、创新的坚实足迹，又真实、生动记录了学校广大教师和科研工作者献身科学事业、立足本职岗位、对接国家需求、勇于开拓创新、淡泊功名利禄等高尚情操和爱国情怀，是面向在校学生进行以校训、校规、校情、校史教育为主的集体主义和以爱国主义为核心的民族精神教育的鲜活教材。

（三）彰显科学精神、激发求真之志的生动蓝本

科学作为人类文明的成果和现代化进程的助推器，"是一种在历史上起推动作用的、革命的力量"。① 科学的内涵博大精深、异彩纷呈，其核心归结在于"科学是生产力"这一已被人类社会发展实践反复证明的论断所证实。古往今来，人类在劳动实践中丰富和加深对世界的认识，在思考、探索与研究中逐步加深对自然规律和社会规律的理解，在革新与改造中持续发展工具与方法，在学习与传授中继承科学传统、弘扬科学道德、传播科学知识，从而实现科学的不断发展和进步。但是，由于社会生产力不断发展的需要，以及社会生产力不断发展对科技创新的持续需要，科学成果在服务并造福人类的同时，又不断地面临新的问题、提出新的挑战。如此，基于生产力

---

①恩格斯.在马克思墓前的讲话［A］.马克思恩格斯选集（第三卷）［M］.北京：人民出版社，1972：575.

发展与科技创新之间的相互反馈，人类对科学的探索永无止境。

正是在这样的探索中，形成了宝贵的科学精神。科学精神发端于古希腊文明，是一种特别属于希腊文明的思维方式。它关注知识本身的确定性及真理的内在推演，而不考虑知识的实用和功利。① 古往今来，没有任何一种文明像古希腊文明一样，超越了知识的实用性功能，而将兴趣放在知识本身之上，探究知识的确定性问题。爱因斯坦认为，"自然定律的真理性是无限的"；② "科学的目的确切地说就是发现真理"；③ "追求真理的愿望必须优先于一切愿望的原则，是一份最有价值的思想遗产"；④ 因此，"对真理和知识的追求并为之进行的奋斗，是人为之自豪的最高尚的品质之一"。⑤ 这种追求内在性和自主性原则的知识理性精神即科学精神。具体而言，科学精神包括"开拓创新的无畏、不懈追求的坚韧、实事求是的冷静、由表及里的睿智和默默奉献的高尚"⑥ 等要素。随着科学精神的发展和现代大学制度的建立，以创造精神、批判精神、社会关怀精神为核心的大学精神逐步形成。大学精神作为大学的一种办学理念和价值追求，是一所大学的特色、支柱和

---

① 吴国盛.科学精神的起源［J］.科学与社会，2011（1）：94.

② 爱因斯坦.爱因斯坦文集（第一卷）［M］.许良英，等，编译.北京：商务印书馆，1977：523.

③ Moszkowski A. 1921. Einstein: The Searcher, His Work Explained from Dialogue with Einstein. Translated by H. L. Brose. London: Methuen & Co. Ltd.1921：145.

④ 爱因斯坦.爱因斯坦文集（第三卷）［M］.许良英，等，编译.北京：商务印书馆，1979：48.

⑤ 爱因斯坦.爱因斯坦文集（第三卷）［M］.许良英，等，编译.北京：商务印书馆，1979：190.

⑥ 爱心融冰化雪　春染杨柳枝头——本报向全国科技教育工作者祝福新春［N］.科学时报，2008-02-04.

灵魂，是其创造力和生命力的源泉与动因，是科学精神的时代标志和具体凝聚。①

长期以来，人们——甚至包括历史学家和科学家本人——对科学的重要性缺乏足够的认识和应有的尊重，"他们大多数只是从科学的物质成就上去理解科学，而忽视了科学在精神方面的作用。科学对人类的功能决不只是能为人类带来物质上的利益，那只是它的副产品。科学最宝贵的价值不是这些，而是科学的精神。"②科技名人档案既是一座文化的宝藏、知识的富矿，也是科学精神的重要物化载体，扮演着人类科技创新、社会发展和文明进步的仓储角色。通过不断挖掘这些档案中蕴藏的"有灵魂的东西"，深刻揭示他们在科技人生中献身科学、服务人民、报效祖国的先进事迹，以及崇尚科学、追求真理、严谨笃学、求真务实的宝贵科学精神，可以为社会提供弥足珍贵的教育资源。充分发挥科技名人档案的教育功能，将科学知识融入书本知识之中，将科学精神融入价值追求之中，将科学信仰融入精神血脉之中，可以为受教育者理想信念的塑造、道德情操的培养提供具有说服力和感染力的生动蓝本，更好地激励人才的成长，从而实现科学的传承与创新。

（四）塑造理想信念、补足精神之钙的现实参照

"有志始知蓬莱近，无为总觉咫尺远。"理想信念作为人类特有的意

---

① 一般认为，除科学精神外，大学精神还包括人文精神。人文精神指人文知识化育而成的内在于人的主体的精神成果。就一所大学而言，人文精神最重要的方面是指大学在建立和发展的过程中所形成的文化传统的积淀。参见侯长林：《大学是对人文和科学精神的追求》，《现代大学周刊》2008年第35期，第36–37页。
② [美]萨顿.科学史和新人文主义[M].陈恒六，等，译.北京：华夏出版社，1989：1-2.

识形态和精神现象，是人们在一定认识基础上，对某种思想、理论和事业所抱持的坚定不移的观念并身体力行的心理态度和精神状态，也是人们世界观、人生观、价值观在奋斗目标上的集中体现。理想信念包括信仰的力量、真理的力量、精神的力量、忠诚的力量等方面。① 对于社会个体而言，理想信念是一个人的精神支柱和动力源泉。远大的理想、崇高的信念能点燃人生的奋斗激情，激发人们的聪明才智，激励人们奋发向上。反之，"没有理想信念，理想信念不坚定，精神上就会'缺钙'，就会得'软骨病'"。②《中共中央国务院关于进一步加强和改进大学生思想政治教育的意见》明确指出，要以理想信念教育为思想政治教育的核心，深入进行树立正确的世界观、人生观和价值观教育，使大学生正确认识社会发展规律，认识国家的前途命运，认识自己的社会责任，确立为实现中华民族伟大复兴的共同理想和坚定信念。③ 在改革开放进入深水区、各种新的传播形式层出不穷的社会背景下，大学作为各种思想交汇、激荡、碰撞的前沿阵地，在增强面对各种泛自由主义、西方个人主义、无政府主义等错误思潮泛滥和冲击自我抵御能力的同时，应不断探索在校大学生理想信念培育和价值观塑造的新方法、新理念、新途径。

---

①武军威. 理想信念——共产党人的灵魂［EB/OL］. 中国共产党新闻网：http://dangjian.people.com.cn/n1/2016/1018/c117092-28787838.html.

②习近平. 紧紧围绕坚持和发展中国特色社会主义学习宣传贯彻党的十八大精神——在十八届中共中央政治局第一次集体学习时的讲话［EB/OL］. 中央政府门户网站：http://www.gov.cn/ldhd/2012-11/19/content_2269332.htm.

③中共中央国务院发出《关于进一步加强和改进大学生思想政治教育的意见》［N］. 人民日报，2004-10-15.

爱因斯坦说过:"科学对于人类事务的影响有两种方式。第一种方式是大家熟悉的,科学直接地,并且在更大程度上间接地生产出完全改变了人类生活的工具。第二种方式是教育性的,它作用于心灵。尽管草率看来,这种方式不大明显,但至少同第一种方式一样锐利。"[①]这一论述清楚地表明科学在物质文明(物质生产方式)和精神文明(精神生产方式)两个维度对于推动人类社会进步方面发挥的重要功用。科技名人档案作为科学的物化载体,以文字、图表、符号等形式,同步、真实地记录了科技名人的生平、事迹、活动,并由此折射出人物身份的代表性、科学事迹的典型性、崇高精神的示范性及价值引导的正向性等,并为社会全体成员所认可、追崇的公共正向资源,为高校思想政治教育尤其是世界观、人生观、价值观教育提供了鲜明的导向和指引。高校应不断挖掘、唤醒和激活沉睡在本校档案馆、校史馆、纪念馆、博物馆中的科技名人档案,通过开展校史、科技史研究进行软资源开发和价值引领,主动为在校学生"坚定理想信念,补足精神之钙"、夯实牢固的思想政治基础提供服务,使其成为大学生思想政治教育的近水楼台,成为社会主义核心价值观教育的重要平台。

(五)凝聚青春力量、砥砺效国之能的标本案例

爱国之情内化于心,效国之能外化于行。报效祖国是热爱祖国在行动上的具体体现。只有将对祖国的热爱付诸日常学习、工作和生活的点点滴滴之中,爱国才不流于空谈,也才有现实意义。就科学事业而言,法国科学家

[①] 爱因斯坦. 爱因斯坦文集(第三卷)[M]. 许良英,等,编译. 北京:商务印书馆,1979:135.

巴斯德说过："科学无国界，但科学家有祖国。"古往今来，真正为人类社会发展和文明进步做出杰出贡献的科学家，无不以献身科学为追随，以科学报国为己任，无不将崇高的科学精神融入深沉的家国情怀之中。而这也是他们人格魅力、精神风采和科学良心的最高展示与集中体现。"科学无国界要求科学家是国际主义者，而真正的国际主义者必然是真诚的爱国主义者。"① 因此，"科学家应该把所有的力量，献给他的祖国。"著名爱国科学家钱学森院士曾说过如下既朴实无华又掷地有声的话："我热爱我的祖国"；②"我的事业在中国，我的成就在中国，我的归宿在中国"。③这句话成为他热爱并报效祖国情感的自然流露与宣示，也堪称对广大科技工作者的谆谆教诲，具有鲜明的代表性和示范性。

"大学生肩负着国家和民族的希望，大学生的思想政治状况关系到党和国家的前途与命运。"④对于校友一类科技名人而言，其作为历史遗存的档案既是重要校史资源，也是对在校青年学生进行集体荣誉感教育、培养适应社会主义现代化建设需要一代新人的直观而生动的素材。由于校友这一身份带来的天然亲近感和认可度，档案中呈现的校友科技名人为人类科学事业倾注毕生心血并取得了引领社会发展方向、推动国家科技进步的辉煌成就等具有感染力、凝聚力的正能量，能够为在校大学生带来情感的共鸣、心灵的震

---

①张连平.关于科学与爱国的问题[J].江苏社会科学，1991（1）：43.
②魏根发，杜莉.两弹一星功勋科学家钱学森[M].石家庄：河北少年儿童出版社，2001：423.
③魏根发，杜莉.两弹一星功勋科学家钱学森[M].石家庄：河北少年儿童出版社，2001：435.
④丁雅诵.立志成才　报效祖国[N].人民日报，2016-07-18.

撼和灵魂的触动。通过对学校馆藏科技名人档案史料①进行社会化开发与利用，可以增强广大在校学生作为一个整体的集体荣誉感、对母校的认同感和社会责任感，激发其爱国之情、报国之志，砥砺其强国之能、效国之行，促使其自觉将个人价值追求与社会发展需要和国家前途命运紧密结合在一起，为他们日后更好地献身科学进步与社会发展事业提供精神支撑。

（六）践行文化育人、传承大学之道的历史名片

人才培养、科学研究、社会服务、文化传承与创新是现代大学的基本使命和遵循。其中，培育优秀大学文化，强化大学文化育人功能，正成为高等教育工作者所关注的核心命题。早在1930年，西班牙著名思想家和社会活动家奥尔特加·加塞特就在其《大学的使命》（Mission of the University）一书中提出，大学作为一种机构，目的是让几乎所有的人都接受高等教育；大学是为了把普通学生教育成为有文化修养、具备优秀专业技能的人，应该包括"文化的传授""专业教学""科学研究和新科学家的培养"三项职能；大学要实现这些使命，必须明确"文化与科学""专业与科学""大学与科学"之间的关系。他认为，"文化修养"职能是大学的基本功能，也必须是凌驾于其他一切之上的基本功能。② 到了21世纪的今天，经济全球化不断走

---

① 就形态而言，校友科技名人档案史料包括传记、证书、聘书、信件、手稿、著作、报道、文件、自传、回忆录、奖状、奖杯等实物资料，参加政务活动、学术活动、外事与社会活动及家庭生活方面的照片、影片、胶片、磁带、光盘、口述记忆等音像资料。关于科技名人档案类别与形态的划分，参见汪长明：《知识管理：科技名人档案的认知、组织与揭示》，《档案与建设》2016年第2期，第13页。
② [西]奥尔特加·加塞特.大学的使命[M].徐小洲，陈军，译.杭州：浙江教育出版社，2001：内容简介.

向深入,文化多元化趋势日益明显,以文化为核心要素的国家软实力成为一国参与国际竞争的重要力量。在这样的时代背景下,"作为社会新知识、新技术的创新和传播平台的大学,必然是国家文化软实力和国际影响力提升的重要力量,大学传承文化、创造文化的功能凸显出来"。①

档案是文化的源泉、历史文明之母,档案的文化属性是档案馆有效履行公共服务职能的价值源泉。② 如果说档案是文化的重要"母资源",③ 那么作为大学文化记忆重要元素的高校博物馆、纪念馆、校史馆、档案馆馆藏校史档案史料则是学校的文化之根和全体师生的精神家园,是学校的文化窗口和历史镜像,在大学文化建设中发挥着非常重要的作用。这些文博场所集中馆藏了学校的办学史料,包括历史沿革、重大事件与活动、重要人物及其先进事迹、教学与科研成果等方面的文献、文件及音像、音像资料。其中的校友科技名人档案集中体现了他们以艰苦奋斗为荣耀、以探索未知为追寻、以开拓创新为动力、以学校发展为己任、与祖国强盛共命运的崇高精神境界和忘我职业情怀,既是学校办学精神、发展理念、教育成就和社会影响力的真实写照,也是面向在校学生开展校情校史教育的生动教材,在传承大学精神、唤醒大学文化记忆、推进校园文化建设、发挥文化育人功能方面发挥着独特的作用。

---

① 李宇明.大学的使命[N].光明日报,2013-10-16.
② 覃兆刿.档案文化建设是一项"社会健脑工程"——记忆·档案·文化研究的关系视角[J].浙江档案,2011(1):25.
③ 杨冬权在全国档案工作暨表彰先进会议上的讲话[N].中国档案报,2012-03-02.

三、结语

档案是"留凭"的重要依据、"存史"的重要载体、"资政"的重要基础、"惠民"的重要手段，具有留凭（资证）、存史、资政、教化（育人）四大功能。这是档案与一般文献史料的重要区别所在，也是其发挥社会效应的价值根基。在某种意义上，一个国家、一个民族的历史就是一部源远流长的档案史。与其他类型档案不同的是，科技名人档案的教化功能（其中一个重要方面即思想政治教育功能）尤为突出，成为高校档案文化建设的重要内容，同时还是高校践行社会责任，以史育人、以文化人，推进校园文化建设的现实需要。有学者指出，鉴于档案记忆功能上的完善和文化使命上的自觉，加强档案文化建设堪称一项改善社会记忆功能的"社会健脑工程"。[①] 重视档案文化建设因此成为各高校在建设文化强国背景下面对的新课题和必须做出的选择。

当前，基于大学生思想政治工作的高校档案文化建设机制创新可以视作档案事业发展与档案观念革新的重要突破口。为此，高校应不断加强馆藏科技名人档案资源的整理、开发及价值认知与提取，按照习近平总书记关于档案工作"三个转变""三个走向"重要讲话指示精神，[②] 做好归档工作，

[①] 覃兆刿. 档案文化建设是一项"社会健脑工程"——记忆·档案·文化研究的关系视角[J]. 浙江档案，2011（1）：22.

[②] 2003年5月26日，时任浙江省委书记的习近平在浙江省档案局（馆）考察时发表重要讲话，对档案事业进行了科学的"基础"定位，提出了档案工作"由封闭向开放转变、由重保管向重服务转变、由行政管理向依法管理转变"，实现档案工作"走向依法管理、走向开放、走向现代化"的总体要求。"三个转变""三个走向"既是对档案工作规律的科学总结，也是对档案事业发展趋势的准确判断，为各级档案管理与保管部门指明了工作方向。

实行科学管理，开展社会服务，不断激活其中蕴含的思想成分和文化资源。可以通过举办陈列展览、出版宣传、科普讲座、学术研讨、课程开发、数字化平台建设等多种形式，[①] 充分发挥思想政治教育"主渠道""主阵地"作用，"把'死档案'变成'活信息'、把'档案库'变成'思想库'"，[②] 使科技名人档案的文化生命反复再生，从而实现档案文化品牌的社会认知及其个性价值的彰显，不断开掘高校校园文化建设和社会主义核心价值体系建设新的源泉，自觉呼应新一届中央领导集体关于加强和改进高校思想政治工作这一重大政治任务，为"四个全面"战略布局提供鲜活的文化食粮和精神滋养。

[①] 特别是陈列展览，因其直观性、通俗性、实物性元素展示，发挥的思想政治教育功能尤为突出。2015年3月20日施行的《博物馆条例》指出，博物馆陈列展览应坚持"弘扬爱国主义、倡导科学精神、普及科学知识、传播优秀文化、培养良好风尚、促进社会和谐、推动社会文明进步"等要求，以"满足公民精神文化需求，提高公民思想道德和科学文化素质"。参见：《博物馆条例》，《中国文物报》2015年3月3日。
[②] 中共中央办公厅国务院办公厅印发《关于加强和改进新形势下档案工作的意见》[J]. 中国档案，2104（5）：13.

第五章

民族之魂——科学家精神社会记忆

（纪念篇）

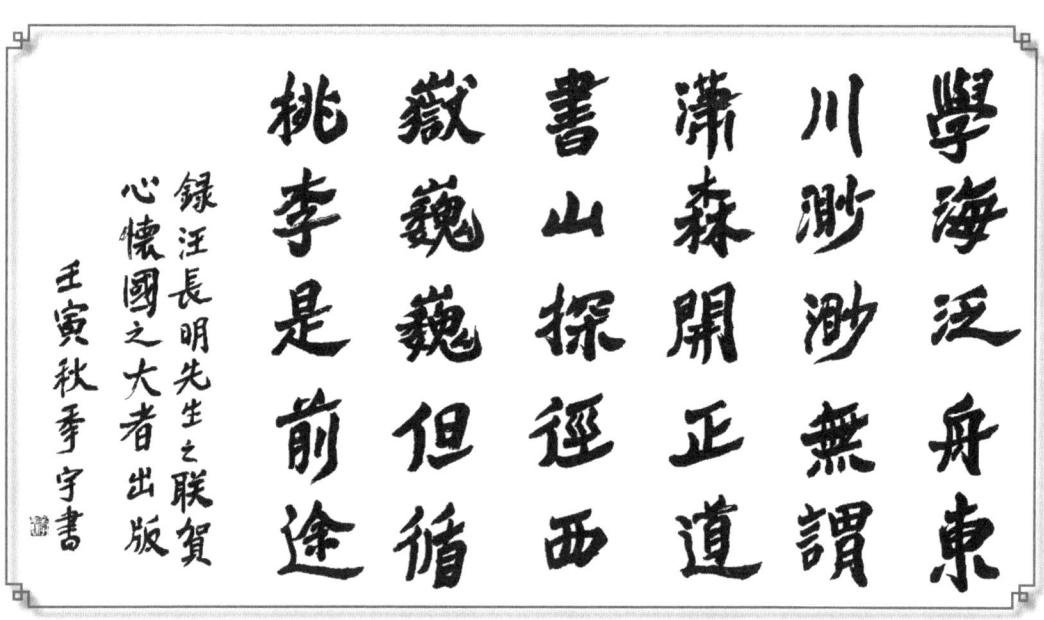

安徽省文联原主席、安徽省作家协会原主席季宇题词

高校博物馆的时代机遇与使命担当

习近平总书记指出,"博物馆是保护和传承人类文明的重要殿堂,是连接过去、现在、未来的桥梁"。[①] 站在中国特色社会主义进入新时代的历史方位上,博物馆如何更好地展现过去、讲好历史故事,把握现在、加强自身建设,面向未来、适应时代需求;博物馆事业如何适应新要求、做出新作为、展现新气象、走进新时代,是每一位博物馆管理者和广大博物馆人应该认真思考并切实回答的"时代课题"。

高校是培养科学家的摇篮,中国高校博物馆家族中有很大一部分是科学家纪念馆(以校友科学家为主,最具代表性的是上海交通大学钱学森图书馆)。在很大程度上,考察高校博物馆建设路径与使命担当,代表着科学家纪念馆的发展方向和时代使命。

一、文化强国背景下博物馆事业新的发展机遇

党的十九大提出,我国社会的主要矛盾已经转化为人民日益增长的美好生活需要和不平衡不充分的发展之间的矛盾。新的"矛盾"要求我们寻求

---

① 习近平向国际博物馆高级别论坛致贺信[EB/OL]. 新华网:http://www.xinhuanet.com/politics/2016-11/10/c_1119886747.htm.

新的破解之道，启发我们有新的思考，召唤我们有新的作为。"人民日益增长的美好生活需要，"不但包括物质层面的美好生活需要，也包括精神层面的美好生活需要。在我国经济社会实现了数十年高速发展、创造了举世瞩目"中国奇迹"的今天，相比对物质生活品质的需求而言，人民对提高精神生活质量的需求更加迫切。当前，我国正在推进包括文化建设在内的"五位一体"总体布局。博物馆作为文化建设重要阵地，承担着传承和传播优秀文化、满足观众精神文化需求的重要社会责任。作为博物馆家族一员，高校博物馆（又称"大学博物馆"）虽然属于后起之秀，行业身份尚不明晰、社会知晓度显示度远不能跟综合性博物馆相提并论，但其拥有身处高校得天独厚的文化资源、研究力量和专业性相对更强的受众群体，又具有其他类型博物馆所不具有的发展优势。在文化大发展大繁荣时代背景下，高校博物馆建设处于承前启后的重要阶段。如何找准自身行业位置和坐标，如何实现从蹒跚学步到行稳致远的大发展，如何在坚守中实现突破、在传承中实现创新，需要广大高校博物馆建设者乃至全行业博物馆人竭力思考、奋力前行。

二、隶属博物馆与有关高校的二元化身份要求

高校博物馆一般具有双重身份，既是面向社会开放、向社会公众提供文化服务、发挥社会化服务功能的文博场馆，包括校史馆、校友纪念馆（如上海交通大学钱学森图书馆、北京大学赛克勒考古与艺术博物馆）、结合学校学科特色开办的专业博物馆（如清华大学美术馆、东华大学纺织服饰博物馆），具有博物馆属性；也是大学校园里对全校师生提供教学与科研服务的

二级单位，财务上一般由学校划拨经费、行政上接受学校直接管理，业务上接受学校和上级宣传、文博、教育等行政管理机关（如各级宣传部、教育局、文化局等）指导，具有高校部门属性。如何在这种双重身份基础上深度融入博物馆大系统，不断加强自身专业化建设，提高本馆在博物馆系统的专业话语力和行业影响力；如何对接所属高校人才培养、开展科学研究、参与社会服务、实现文化传承与创新，不断增强本馆参与力、融入力、服务力；如何找到一条既符合博物馆人员发展规律、又满足高校人事体制机制对员工专业技术发展要求的合理路径，是摆在高校博物馆管理者面前的一道"必答题"而非"选择题"。对此，争取学校提供必要的资源保障和有力的制度支持，增强外向型和内向型双重服务能力，是高校博物馆发展的必然需求。

三、博物馆专业化发展赋予的新要求与新定位

习近平主席2014年3月27日在联合国教科文组织总部的演讲中指出，要"让收藏在博物馆里的文物、陈列在广阔大地上的遗产、书写在古籍里的文字都活起来"。"为社会和社会发展服务"是博物馆的基本职能和价值坚守，而加强专业化建设则成为博物馆提升社会化服务能力、实现社会化服务功能的根本保障。[①]有学者指出，"博物馆如果缺乏有力的专业化的保证，很难想象它为社会和社会发展服务的宗旨将如何实现"。[②]在中国博物馆事业蓬勃发展、社会进入信息化时代的今天，作为履行双重"社会服务"职能

---

① 习近平在联合国教科文组织总部的演讲［EB/OL］. 人民网：http://world.people.com.cn/n/2014/0328/c1002-24761811.html.
② 黄春雨. 博物馆的社会化与专业化思考［J］. 中国博物馆，2008（3）：21

（大学职能与博物馆职能）的高校博物馆管理者应该思考如何适应博物馆运营规律、实现从"以物为中心"向"以社会为中心"管理理念转变，以及如何充分利用信息技术带来的革命性成就，在坚守自身办馆传统和优势基础上，更好实现与社会的良性互动与交流，为广大公众提供便捷、优质的文化服务。

在博物馆发展的历史长河中，高校博物馆无论在我国博物馆界还是我国高等教育领域都属于新生事物，从世界的角度比较更是晚了二百多年。1683年，世界上诞生了第一个位于大学校园的现代博物馆——英国牛津大学阿什莫林艺术与考古博物馆，而中国高校第一座时间可追溯的现代化博物馆则是近代实业家张謇于1905年创办的南通博物苑。中国高校博物馆虽然建设时间不长，但发展后劲十足。据不完全统计，目前全国已有300多所高校建立了博物馆，而且这个数字每年都在增加。

即便如此，中国高校博物馆仍然面临着空间拓展、资源供给、品牌塑造、内涵建设等重要发展任务。高校博物馆对接高校人员发展定位和博物馆发展规律的员工发展战略还不够明晰；学术研究在高校中的权重不高，在全国的行业影响力和专业话语力有待进一步提升，学术成果产出能力、学术平台品牌效应等均需加强，在等级博物馆指标体系中的权重偏低，存在比较明显的"指标弱项"；藏品研究与服务能力、场馆信息化建设水平尚不能满足自身快速发展需要，处于"跟跑"状态；多数高校博物馆文创产品开发无处发力，文创品牌建设处于停滞状态，与主流综合性博物馆差距在扩大。这些都是摆在高校博物馆面前有待尽快补足补齐的发展短板。

四、非常态突发事件对博物馆运营的综合考验

2019年岁末，一场突如其来的新冠疫情席卷全国，对国家公共卫生安全保障体系带来巨大冲击。作为直接面向公众提供文化服务的博物馆首当其冲。从开门办馆到关门闭馆，全国博物馆在毫无防备的情况下，全行业参与到抗击新冠疫情之中，并深切感受到这种非常态突发事件对博物馆运营带来的全方位冲击：参观接待从门庭若市、热热闹闹到门可罗雀、冷冷清清；以参观人数为社会服务重要指标的入馆观众数一夜之间"归零"，且时间长达数月之久；在全国一盘棋背景下疫情防控措施严格、企业生产供不应求甚至一度中断导致供求关系严重失衡的情况下，防疫物资与相关安防设备需自筹自购，工作开展显得殊为困难；防范和应对后期开馆带来的防疫工作对博物馆尤其是建馆时间不长的高校博物馆而言属于全新考验，各种配套设施与设备需进行系统规划、统筹考虑……新冠疫情对博物馆运营、管理与发展提出了诸多新挑战，也启发高校博物馆工作人员尤其是管理者进行深入思考：作为文博场馆，如何加强重大公共突发卫生事件下的应急保障能力，确保响应及时、确保安全运营、确保工作效能。这既是对高校博物馆基础设施配置情况和重大事件防范能力的一次"突击检查"，也为非常态下如何做到有序运营与安全保障综合平衡，向高校博物馆在应急管理、配套服务、培育新的服务生长点和增长极方面提出了新考题，"倒逼"广大文博人集思广益、未雨绸缪，以不变应万变，探索在非常时期、以非常举措、取得非常成效的有效策略。

记忆不可靠性视域下口述档案的身份重构

"口述档案"(Oral Archives)这一概念直到20世纪80年代初才开始出现,随着现代口述史学的产生而产生。1938年,美国著名历史学家阿兰·内文斯(Allan Nevins)出版《通往历史之路》一书,呼吁用现代化的手段进行口述史编写,并开展口述历史研究。1948年,内文斯创建了哥伦比亚大学口述历史研究室(Columbia University Oral History Research Office),[①]从此口述史学作为当代历史文献研究的新手段得以创立,标志着现代口述史学的诞生。到20世纪六七十年代,口述史学开始兴起于英国、加拿大、意大利、澳大利亚以及第三世界一些国家,[②]至八九十年代以来则逐步流行于世界各地。作为自第二次世界大战结束以来兴起的为数不多兼具学术研究意义、公共历史价值和社会激进议程的历史学分支学科,口述史学的兴起虽然其最初动机旨在弥补现存文献不足或现有史料缺失的档案考量,即强调口述历史的

---

① 哥伦比亚大学口述历史研究室(后称哥伦比亚大学口述史研究中心)是美国当时影响最大的口述史研究机构,代表了美国口述史乃至世界口述史早期的研究特点,主要工作是研究企业史和个人传记。同期,美国还成立了另一个口述史研究中心——森林史协会。
② 早期口述史学的兴起具有服务于当地社会和经济生活需要的地域性特征:英国口述史学研究的重点是口述史学方法在社会史领域的应用;加拿大口述史学研究的重点关注对象是加拿大境内的移民生活;意大利口述史学则主要研究法西斯时期意大利普通民众的行为方式;而亚非拉第三世界国家的口述史研究的重点则是口头传说。

史料价值，但它在客观上推动了历史学及其他相关学科的发展，同时催生了"口述档案"这一新兴学科名词的兴起。

但自口述档案作为学科名词诞生以来，围绕其身份定位，即口述档案是否为档案、口述档案的学科属性与学术地位、口述档案与文本档案的关系之争议就一直存在着。以致于时至今日，"口述档案"词条在中图分类号之"档案学"（G270）中仍找不到对应的次级学科归属。本文以记忆的不可靠性为切入点，试图对口述档案的学术论争、学科定位及采集原则进行探讨，旨在破解口述档案在档案学领域的尴尬处境。

一、口述档案之身份困境

1988年8月，第十一届国际档案大会在巴黎召开，大会的中心议题是"新型档案材料"，其中包括口述史料。塞内加尔学者萨利乌·姆贝依（Saliou Mbaye）在大会上首次正式使用"口述档案"一词，并得到国际档案界的普遍认同。从此，口述档案正式进入档案学的研究领域。所谓口述档案，一般认为，是"为抢救社会记忆而对个人进行有计划采访的结果，"[①]是"为记录人们语言信息的记录材料的总称"。[②] 这一表述基本涵盖了口述档案的基本要素：1. 来源上，口述档案的采集对象为与事件相关的个人；2. 性质上，口述档案是社会记忆的一部分；3. 形态上，口述档案是以语言信息（声音、图像）为原始形态，并通过记录、记载的形式将其物化，从而成

---

① 潘玉民.认识与行动：再论口述历史档案资源建设[J].档案学通讯，2012（1）：101.
② 刘旭光，薛鹤婵.试论口述档案的价值[J].档案学通讯，2007（4）：88.

为社会记忆的一部分。

长期以来，对口述档案如何定位（即学科属性）、口述档案属不属于档案学的研究范畴与采集对象（即身份归属）、口述档案与档案的关系等问题，史学界、档案学界甚至语言学界一直争论不休、相持不下，主要有赞成和反对两种观点。赞成者认为，口述档案是档案的一种形态，是"活档案"，属于档案的一部分。其理由包括：1. 从文本属性看，口述记忆是人类非物质文化遗产的一部分，属于社会记忆的构成单元，与书面档案一样"具有原始性"，①应该成为"档案的一个分支"。② 支持这一理由的最直接依据是联合国教科文组织编撰的《档案术语词典》（国际档案理事会1984年出版）③对"口述档案"的解释，即"为研究利用而对个人进行有计划采访的结果，通常为录音或录音的逐字记录形式"。④ 尼日利亚学者埃思指出："世界上没有一个国家不在历史长河的某一阶段依赖口述档案重现过去……口述档案具有与书面档案同等重要的作用。" 2. 从形成过程看，口述档案的采集对象为历史事件的当事人，访谈内容经整理后可视为对历史的记载，具有原始性，"具有其他形式的文献资料无可替代的价值"。⑤ 3. 从反映内容

---

① 王景高. 口述历史与口述档案［J］. 档案学研究，2008（2）：6.
② 蒋冠，瞿良毅，陈修锋. 口述档案的身份识别及其凭证价值新探［J］. 档案管理，2007（3）：33.
③ Peter Walne. Dictionary of Archival Terminology（Ica Handbook Series，Vol 3）. K. G. Saur Verlag Gmbh & Co.，1984.
④ 丁文进，等. 英汉法德意俄西档案术语词典［M］. 北京：档案出版社，1988：71.
⑤ 金光耀. 口述历史与城市记忆［EB/OL］. http://sh.eastday.com/qtmt/20111110/u1a937145.html.

看,口述历史①以个人讲述的形式反映的内容多为亲历、亲见或亲闻,是当事人从自身角度凭借其个人记忆回忆历史的方式,从而尽可能还原历史,具有相对真实性。4. 从制度支持看,口述历史属于《档案法》《著作权法》《民事诉讼法》《行政诉讼法》《刑事诉讼法》《继承法》等法律法规认定与保护的对象,具有合法性。②一个典型的事例是,2015年,《南京大屠杀档案》正式列入《世界记忆遗产名录》。③此前的2010年,《侵华日军南京大屠杀史档案》已成功入选《中国档案文献遗产名录》。两部档案都包括南京大屠杀幸存者证言影像,其中的"调查都制定了严格的调查程序,强化了调查的证据,是有真实性和法律效力的"。④ 5. 从研究方法看,口述历史不仅是对传统文本档案以政府为主体的"自上而下"研究方法的一种突破,通过以个人为主体"自下而上"建构历史,使普通人的生活和大众对历史的情

---

① 笔者认为,从形成过程与存在形式看,口述记忆、口述历史、口述档案是三个不同的概念,或者说处在不同的层次。口述记忆(oral memory)是将记忆以口述的形式表现出来的视听形态,包括录音、录像等。口述历史(oral history)有两种概念:一种指通过口耳相传的形式将声音符号传承下来的口头回忆与传说;另一种指当事人以"事后追忆"的形式呈现或还原历史面貌的回忆与讲说(本文采用后一种概念),其物化形式在我国史学界尤其是地方志工作领域一般称为"口碑史料"。而口述档案(概念见上文)则是口述历史的档案化形态,是被政府机构认可并进入档案编研体系的正式档案的一部分。
② 潘玉民,叶徐峥. 论口述历史档案是档案的理由[J]. 北京档案,2016(5):14—16.
③ 2014年2月南京市档案局首次向媒体公开一批珍贵档案。这批档案形成于1937年至1947年,共183卷,详细记载了侵华日军在南京制造大屠杀惨案的罪恶事实和日军侵占南京期间犯下的大量罪行。此次公布的档案资料包括大屠杀期间慈善团体掩埋尸体、救济难民情况统计,与之前的5组"南京大屠杀史档案"一起,第三次申报"世界记忆遗产"(Memory of the World)。2015年10月9日,《南京大屠杀档案》正式列入《世界记忆遗产名录》(Memory of the World Register)。
④ 姚雪青. 南京大屠杀档案原件公开:记29支日军部队罪行[N]. 人民日报,2014-02-10.

感和认识走进了史学领域,从而形成了"一种新的史学理念"。[①] 6. 从社会功能看,口述档案可以拯救和保护历史文化遗产;可以填补历史空白,为"正史"或典籍史作补充、补足与拾遗;还可以改善和充实档案馆馆藏,更好地发挥档案馆的服务功能,[②] 等等。因此,赞成者认为,口述档案是将个体记忆转化为大众记忆(集体记忆),从而建构社会记忆的重要基石,是填补历史空白的有效措施;同时,由于正规官方档案的形成多少带有服务于当时的意识形态、具有服从社会政治需要的色彩,口述档案对鉴别文献史料真伪有着一定的意义,从而有利于优化、改善档案保管单位的馆藏结构。此外,口述档案还赋予"档案"以新的内涵,"拓展了档案工作的领域"。[③]

反对者或曰质疑论者则认为,"档案与'口述档案'是根本不同的两种事物";[④] 与书面档案、文本档案相比,"口述档案"其实是一个伪命题,不能称为档案。其理由包括:1. 在基本属性上,档案的原始记录性是档案的本质属性,口述档案因并非伴随人们的社会实践活动而自然形成,不具有"原始性"这一档案的根本属性,真实性、可信性值得怀疑;口述史不能称为信史。诚如萨利乌·姆贝伊所言:"口述档案因其回忆不能也不会总是真实的……使得重建历史真貌的努力困难重重。""口述档案具有因其性质所决定的缺陷。它们建立在口头传说的基础之上,具有易变的特点。"因此,不能把口述的真实性绝对化。2. 在学科概念上,"口述档案说"混淆了原始

---

① 刘旭光,薛鹤婵. 试论口述档案的价值[J]. 档案学通讯,2007(4):88.
② 王景高. 口述历史与口述档案[J]. 档案学研究,2008(2):7.
③ 赵局建. 我国口述档案研究综述[J]. 兰台世界,2010(27):26.
④ 王立维,侯甫芳. "口述档案"一个值得商榷的概念[J]. 兰台世界,1998(7):10.

历史记录（档案）与事后追忆的历史记录（口述档案）之间的界限，打破了传统的档案分类与编研体系。① 3. 在机构职能上，档案部门建立口述档案是一种越权行为，混淆了档案部门与其他相关机构职能的界限，冲击了档案的严肃性、规范性、权威性。4. 在行为动机上，建立口述档案本身是一些历史档案不足的机构或国外一些缺少历史档案的国家的权宜之计，属"不得已而为之"之举。5. 在国际经验上，国际档案界对口述档案的概念及定位也存在争议，有些国家并不认可"口述档案"一词，如法国以"有声档案"代替"口述档案"，加拿大采用"有声文件"作为通用术语，扎伊尔则使用"口述史料"一词，等等。因此，反对者认为，口述档案"不具有档案的本质上属性，不具有法律的凭证作用，而只是一种辅助档案利用的重要的参考资料"。②

概括起来，赞成派与反对派关于口述档案定位的论争主要体现在以下几个方面：首先，形式上，规范与失范之争，即档案是否应仅为文本档案？口述档案是否为正式、可信的档案？从而是否应纳入"档案"的概念范畴？其次，性质上，正史与野史之争。反对者认为，只有考证严密、载体可信、流传有序的"正史"才算档案，口述档案属于"野史"；赞成者则认为口述档案与传统的档案不是矛盾与对立关系，而是对前者的必要补充，二者相辅相成。再次，来源上，官史与民史之争。反对者认为，档案的对象为政府主体，属自上而下的、有序的政府行为，采集的是"官史"；赞成者则认为，

---

① 王景高. 口述历史与口述档案［J］. 档案学研究，2008（2）：6.
② 张仕君，昌晶，邓继均. "口述档案"概念质疑［J］. 档案学研究，2009（1）：12.

个体记忆是集体记忆、进而成为亦理应成为社会记忆的重要组成部分,自下而上、看似无序的"民史"使得档案的类型更加丰富多彩;最后,关联性上,直接相关与间接相关之争。反对者认为,只有在当时、当地,由当事人参与、参加并形成的历史文献才能称之为档案,直接相关性是档案的必备要求;赞成者则认为,口述档案基本真实可信,即便存在可疑或不可信之处,可以通过比较、考证、去伪、归复等方式,尽可能恢复、呈现历史原貌。忽略"口述档案"的"档案"是不完整的,不利于民族文化的保存和社会记忆的建构。

二、记忆的不可靠性

实际上,导致口述档案真伪之争——到底应将口述采访资料归入口述档案抑或口述史料——的根本因素在于"记忆"的不可靠性上。这一直是一个赞成者刻意回避、反对者揪住不放的关键问题,是两派争论不休的"症结"所在。对这一问题的论争结果决定了档案的最根本属性——原始性是否成立。

所谓记忆,《现代汉语规范词典》的解释是"往事在头脑中的印象"。这一定义具有三层含义:首先,记忆的对象为"往事",即成为了过去或历史的事情、事件,具有不可还原性;其次,记忆的主体为"头脑"这一非文本、非实体的载具,其本身具有主观性、随意性;第三,记忆的形式为"印象",随着时间的推移和记忆主体的主观性,使得印象本身具有模糊性、不可验证性。因此,上述三个特征决定了记忆具有不可靠性,使得其在保证档案的历史再现性(真实性)上大打折扣,而这正是怀疑论者对口述档案进行质疑的主要问题所在。如果不能真实再现历史、还原历史，即便赞同论者能够给出多少看似合理的、具有"说服力"的理由，这样的"口述历史"根本不具有历史价值和档案价值。于是，有学者提出，"口述档案"从一开始就是一个伪概念，无论从语义学还是从逻辑学上讲，根本不存在"口述档案"一说，除非它是"来自他人口述（或口头讲话）的不同载体的现场记录所形成的档案"。① 当然，后者属于非物质文化遗产的范畴，已经脱离了本文的研究范围。

（一）记忆具有不确定性，容易"失真"

"记忆是动态的，充满了不确定性。这种动态或不确定使记忆本身带上了戏剧性。"② 就同一事件而言，由于受时代久远程度、个体记忆能力、判断能力的影响，不同口述主体的记忆往往或多或少存在偏差，容易出现记忆疏失、模糊和错位，甚至可能出现自相矛盾之处。这种"既包含着真实内容，也有想象的成分"的口述历史，其真实性难免"不断遭到质疑"。③ 澳大利亚历史学家帕特里克·弗雷尔（Patrick O'Farrell）颇具讽刺意味且一针见血地指出："口述历史正在进入想象、选择性记忆、事后虚饰和完全主观的世界……那不是历史，而是神话。"④

就个体而言，记忆力再强的人，随着年龄的增大，其"忘性"也会越来越大，严重者甚至出现失忆或记忆紊乱现象，只不过程度有轻有重而已。

---

① 张仕君，昌晶，邓继均."口述档案"概念质疑［J］.档案学研究，2009（1）：10-12.
② 毕飞宇.记忆是不可靠的［N］.中国社会科学报，2010-01-05.
③ 左玉河.历史记忆、历史叙述与口述历史的真实性［J］.史学史研究，2014（4）：10.
④ Patrick O'Farrell, "Oral History: Facts and Fiction", Quadrant, Vol 23. No. 148, 1979, pp. 4-8.

这是人类难以克服的生理现象和自然规律。科学研究无数次证明，记忆不但并非坚如磐石，而且变得容易丢失、改变，随之导致的记忆错误无所不在。"我们坚持了许多年的一些记忆片段很可能掺杂了许多莫须有的想象，我们也许永远无法了解自己的记忆中到底有多少是真实发生过的。"[1] 对此，左玉河教授从"历史记忆"与"历史叙述"、"历史之真"与"记忆之真"分离的视角做了深入研究。他认为，口述者的口述渗透了随后的经验，是一种历史叙述（记忆中的历史事实，即记忆之真）而非历史记忆（历史之真）；而记忆之真是由历史亲历过程中存储的记忆以及随后增加的生活经验共同作用、改造过并重构的历史记忆。口述者的童年经历（尤其是不幸的经历）、怀旧情绪、个人偏见、亲情意识与健康状况（一般指健康障碍）等，都可能使历史记忆发生扭曲，难以保障记忆呈现的客观，从而将"过去的历史"变成"现在的历史"，将"过去的声音"变成"现在的声音"。[2] 长期从事人类记忆不可靠性研究的著名心理学家、加州大学埃尔文分校伊丽莎白·洛夫特斯（Elizabeth Loftus）教授通过对"记忆错误"的研究发现，记忆不仅并非牢不可变，而且比我们所认为的更为脆弱；特别在提取遥远而模糊的事件细节时，记忆有时会变得混乱不堪。她通过心理实验得出结论："记忆是柔韧的。"

（二）记忆难免道德判断的烙印，带有利己主义色彩和美学化倾向

口述记忆实际上是一个以利益为边界区分"自我"与"他者"的过程，

---

[1] 姬十三.记忆并不可靠[J].科学世界，2005（3）：73.
[2] 左玉河.历史记忆、历史叙述与口述历史的真实性[J].史学史研究，2014（4）：15-16.

是口述者通过利益权衡主观选择的结果。"历史记忆呈现的选择,取决于口述者的价值观及其背后的选择权力。"[①] 严格说来,真正的口述档案是建立在事件当事人的回忆基础之上的,任何非当事人(如同时代的事件局外人或后来的史学研究者)都不能成为口述档案的采集对象。即便基于当事人的回忆,人们在以口述的形式将记忆信息转化为他人可接收的视听信息过程中,尤其在口述主体成为事件中对立一方的时候,总是倾向于强化对自己或自己所属一方有利的成分。他们"可能碍于种种原因而有意避开敏感的问题,或出于个人利害关系而有意护短,甚至文过饰非,歪曲事实",[②] 从而影响采访者的价值判断与道德评价。其中的影响因素包括:趋利避害的人之本性,社会权力的操纵与对社会现实利害关系的权衡,社会意识形态与主流价值观的影响,以及口述者的个体因素,如人格、品质、品德、信仰、情感、动机、价值观、是非观、认知能力,等等。这种基于被采访者(无论是有意的还是无意的)主观价值判断形成的口述档案不可避免地带有"去历史真实"的痕迹,既背离了口述采访者的动机,也背离了口述档案应有的道德原则。

简单地说,即记忆是自私自利的,具有利己性,很容易被刻意"污染"。它不可能具有春秋笔法,做不到不偏不倚、不虚美、不掩恶,难免会"在道德上做不自觉的修正,"从而"让记忆偏离轨道"。[③] 那种经过多种因素反复过滤和引导后形成的口述叙事文本,显然或多或少地带有个人的偏见,与口述者的"历史记忆"有着较远的距离,其同客观存在的"历史真

---

① 左玉河.历史记忆、历史叙述与口述历史的真实性[J].史学史研究,2014(4):16.
② 王景高.口述历史与口述档案[J].档案学研究,2008(2):7.
③ 毕飞宇.记忆是不可靠的[N].中国社会科学报,2010-01-05.

实"的距离则相去甚远。

（三）记忆容易被误导，从而产生错误的记忆

由于受"事件后"因素的影响，人们原先的记忆往往会变得模糊不清。在多次外部因素的强化诱导作用下，原先的记忆很容易发生改变，从而形成新的记忆，即错误记忆。加拿大维多利亚大学认知心理学家史蒂夫·林赛（Steve Lindsay）等五位学者在2004年发表于《心理科学》（Psychologucal Science）杂志上的一篇关于心理治疗的《真实图景与错误记忆》（True Photographs and False Memories）[1]一文中，通过对经历机械脑损伤或经历外科手术失去记忆的病人进行记忆恢复诱导实验的心理治疗得出结论指出，此类实验除了有可能对病人进行"记忆唤醒"外，另一方面，如果操作不当将非常危险，尤其是如果当一些真实的物件（道具）结合实验组织者刻意设计的谎言误导实验对象时，错误的记忆就很容易产生。因此，记忆很容易被误导，我们应该对此采取审慎的态度。

如果记忆扮演着"真实的谎言"角色，这样的记忆以及由此形成的所谓"口述档案"，如果不加考证、去伪存真，实际上并无多少历史价值和社会利用价值，失去了档案的本质属性和社会利用价值。一个有趣的现象是，在这场旷日持久的论争中，反对者因仅仅抓住了"原始性"这一档案的先天属性，同时也抓住了赞成论者的"把柄"而占了上风。但在实际的工作中，口述档案采集、建档与组织管理工作早已如火如荼地开展起来，并已进入社会生

---

[1] Lindsay, D. S., Hagen, L., Read, J. D., Wade, K. A., & Garry, M.（2004）. True Photographs and False Memories. Psychological Science，15，149-154.

活的方方面面，从而成为各级档案管理机构与业务部门的重要工作内容。①

三、从记忆之真到历史之真：口述档案的身份重构

自20世纪80年代中后期以来，国内关于口述档案地位的讨论和研究方兴未艾，引起了学术界、档案机构和政府部门的高度重视，并在某些领域（尤其是少数民族口述档案和革命史口述档案方面）取得了较为丰硕的研究成果。例如，最早开展口述档案采集的云南文山档案馆从1993年10月就开始组织力量收集壮族的口碑档案史料，经过20多年的抢救性采集，已经取得了可喜成绩。一大批反映壮族生产生活、民族来源、婚丧嫁娶、风俗习惯的录音磁带，展现壮族群众生产劳动、节日活动、婚礼场景的照片，以及反映壮族婚丧嫁娶的电视专题片相继收录、录制入馆。② 经过长期争论与探索，学术界已逐步从最初对口述档案的概念之争、定位之争，转向了关注口述档案的理论研究与工作实践探索。口述档案在档案工作中的地位回归成为其主流发展方向。这对推动口述档案的研究和发展无疑将产生积极而深远的影响。

口述档案学术地位与应用价值的理想归宿是实现"记忆之真"与"历史之真"的趋同。不管口述档案工作做得多么有声有色，口述档案研究取得了多么丰硕和有价值的成果，有一点是确信无疑的，那就是，作为解释和重建历史的一种工具，如果不解决记忆失真即记忆的可靠性问题，口述档案的身

---

① 笔者认为，这主要得益于我国的档案工作者从一开始就对口述史料采集工作采取了审慎、科学的态度，注重采访对象的可靠性、采访形式的科学性，并注重口述史料的整理、甄别与研究，从而避免了口述采访的盲目性，尽可能缩小乃至消除"记忆真实"与"历史真实"之间的距离。

② 王治能.组织收集少数民族口碑档案史料的做法和体会[J].云南档案，1995（2）：25.

份问题论争将会一直持续下去，记忆研究终将无法进入史学的殿堂，而这有赖口述采访者与口述者的共同努力。笔者认为，要实现这一点，必须建立起一套口述档案与社会记忆之间的互构机制（而不仅仅单向度的口述档案建构社会机制）。其动力系统主要包括三个方面：1. 不同口述档案之间的互构，包括采访者与受访者之间的互构、不同受访者之间的互构、不同采访者之间的互构、不同口述历史档案之间的互构，等等；2. 口述档案与文本档案之间的互构（包括口述档案对文本档案的解构和文本档案对口述档案的建构两个方面）；3. 口述档案与其他记忆媒介之间的互构。以此为基础，采访者经过遴选、甄别、比较、优化与重建，尽可能克服记忆不稳定性带来的"假档案"信息，减少并最终消除口述者的记忆失真与记忆错误等干扰因素，实现口述档案从"记忆之真"到"历史之真"的转化。唯此，备受争议的口述档案才能真正做到去伪存真、去疑存信，最终成为档案家族既多姿多彩又不可或缺的一部分。

在很大程度上，最好、最可信的口述档案应是最优秀的采访者与最合适的口述者[①]密切合作的结果，也是双方有效互动的成果。令人欣慰的是，在整个史学界"记忆转向"的大背景下，以口述档案为核心研究对象的记忆问题在口述史学研究中的复兴与变革成为记忆研究的必然趋向。口述档案采集、编制与建档工作在实践领域的开展成为推动和确立其身份归属的重要动力。

---

① 有学者指出，"受访者""口述者"称谓有消极、被动的意味，为鼓励采访对象主动参与口述档案的采集，更好地体现口述档案形成过程中的互动与平等原则，应使用"信息提供者"（informant）、"口述作者"（oral author）、"叙述者"（narrator）等更加主动的术语。

知识管理：科技名人档案认知、组织与揭示

科学技术是第一生产力，而科学家尤其是有着重要科学成就、学术地位和社会影响的科技名人则是"第一生产力"的"第一创造者"。档案作为科学家创造生产力、推动社会发展进步、进而创造历史的真实记录，对于追溯科学家进行科学探索的艰辛历程，还原小至其个人人生历程，大至一个国家一个时代的科技史、发展史，都有着无可替代的重要作用。可以说，丰富多彩的档案是科学家科学成就、学术思想和精神品质的承载、传续和展示。由于档案的分散性、多元性、易流失性与易损性特征，做好科技名人档案的及时采集、科学组织和充分揭示，是有关单位（如各级档案局、科学家纪念馆、各高校档案馆与校史馆、博物馆等）既迫在眉睫又非常重要的一项工作。

一、知识认知：科技名人档案的重要社会价值

所谓科技名人档案，是指反映科技名人成长经历、学术活动、科学成就、社会贡献，以及家庭与社会活动等各种具有保存、查考和利用价值的历史记录。科技名人是人类文明的创造者和传播者，而档案则记录着他们人生尤其是学术生命中闪亮的足迹、宝贵的瞬间和光辉的历程。这些档案呈现出科技名人学术思想演变的动态轨迹，也从一个侧面反映了国家科技的进步和

社会的发展，既还原了历史的真实风貌，也映照着时代前行的步伐，是一个国家科技、经济、社会发展的活档案，具有很高的社会利用价值。

（一）科技名人档案的标本价值

档案是科学家学术生命的见证、学术思想的载体，是他们学术成长、职业成就的真实印证。通过档案逐步还原并多角度揭示科技精英个体成长的独特经历和影响因素，探索科技人才成长的规律性因素，可以为国家的人才强国战略、科技政策制定和教育体制改革等提供有价值的现实借鉴和决策参考。

（二）科技名人档案的激励价值

在我国，广大科技名人档案蕴含着他们求真务实、开拓创新、无私奉献、严谨笃学、献身科学的宝贵精神品质。通过开发那些典型科技工作者留存的档案资源，有利于激励后人引以为荣、追崇楷模的荣誉感，爱岗敬业、奋发有为的使命感和锐意进取、报效祖国的责任感；有利于在全社会营造尊重知识、尊重人才、尊重创造、尊重典型的良好社会氛围；有利于学术传统的承续和社会创新文化氛围的塑造，激励广大科技工作者为贯彻创新驱动战略贡献自己的力量，为建创新型国家，进而实现中华民族伟大复兴的中国梦不懈奋斗。

（三）科技名人档案的教育价值

科技名人档案是一座知识的富矿、文化的宝藏和人类科技文明的仓库，不仅成为一个国家科技发展的重要见证和珍贵记录，而且通过不断开发与利用，还可以为社会提供源远流长的教育资源。他们的先进事迹是一部科学普及、科学精神、科学文化教育活的教科书，有着重要的参考和凭证作用。激活科技名人档案蕴藏的丰富生动的教育资源,将科学知识、求知精神和文化信仰教育和价值观培育等嵌入一个个科学家的鲜活事迹之中,有利于推进科学知识普及教育、科学精神弘扬传播和科技创新基础教育,同时也体现了国家和社会对科学和科学家的双重尊重,可以促进社会文化氛围的净化,更好地激励人才的培育和成长。

(四)科技名人档案的镜像价值

科技名人往往是某一领域、某一学科的领军人物,在某一或某些科技领域做出了开创性的重大贡献。他们的人生历程、学术经历、科学成就等,成为这些领域和学科发展的重要标志,是一个时代的重要缩影和一个社会的珍贵镜像。开展科技名人档案史料整理与研究,可以梳理出这些学科与专业的科学技术发展脉络与演进轨迹,通过规律性探索更好地推动并服务于科学的传承与发展。

(五)科技名人档案的史学价值

科技名人档案从不同侧面、不同视角折射、反映出某一历史阶段、某个国家或地区的生产发展(尤其是科技发展)、社会变迁与经济面貌,具有社会发展史、文化变迁史、科技文明史意义上的史证价值。加强科技名人档案的开发利用,可以激活其中蕴含的丰富史学资源,以史鉴今,以史资治,以史辅政,更好地为当代社会发展服务。

二、知识组织:科技名人档案的多元属性

知识组织(Knowledge Organization)一词最早由美国著名图书馆学家布

利斯（H. E. Bliss）于1929年提出。他在当年出版的《图书馆的知识组织》（Knowledge Organization in Libraries）和《知识组织和科学系统》（Knowledge Organization and Scientific Systems）两部著作中提出从文献分类学角度进行知识组织的思想。随后，这一概念引起了国内外学者的广泛研究兴趣。关于知识组织的概念，学者们主要从广义和狭义两方面进行定义：广义的知识组织是指对知识客体进行的诸如整理、加工、揭示、控制等一系列组织化过程及其方法，即对事物的本质及事物间的关系进行揭示的有序结构，从而实现知识的"序化"。狭义的知识组织是指人们对包括显性知识和隐性知识在内的所有知识进行整序、加工、控制、揭示等一系列组织活动的过程。

科技名人档案是科学家在生平活动（包括教育活动、学术活动、社会活动等）中产生和留存的重要档案材料。与普通人物档案或其他类型的名人档案相比，科技名人档案具有多重属性特征。探索科技名人档案的形成机制、采集要求、编排规律等基本特征及其知识组织原则是开展建档、整理与研究的基本要求。

（一）学科领域：专业性

所谓科技名人，顾名思义，是指在某一或某些科学技术领域取得突出成就、为人类社会发展与文明进步做出重要贡献，具有重要社会影响力的科学家。对一般的档案工作者而言，所谓隔行如隔山，要收集科技名人生平活动尤其是学术研究领域与专业工作中形成的能够反映他们科学成就的大量档案文献资料，如果没有相应的专业知识背景，有关工作将很难正常、规范开展。与他们遗留的一般档案，诸如生活用品、个人藏品、家庭生活照等非职业行为的档案相比,这部分资料最能反映其个人的科学成就、学术思想、精神品质,也最能反映其所处时代社会发展的程度和科技进步的水平。这些具有专业背景和重要历史价值的科技档案的整理,对有关档案编研人员提出了很高的专业要求和科学素养。

(二)载体类型:多样性

科技名人一生涉猎的学科领域广泛,科学成就卓著,活动范围广泛,社会知名度高,形成了丰富多彩的档案资料,几乎囊括了所有档案材料的载体形式。总体而言,可以分为生平事迹、社会活动、职业成就、社会评价和其他方面共五个大类,并根据其存在形态,按照片、文献、实物和音像进行二次归类,又可分为20个子类、近80个子项(见下表)。

科技名人档案的类别与形态

档案类别	档案形态			
	照片类	文献类	实物类	音像类
生平事迹	人生不同时期的照片	入团志愿书、申请表,入党志愿书、申请表,人事简历表等人事档案	学历与学位证书,奖状,团员证,荣誉证,生活用品	记录成长经历的音像资料
各种活动	参加专业活动与社会活动的照片	会议材料、专业资料,会议报告、发言稿、记录、纪要,个人履历表,项目申请表	参加各种学术与社会活动的凭证、证件	学术与社会活动音像资料
职业成就	受奖或参加评审的照片	个人专著、发表的论文或文章、编辑的作品、绘制的图表、统计数据,科研奖励的发票、领条,科研评审表	奖状、奖章、奖杯,专利证书,成果获奖证书,任命书、委任状	奖励性科研活动中形成的音像文件

续表

档案类别	档案形态			
	照片类	文献类	实物类	音像类
社会评价	报刊对其进行宣传和介绍的照片	书报刊物对其进行宣传介绍的报道，各种经验介绍、成果推介、综合性评价与鉴定报告、学术评议、同行评价、国际影响力	荣誉称号、聘书、证书	胶片、磁带、光盘、随机储存的电子音像制品
其他方面	家庭照片，个人生活照，个人摄影作品	父辈遗物，自传、回忆录、日记，工作笔记、工作汇报，思想汇报，学习体会，手稿、书信，遗书、追悼文，自己和他人的口述史料，签名本、题字、题词	个人收藏的艺术品，他人赠送的礼品	遗言、回忆口述

（三）档案归属：政策性

在现代社会，名人档案因其稀缺性和蕴含的"名人效应"，具有很高的历史价值、文物价值和商品价值。与其他类型的名人档案不同，科技名人档案由于人物本身具有的体制隶属关系，已经构成国家档案的重要组成部分。可以说，开展科技名人档案的征集与建档，是国家档案行政行为的二次分解和再分配。当然，科技名人作为独立的人物个体，他们的档案也有相当一部分是属于其个人所有，是他们非职业行为的产物，如证书、奖状、聘书、笔记、日记、手稿、私人藏品、照片等。为此，作为档案征集人员，在日常工作中应坚持差异化原则：一方面，属于国家档案性质的，应严格按政策办事，理直气壮地征集入档；另一方面，属于个人档案的，应在尊重当事人意愿的基础上，通过宣传动员、情感投入、政策感召、物质偿换等手段，让他们最终自觉、自愿向有关机构移交个人档案,从而有利于形成完整的科技名人个人案卷体系。

(四)时间维度:长时性

统计与研究表明,在我国,知识分子的平均寿命比普通人群高8岁。[1]科技名人作为知识分子中的精英,由于一般从小即具备超乎常人的智力条件和教育背景,以及长期从事涉及国家科技、经济、军事领域发展战略的重要科研活动,相对而言,其档案的形成比一般人物档案要早,而档案的终止则比一般人物档案要晚,在起点和终点两个时间维度上的拓展决定了科技名人档案所具有的长时性特征,也决定了科技名人档案的丰富性和多元性。它不像某一个科研项目、某一批产品或某一项工程在完成、结项后即将那些具有单一性特征的材料全部收集起来,直接进行整理归档即可。为此,科技名人档案的征集与建档是一项持久而繁杂的工作。

三、知识揭示:科技名人档案的规范化采集与立卷

在新经济时代,随着电子信息技术的飞速发展,知识管理(Knowledge Management)作为"一门涉及信息的电子传输、信息资源和服务认定、决策支持工具的重构和处理信息的生命周期等多学科的综合学科",[2]最早于20世纪90年代,以学术和商业应用主题的话语身份,开始进入西方学者的研究

---

[1] 驳知识分子短命论:平均寿命比普通人高8岁[N].北京晨报,2005-11-24.引自人民网:http://edu.people.com.cn/BIG5/1053/3885649.html.
[2] 孟丁磊,王宇.国内知识管理理论的发展[J].现代情报,2007(8):16.

视野,国内的研究亦随着展开。所谓知识管理,指在组织中建构一个技术与人文兼备的知识系统,让组织内的信息与知识,通过获取、创造、分享、整合、记录、存取、更新等过程,达到知识不断创新的目的,并回馈到知识系统内。随着内涵和外延的不断拓展,知识管理理论已经形成包括两大管理对象("对信息的管理"和"对人的管理")、四大研究对象(知识管理理念、知识管理战略、知识管理组织结构、知识管理制度)的比较完整的理论体系,并进入了包括情报学、档案学、教育学、政府管理、电子商务等在内的众多学科与应用领域。

知识揭示(knowledge revealing)是一个对知识进行采集、分析、整理、概括、归纳与描述,并最终促成并有利于新知识生成的体系化过程。在数字化时代,以知识树(或者说层次性知识图)为标志的知识揭示系统的建立是知识揭示的有效途径和必然要求。"它表达了为实现某一组织目标的所有相关组织知识间的因果关系或从属关系,"[1]具有形式对称、图形规范、信息连续、条目有序、逻辑清晰等特点,因而在档案编研领域得到广泛应用。知识揭示是档案知识管理的终极形态。

(一)全面采集,兼收并蓄,夯实立档资源基础

学术是科技名人职业生命的支点。学术成长资料最能反映科技名人的成长轨迹与职业成就,是探索其规律性因素的重要知识来源,应该成为科技名人档案采集与立卷的核心和主体。为此,应以科技名人成长经历为档案征

---

[1] 潘淑春,褚叶平,盛玲玉,朱跃华,刘升平.农业科学数据平台古籍知识揭示系统设计与实现[J].农业网络信息,2008(3):50.

集工作的主线，重点采集整理能够反映其求学历程、师承关系、学术成就、学术荣誉、学术成长中具有标志性意义的事件的各种文献资料等，以及真实反映科技名人学术思想、学术理论、学术原则和工作方法论产生、形成、发展、演进过程的各种实物、图片和音像资料等。采集过程中，要始终围绕学术本位（Academy Orientation）原则，全面采集与学术成长相关的上述各类资料。对于那些即便存在学术争议、有待考证甚至来源不明的相关资料也要兼收并蓄，因为这是日后整理过程中进行知识挖掘、加工与揭示重要的资源条件。

当然，应该承认，与其他档案门类相比，科技名人档案的征集工作难度要更大一些：首先，对档案采集单位而言，这类档案很难形成独立的建档体系，往往缺少强有力的归档制度可循，具有随机性、随意性。其次，档案采集主体与科技名人对档案的归属权存在认知差异。很多科技名人认为，档案是他们科技成就的见证，凝聚了他们毕生的心血和智慧，其所有权应属个人，是否捐赠即所有权转移或转让应属于他们的个人意愿；而在档案采集单位看来，科技名人档案很多是其在公务活动中形成的、反映他们科研经历和学术研究成果的职务作品，其使用权、归属权应归单位所有。最后，科技名人由于社会交往面广时长，其档案的分布往往比较分散。尤其是工作单位变迁或单位建制调整，导致很多档案灭失或流失。另外，有些档案，例如科技名人写给他人的信件，由于名人效应与隐私保护的心理作用机制，使得不但很多收信对象不愿配合征集工作，而且很多书信去向不明，缺少真实可信的信息源。

（二）显隐并重，双管齐下，全面开发资源储备

作为知识管理对象的知识形态，根据能否清晰表述和有效转移，可以把知识分为显性知识（explicit knowledge）和隐性知识（tacit knowledge）。与社会公众能够直接接触、感知的显性知识相比，隐性知识则是人们通过经验产生的感性认识，尚未用社会逻辑工具语义明确表达和文献化的知识。它是人类非语言智力活动的成果，与特定的情景紧密相联系的。隐性知识依托于特定情境而存在，是对特定任务和情境的整体把握，是一种高度个人化的知识，很难规范化也不易传递给他人，主要隐含于个人经验之中，同时也涉及个人信念、信仰、世界观、价值体系等因素，往往难以被发现，也难以得到明确的阐释。根据能否向显性知识转化以及转化的程度，可以把隐性知识分为"应然性知识"（必然要转化为显性知识的隐性知识）、"或然性知识"（既可能显性化也可能不显性化的隐性知识）、"否然性知识"（不能显性化的隐性知识）三种。可见，隐性知识与显性知识具有相对性，在一定条件下隐性知识可以转化为显性知识。"具有隐性知识的经验丰富者难以准确、客观地将隐性知识转化为显性知识，以及维持知识质量"；但"为了知识共享必须把隐性知识转化为显性知识"。[①]

如果说那些已故科技名人遗留下来的各种实体档案是一种显性知识，那么，对那些依然健在、年事已高的老科学家而言，如果他们的思维比较清晰，表达尚且流畅，那些储存在他们头脑中的记忆则是一种宝贵的隐性知

---

① 万涛.隐性知识转化为显性知识的评价判断规则研究［J］.管理评论，2015（7）：66，74.

识。例如，某科技名人取得某一重大专利的基础是什么？他构建的某一原创性理论或提出的某一重要学术思想的理论渊源在哪里？这些知识往往存在于科学家本人的潜意识之中，从其学术著作或科研论文等实体文献中往往难以发现，必须通过口述采访进行抢救性开发和利用，不断"加强隐性知识的记录与收集，加强非正式文件、外部信息的收集，从而将档案收集工作拓展为知识积累活动"。①为此，采集人员访谈前要充分挖掘科技名人个人档案、学术档案中的细节，上好口述采访前的"预备课"，做到有备而来、有备无患，以便于积极引导口述对象回忆其科学成就、学术思想、理论观点产生的原因和背景。实际上，口述采访本身就是一个知识挖掘和新知识形成的过程，从中可以挖掘科学发现和技术创新的渊源。只有将隐性知识放在与显性知识同等重要的地位，双管齐下开展知识采集与挖掘工作，后面的建档立卷工作才能圆满完成，某一科技名人的卷宗才是完备的。

（三）科学分类，对号入座，完善档案立卷规范

如前所述，科技名人档案林林总总，不但数量众多，而且种类繁多，如何按照档案编目的基本要求进行科学分类，使每一件档案都能"对号入座"找到属于自己的"案卷坐标"，是做好立卷工作的前提。为此，应把握好三个基本原则：（1）重要性原则（materiality principle），即根据档案本身的价值确定其重要性（判别要素包括历史价值、信息量、完整度、视觉效果、质地等），做到主次分明、轻重有别。（2）层次性原则（hierarchy

---

① 吕瑞花，俞以勤，韩露，王晓山，韩晶. 科技名人档案知识管理实践研究——以老科学家学术成长资料管理为例［J］. 情报理论与实践，2011（6）：96.

principle），即根据档案在知识体系中的位次和层级，建立各类档案所属层级目录。一般至少应包括"人物类别"（比较通行的做法是按照科技名人从事的主要学科领域进行分类）—"人物名称"—"档案类别"—"档案名称"四级目录体系。关于档案类别的划分和确立，有学者认为，为更好地研究科技名人的成长历程，探索人才成长的本质规律，可以采用形式和内容两方面的混合属性对所有档案进行资料类型的划分（以其学术成长资料为中心展开）。为此，可将科技名人的学术成长资料分为对科技名人进行口述访谈的整理资料、传记、证书、证章、信件、手稿、著作、报道、同行学术评价、音像等10大类（子目录），其他资料依其与这10类资料的相关性对号入座进行归档，从而以利于全部档案的归档、检索和利用。[①]（3）易识别原则（legibility principle），即依据档案本身的主要属性，建立档案与案卷归属之间的准确对应关系，并在充分考证基础上建立包括案卷号、类别、目录、题名、索引、文摘、简要描述、时间、来源、价值等档案核心元素在内的完整的描述文本，最终形成层次分明、定位明晰的档案网络体系，既有利于检索，又有利于提取、利用和研究。

（四）系统整理，立卷建库，有效揭示档案信息

在前期充分采集基础上进行知识库的数字化构建是档案知识管理的关键和最终目标，是组织外知识（external knowledge in organizations）向组织内知识（internal knowledge in organizations）流转的载体和进行体系化处理（systemization）的内在要求：首先，知识库构建可以将各种资料按照档案

[①] 吕瑞花，韩晶晶，韩露.基于元数据的科技名人档案编目[J].科技导报，2013（14）：65.

处理的内在要求和逻辑原则进行有序化存储，确保文件来源的真实性、可靠性，档案信息的完整性、丰富性，以及档案利用的便捷性、科学性，从而确保档案的保存价值得到充分实现，档案的历史价值得到合理呈现，档案的利用价值得到有效发挥；其次，知识库可以从高度（人物的历史定位）、深度（人物的学术成就）、广度（人物的社会地位）、效度（人物的公共认知）等方面全方位拓展知识的外延和多维度揭示知识的内涵；最后，基于数字化处理的数据库有利于文件的即时上传和分享，扩大知识扩散的范围，加快知识的传播和共享，既可以提高知识的利用率，也有利于对知识进行深度开发并实现知识的价值化即知识价值链（value chain）[①]的延伸。在前数字化时代，因为技术手段的局限性和表现形式的单一性，使得传统数据库对知识的揭示程度非常有限，只是通过排列、分类、标引的方式，实现资源的有序化管理，从而达到定向检索与应用的目的。但这种事倍功半的建档模式使得档案的社会利用率非常低。可以说，数字化数据库（digital database）的出现使得档案的利用率出现几何级数的增值，极大地提高了档案的开发、利用、研究价值。以此为基础，通过搜索引擎、超文本、专家系统、元数据、数据挖掘、知识发现数据库和推送（Push）技术、人工智能等知识组织技术，[②]实现科技名人档案的知识揭示的展开和知识管理体系的最终形成。

[①] "价值链"由美国战略学家、哈佛大学商学院教授迈克尔·波特（Michael E. Porter, 1947— ）于1985年提出。波特认为，价值链适用于企业从产品生产至服务的每一个环节中。知识价值链是以顾客需求为导向，以价值链分析为基础，以知识管理的流动即活动为分析对象，将价值链与知识链无缝连接形成的。参见：王瑞敏，刘险峰.基于知识价值链的知识管理模型研究[J].情报杂志，2006（8）：94.

[②] 付昕.知识组织研究之聚类分析[J].现代情报，2006（12）：27.

提高科技名人档案社会化服务能力的现实观照

习近平同志指出:"档案工作是一项非常重要的工作,经验得以总结,规律得以认识,历史得以延续,各项事业得以发展,都离不开档案。"档案作为历史记忆与文化传承的重要载体,承载着记录历史、传播文化、传承文明、服务社会、造福人民等重要社会职能。档案工作是推进国家治理体系和治理能力现代化进程中的一项基础性、支撑性工作,成为小至一个地区、一个行业,大至一个国家、一个民族经济社会发展水平和文明程度的重要标志。科技名人档案作为科学(家)档案的一部分和档案家族的重要分支,在总结和认识科技规律,传承与发展科技、经济乃至各项社会事业,弘扬和传播科学家精神,提高科技事业管理能力等方面,发挥着不可或缺的支撑性作用。

一、科技名人档案开发利用与弘扬科学家精神的价值关联

(一)科技名人档案是科学家科学成就和精神品格的物质载体

科技名人,或称科技精英,是为我国经济增长、社会发展和文明进步作出杰出贡献的科学家群体或个人,是广大科技工作者的杰出代表和社会的宝

贵财富。习近平总书记指出，科学家是"干惊天动地事，做隐姓埋名人"的民族英雄。如果说科学技术是第一生产力，那么，工作在科技事业一线、为国家科技事业发展做出杰出贡献并具有崇高社会声望的科技名人则是第一生产力的首要创造者。2019年6月中央印发的《关于进一步弘扬科学家精神加强作风和学风建设的意见》明确提出，要高度重视"人民科学家"等功勋荣誉表彰奖励获得者的精神宣传，大力表彰科技界的民族英雄和国家脊梁。

所谓科技名人档案，是指反映科技名人成长经历、学术活动、科学成就、社会贡献，以及家庭与社会活动等各种具有保存、查考和利用价值的历史记录。科技名人档案以笔记、文稿、信札、证书与证件、影像与照片、生活物品等各种档案（包括实物档案）形式，记载着档主的成长轨迹、科学历程和社会活动，成为反映他们人生事迹、职业成就、社会声誉的原始记录和主要载体。尤其对已故科技名人而言，档案成为其科学精神和人格魅力的现实"投影"和历史影像，是他们留诸后世、昭启后人的"软遗产"，在某种意义上也是国家科学进步和社会发展的一面镜子。"活化"科技名人档案，深入揭示其中蕴含的精神价值，是发挥科技名人档案社会服务功能、实现其内在价值最大化的必然要求。

（二）科技名人档案是弘扬科学家精神的活教材

习近平总书记在科学家座谈会上的讲话中指出，科学成就离不开精神支撑，科学家精神是科技工作者在长期科学实践中积累的宝贵精神财富。对于退出科研一线尤其是已故科学家而言，档案成为他们留诸后世的主要科学遗产和最为宝贵的精神财富。科技名人档案既闪耀着科学的光辉，又折射着思想的光芒，还蕴含着精神的力量，是开展思想政治工作和社会主义核心价值观教育的鲜活蓝本和重要教材。各类文博场馆和档案保管单位作为科技名人档案的重要收藏和展示基地，具有面向广大公众开展社会教育的先天性职能优势和资源优势，应该主动发挥面向广大公众尤其是在校学生和青年科技工作者开展思想政治工作的主阵地作用。加强科技名人档案采集、整理与研究，深入揭示广大科技名人身上折射的以"爱国、创新、求实、奉献、协同、育人"为标志的中国科学家精神品质和价值追求，既体现了对科学与科学家的双重尊重，有利于科学家精神社会价值的应然回归，又为引导广大在校学生树立崇高理想信念和正确人生观价值观世界观确立了现实参照，还为激励广大科技和教育工作者潜心科研与教学、培养社会主义建设者和接班人，提供了资源保障和典范引领。充分发挥科技名人档案的社会化服务功能，对于弘扬新时代科学家精神，加强社会主义核心价值体系建设，具有重要现实意义和深远战略意义。

二、落实立德树人根本任务对发挥科技名人档案社会教育功能的现实召唤

（一）立德树人是科技名人档案发挥教育功能的价值要素

2019年6月中共中央办公厅、国务院办公厅联合印发的《关于进一步弘扬科学家精神加强作风和学风建设的意见》指出，要高度重视"人民科学家"等功勋荣誉表彰奖励获得者的精神宣传，大力表彰科技界的民族英雄和国家脊梁。《意见》要求，关于科学家精神教育，"要推动科学家精神进校

园、进课堂、进头脑";关于科学家档案利用,"要系统采集、妥善保存科学家学术成长资料,深入挖掘所蕴含的学术思想、人生积累和精神财富";关于宣传科学家精神开展社会教育,"要建设科学家博物馆,探索在国家和地方博物馆中增加反映科技进步的相关展项,依托科技馆、国家重点实验室、重大科技工程纪念馆(遗迹)等设施建设一批科学家精神教育基地"。广大文博工作者应自觉担负起时代使命,秉持"科学家精神进校园、进课堂、进头脑"现实情怀和问题意识,着眼科学家精神挖掘、研究和利用,更好服务社会发展需要。可以说,这是在现实维度主动响应中央有关文件精神、实现档案社会服务能力"自我激活"的实际行动。

(二)充分激发科技名人档案的时代活力

习近平总书记指出:"办好中国特色社会主义大学,要坚持立德树人,把培育和践行社会主义核心价值观融入教书育人全过程。"科技名人档案既是文化知识教育的厚重教材,也是思想道德教育的有益读本,在立德树人和培养社会主义建设者和接班人方面占有重要一席之地。各级文博场馆馆藏科技名人档案作为科技、经济与社会各项事业发展的历史见证和科学家精神的物质载体,是一笔档案育人、立德树人宝贵财富,是面向包括广大在校学生在内广大公众提供社会化服务,加强思想政治教育、科学家精神弘扬和核心价值引领,更好地服务于新时代中国特色社会主义建设的源头活水。本质上,科学家精神是科技名人档案内在价值和历史价值的体现,而发挥立德树人功能则是科技名人档案外在价值和现实价值的召唤,二者统一于推进中国特色社会主义事业的伟大实践之中。

增强科技名人档案面向高校思想政治工作的服务功能,对在校大学生而言,可以增强他们追求真理、献身科学、报效祖国远大理想信念的塑造,在实践上可以为"全程育人""全方位育人"提供新的突破口;对在校教师和科研人员而言,可以引导和激励他们在教学科研工作中自觉履行立德树人根本使命,"把论文写在祖国大地上",努力培养社会主义建设者和接班人,为高等教育事业贡献自己的应有力量。

三、档案文博事业发展对繁荣中国特色社会主义文化的时代担当

(一)档案文化是一种历史文化,是文化育人的重要载体和依托

档案是历史的凭据、决策的参考。档案文博事业的发展繁荣、博物馆社会功能的有效发挥,是中国特色社会主义文化事业的重要组成部分和建设社会主义文化强国的必然要求。习近平总书记在中共中央政治局第十八次集体学习时强调,对待历史,我们要牢记历史经验、为推进国家治理体系和治理能力现代化提供有益借鉴。加强档案开发利用,提高档案社会化服务水平,是发展档案文博事业的根本要求。作为档案重要分支的科技名人档案既是科学家个人生平的见证,很大程度上也是国家经济社会发展的记录和产物,是党史国史的重要组成部分。让那些作为历史凭证且无可替代的科技名人档案回归社会、服务社会,是其实现社会价值并被赋予其新的生命力的有效途径,也是国家发展的现实需求。

党的十八大以来,以习近平同志为核心的党中央从党和国家事业发展全局的战略高度,对新时期思想政治工作的使命、目标、原则和任务进行了一

系列深刻阐述,提出了明确的工作要求和目标任务,为实现新时代党的历史使命提供有力思想支撑。2018年8月,总书记在全国宣传思想工作会议上指出,中国特色社会主义进入新时代,必须把统一思想、凝聚力量作为宣传思想工作的中心环节;宣传思想工作是做人的工作的,要把培养担当民族复兴大任的时代新人作为重要职责;重中之重是要以坚定的理想信念筑牢精神之基。随着国家各项事业蓬勃发展和社会文明程度日益提高,档案文博事业在国家文化建设中的地位和作用日益突出,成为推进文化育人、建设文化强国的重要依托。科技名人档案作为一种独特的档案门类,因其丰富的价值内涵,在思想政治工作和精神文明建设中发挥着一般文化载体无可替代的作用。

(二)以科技名人档案"社会化"助力档案文化建设

无论在档案文博界还是在档案学领域,科技名人档案均尚未形成一个具有明确"身份标签"的档案门类。科技名人档案作为人类认识科学规律并通过科学实践改造社会的历史记录,是科技名人科学智慧和学术智慧的结晶,是社会宝贵的精神财富。因而,科技名人档案也是一种文化,是"档案文化"的重要组成部分。加强科技名人档案科学研究和学术出版,一方面有利于强化科技名人档案在文博系统的学术地位,增强档案学、科技史、政治学等学科建设,为"大德育"教育体系的构建和创新型人才培养提供学科支撑;另一方面有利于通过学术研究促进文化繁荣、增强文化自信和国家文化软实力,助力社会主义核心价值体系建设和文化强国建设。

档案是见证社会进步的产物、国家发展的见证、文化繁荣的记录,实现档案的"社会化"并为国家所用,激活并释放蕴含其间的科学文化内涵,发挥档案服务国家经济社会发展的作用，是档案工作的价值归宿和根本要求。站在新时代历史起点上，发挥科技名人档案保管机构尤其是依托各高等院校、科研院所等档案文博机构的馆藏科技名人档案社会化服务能力，是弘扬新时代科学家精神、落实立德树人根本任务、繁荣中国特色社会主义文化的时代需求与现实召唤，成为实现其社会价值最大化的"三大支点"。

第六章

科学之帜——人民科学家崇高风范

（典范篇）

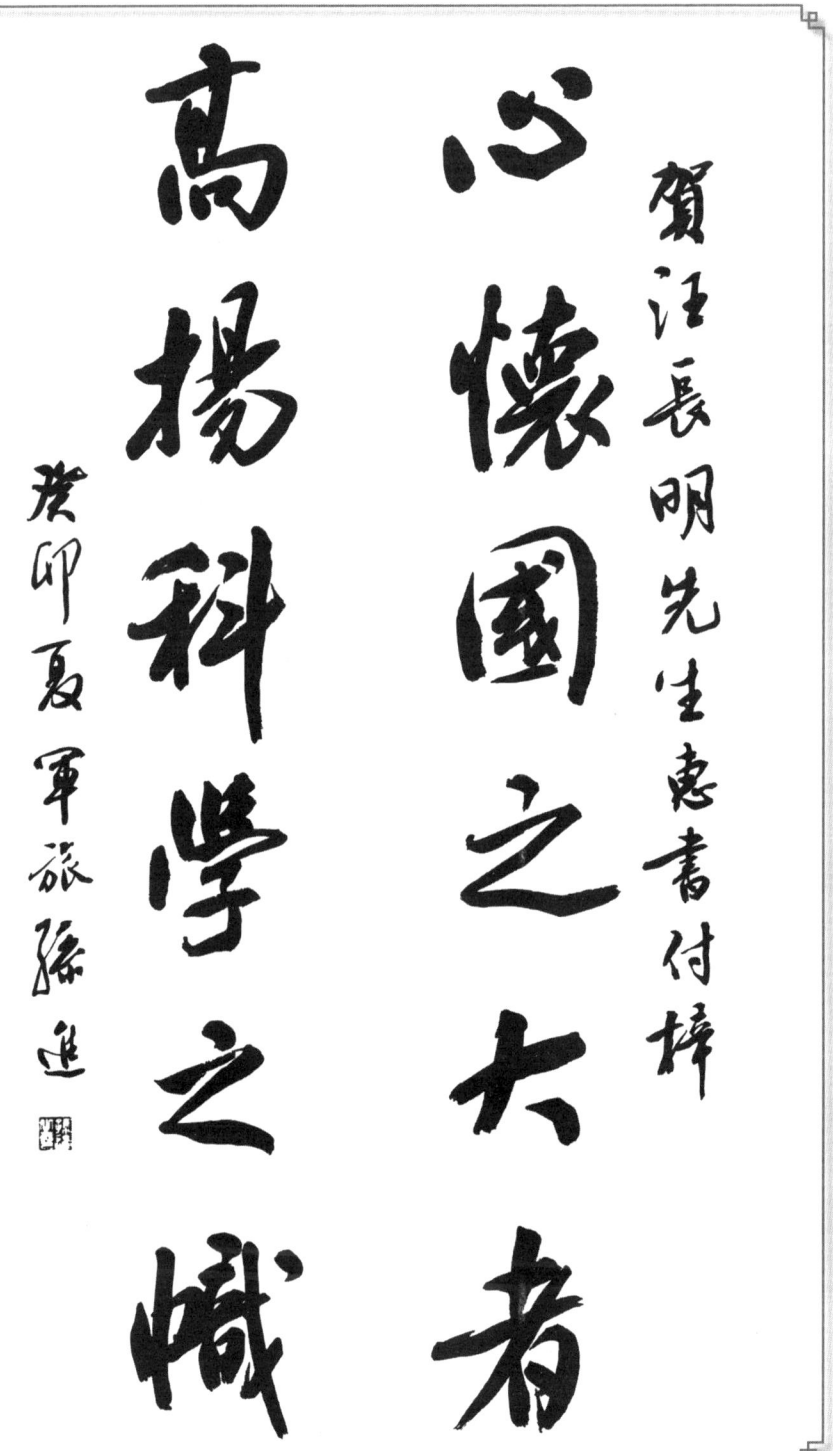

上海警备区原副政委、上海市国防教育协会会长孙进题词

钱学森在党史上的理论地位

钱学森既是享誉海内外的杰出科学家和我国航天事业奠基人，也是长期思考社会主义建设和发展问题的科学理论家。在漫长的科学人生中，钱学森集爱国知识分子、科学技术前沿的开拓者、党的科技功臣、社会主义事业的科学探索者等多重角色于一身，实现了个人与国家、公民与社会的历史交融与时代交汇。2021年是中国共产党成立100周年，也是钱学森诞辰110周年。从党的事业高度考察钱学森在党史上的理论地位，尤其是他作为一位自觉的、真正的马克思主义者在运用马克思主义、实现马克思主义中国化、繁荣哲学社会科学等方面取得的学术造诣，对于全面客观认识钱学森的理论贡献及其历史地位、实现高水平科技自立自强、推进国家治理体系和治理能力现代化等，具有重要理论意义、现实意义和实践意义。

经济、政治、意识之间的联系是社会的基本联系，是探索和揭示人类社会基本规律的"三大要素"。考察钱学森对中国共产党科技事业、治国理政和理论信仰所进行的学术努力，或言其在党史上的理论地位发现，他的理论贡献主要关涉科学意识形态、国家治理形态和社会发展形态三个方面，包括社会主义建设规律、中国共产党执政规律、人类社会发展规律三个维度。对中国特色社会主义"三大规律"的探索体现了钱学森作为战略科学家的政治情怀和理论品格。

一、科学意识形态：构建现代科学技术体系学，探索社会主义建设规律

钱学森着眼党和国家科技事业发展，从科学与政治相结合的高度，以及寻找科学与哲学结合（科学哲学化与哲学科学化）合理性空间的可能性视角，致力推进马克思主义哲学中国化，构建现代科学技术体系学——"科技一体化论"。其价值旨归在于探索社会主义建设规律，为社会主义长远发展构建"知识-理论"框架。

科技一体化——包括科学（不同学科门类）一体化，科学、技术与工程的一体化——是现代科学技术发展的总体趋势和显著特征。这一趋势导致：一方面，传统意义的自然科学和社会科学内部各学科之间相互交叉和渗透，学科边界日益模糊，跨学科与交叉学科越来越多；另一方面，自然科学和社会科学相互融合、汇流，由各种学科构成的人类知识体系的整体性即一体化趋势越来越强。交叉学科大量涌现与"科学、技术、工程一体化"，成为现代科学技术发展的主要特点和趋势。晚年钱学森基于对人类知识体系尤其是现代科学技术发展趋势的整体把握，运用系统论思想尤其是"系统五性论"（开放性、复杂性、整体性、层次性、动态性），广泛吸收现代科学技术各领域知识，通过学科重组与知识集成，构建了从基础科学、技术科学到工程技术三个层次的现代科学技术体系，作为人类对客观世界认识的最高概括，为我国社会主义建设提供理论服务。钱学森的现代科学技术体系是一个

多维、开放、动态的网格化知识系统,在横向即广度上拓宽了现代科学技术的学科门类,在纵向即深度上深化了现代科学技术的层次结构。这一划分模式颠覆了传统的"自然科学+社会科学"二分法人类知识体系结构,是现代科学技术体系在认识论与方法论上的一次革命性突破。它的观点、理论与方法具有开创性、前瞻性、实用性和战略性,是一个科学的理论谱系。在源始意义上,现代科学技术体系为更加科学地处理现代社会日益突出的学科交叉(跨学科)、领域重叠(跨领域)、层次模糊(跨层次)问题提供了方法论依据,体现了钱学森作为一位战略科学家的学术视野和理论胸怀。

2021年5月28日,习近平总书记在全国两院院士大会上发表的重要讲话中提出:"现代工程和技术科学是科学原理和产业发展、工程研制之间不可缺少的桥梁,在现代科学技术体系中发挥着关键作用。要大力加强多学科融合的现代工程和技术科学研究,带动基础科学和工程技术发展,形成完整的现代科学技术体系。"[①] 现代科学技术体系作为以人类总体性知识结构为研究对象的原创性话语体系,是钱学森科技人生中三大创造高峰的"收官之作"。随着时代发展与社会进步,钱学森现代科学技术体系已经迈出书斋扎根泥土、踏出学院直面社会,进入党中央治国理政的理论体系和话语体系,成为服务国家发展和社会进步的"理论重器"。据笔者所知,这是党和国家最高领导人层面首次提出"现代科学技术体系"这一推进国家治理体系和治理能力现代化的政治话语,既体现了以习近平同志为核心的党中央以系统思

---

① 习近平.为建设世界科技强国而奋斗——在全国科技创新大会、两院院士大会、中国科协第九次全国代表大会上的讲话[EB/OL].中华人民共和国科学技术部:https://www.most.gov.cn/ztzl/qgkejicxdh/yw/201606/t20160602_125940.html.

维认识现代科学技术、研判世界科技发展态势与格局、统领国家科技与科研管理工作,以顶层设计、体制保障和制度激励推进颠覆性技术创新,不断强化国家战略科技力量,加快世界科技强国建设重要性和紧迫性的高度重视与战略远见,也在理论叙事维度丰富了马克思主义国家学说的中国化成果,做到了这一体系"中国化"与"时代化"的自我赋能与自我实现。

在科学与意识形态的关系问题上,部分哲学家认为,其一,科学技术承担了意识形态的功能进而成为社会控制的手段;其二,特定社会意识形态对科学内容具有"反作用"功能。钱学森因其特殊的人生经历和高度的政治觉悟,固然是一位"科学意识形态"论者,这主要体现在他对马克思主义哲学的信仰以及对其发展所做贡献上。作为一种学术共识,学者们倾向于认为或言一般认为,钱学森对马克思主义哲学的贡献在于:一是钱学森将马克思主义哲学置于"学科之母"的高度和"智慧之源"的位置,认为"马克思主义哲学、辩证唯物主义是人类知识的最高概括",并由此建立了"马克思主义哲学→基础科学→技术科学→工程技术(应用技术)"理论体系和学科体系(11大学科),即现代科学技术体系这一人类全部知识的"总图谱",马克思主义哲学由此具有人类知识体系"桥头堡"作用、处于"总抓手"地位;二是钱学森认为,马克思主义哲学具有科学性,是"人类智慧的源泉",这是对传统意义马克思主义哲学思辨性在理论上的超越。推而广之,早在20世纪80年代初,钱学森就提出,"社会科学技术也是第一生产力"(《文汇报》,1980-09-29)。作为"自然科学和社会科学的总和",哲学尤其是马克思主义哲学由此在逻辑上具有推动现实生产力发展的"科学意义"。

二、国家治理形态：提出社会主义国家学，探索中国共产党执政规律

钱学森着眼党的治国理政，致力发展中国共产党作为马克思主义执政党推进国家治理体系和治理能力现代化的方法论，在集成与发展领导科学思想、总体设计部思想和社会系统工程思想等原创性学术话语基础上，提出社会主义国家学——"社会主义行政论"。其价值旨归在于探索中国共产党执政规律，为党的长期执政提供理论支撑。

在政治意义上，钱学森是中国共产党优秀党员，从事的是党的事业、人民的事业，并为之奋斗终生。这是他作为"人民科学家"的根本性身份依托。自20世纪70年代末开始，钱学森"破例"接受邀请，先后九次赴中央党校为党的各级领导干部做关于现代科学技术体系、领导干部队伍建设、社会主义建设的大战略问题等专题报告，旨在"建立社会主义的行政理论"，为国家治理体系和治理能力现代化进行了不懈的理论探索。习近平总书记指出："从严治党，关键是要抓住领导干部这个'关键少数'。"党的建设、国家治理系于各级领导干部，系于领导干部素质的提高。到了80年代，钱学森继而提出，为完成到21世纪中叶（即中华人民共和国成立一百周年之际）实现三个阶段社会主义建设任务，我们国家将经历一个史无前例的高速发展时期，为加强国家治理能力建设，各级领导干部面临一个极为复杂而又关键的决策任务。为此，实现领导决策的科学化成为提高各级领导干部行政管理能力的迫切需要。钱学森认为，增强领导干部素质是完善国家治理形态，提

高国家治理能力的根本要求，领导干部素质高低是衡量国家治理水平的价值尺度。

在钱学森看来，党的事业发展系于领导人才薪火相传，领导人才培养应着眼领导者综合素养的提高。为此，一要掌握领导方法，领导者应学习领导、决策的科学方法所需的知识，具有广博的知识；二要增强领导胆略，即领导者要具备领导和决断的气魄、决心、胆识和眼光。为达到这两点要求，也就是科学领导、科学决策，领导者要做到理论联系实际、学以致用。他认为，"方法是可以学的，因为既然是科学的方法，能说出道理来，就能通过讲课、读书、练习等过程来理解和掌握。而胆略的具备则比较复杂，要经过在实践中反复磨炼和多种因素的融合才能形成"。当然，一位优秀的领导必然是方法与胆略兼备，"艺高人胆大"。因此，我们在培养领导人才过程中，既要注意科学知识和方法的传授，又要重视领导艺术和胆略的训练。

关于领导素养，钱学森认为，领导干部要学习现代科学知识，做到懂科学（科学素养）与讲政治（政治素养）的统一。他指出："在当今时代，一个人，特别是领导干部和高级干部，光懂政治不行，一定要懂一些科学，要坚持科学与政治结合。"这句话包括两层含义：一是科学家要有政治素养，要懂政治、讲政治；二是各级领导干部要有科学素养，要用科学武装头脑。他曾自我剖析道："我回国以后所做的工作，可以说都是科学与政治结合的成果。即便是纯技术工作，那也是有明确政治方向的。不然，技术工作就会迷失方向，失去动力。"

关于领导作风，钱学森认为，领导干部要重视决策咨询工作，做到民主与集中结合。他一贯主张，科研领导工作应发扬科学民主、技术民主和学术民主，这是由科研工作的特点和规律决定的。"古今中外，概莫能外。"钱学森晚年在对中国航天成功经验进行理论总结的过程中指出，将党领导下的民主集中制运用于航天实践，尊重专家首创精神，发扬技术民主作风，不断攻克"两弹一星"工程研制难关，是中国航天系统工程管理的"成功密钥"。航天系统工程管理的宝贵经验，归结到一点，就是做到了技术民主与集中决策的辩证统一。

关于领导艺术，钱学森认为，领导干部要加强领导能力建设，做到科学与艺术结合。所谓领导艺术，在钱学森看来，"是一种离开数学领域的领导才能，它能从大量事物的复杂关系中判断出最重要最具有决定意义的东西"。简单地说，就是领导工作"不可能那么死，要活一点"。"活"是领导艺术的灵魂，即具体问题具体对待。而在领导活动中真正提高领导艺术，发挥出领导艺术应有的作用，需要做到科学性与艺术性的统一。科学性体现的是对事物普遍性的认识，而艺术性则体现的是对事物特殊性的把握。领导工作科学性与艺术性的统一，根本上反映了一位优秀领导者对领导对象普遍性（共性）与特殊性（个性）、规律性（客观性）与创造性（主观性）相统一的辩证唯物主义认识论和方法论，也体现了逻辑思维与形象思维相结合的科学思维方法。

三、社会发展形态：创立"世界社会形态论"，探索人类社会发展规律

钱学森从人类社会发展规律尤其是科学—技术—产业革命演变规律的视角，以马克思主义立场、观点、方法，着眼世界社会形态演变和党的理论信仰，致力完善马克思主义社会形态理论，创立"准共产主义"人类社会形态假说——"世界社会形态论"。其价值旨归在于探索并揭示人类社会发展规律，并深化对人类前途和命运的认识。

钱学森以马克思社会形态学说的基本理论逻辑，基于对世界本质及其发展趋势的探索，创造性提出了世界发展趋势的"世界社会形态论"，并进行了初步假设："从19世纪末期到20世纪中叶，是这个世界经济一体化的过渡时期。……这个时期又是世界社会的形成时期"，"我们进入了社会形态的新阶段：世界社会"；"现在只是世界社会的第一阶段……再有一百年就是世界社会的第二阶段；最后是世界大同的共产主义世界社会。""作为一个马克思列宁主义者，我们坚信：这一斗争的结果一定是世界大同的共产主义世界社会。""今后一段历史是以世界社会形态培育世界大同，即共产主义。"他指出，作为一个社会主义大国，中国应以积极主动的姿态融入世界社会形态，并称这是"现代中国的第二次产业革命"。钱学森"具有坚定的共产主义理想信念"（新华社：《钱学森同志生平》），他认为，共产主义是符合人类社会发展规律的科学理想，人类进入共产主义社会并不是遥遥无期的梦想。他预言："到了大约200年后的共产主义社会，人类将进入世界

大同，最终消灭了战争，国家没有了，国界没有了，全世界一体化。这就开始了人类社会的第二大阶段，人们完全自觉地利用自然规律和社会规律创造历史。在此阶段，实行了按需分配，消灭三大差别，智力大发展，人遨游了太空……"总体上，钱学森所言"世界社会"是一种介于当今社会和共产主义社会之间，或言"前共产主义"的中继社会形态。马克思指出："不是意识决定生活，而是生活决定意识。"在社会发展阶段论意义上，"世界社会"的最终归宿——"大同世界"总体上尚处于社会意识（而非社会存在）的范畴。

自苏联解体、东欧剧变，以冷战为特征的国际意识形态阵营瓦解后，世界社会主义运动处在曲折中迂回发展阶段，国际共产主义运动前景扑朔迷离、不甚明朗，理论界部分学者存在社会主义认识危机和共产主义信仰危机。针对社会上存在的诸如怀疑共产主义的渺茫论、否定共产主义的空想论，钱学森提出"世界社会形态论"和共产主义必胜论，一方面基于他作为一位坚定的马克思主义者所具有的党性修养、政治觉悟和理论品质，另一方面也与他作为一位战略科学家所具有的前瞻性理论眼光和学术敏锐性密不可分。至于钱学森的世界大同假说能否最终实现，相信随着人类历史不断演进和人类社会不断发展，在事物发展普遍规律意义上，他的这一美好"理论愿景"必将经受并得到实践的有力检验和印证。即便在世界社会主义运动遭受严重挫折的当今时代，仍有部分西方左翼学者尝试进行诸如"共产主义假设"（阿兰·巴迪欧、斯拉沃热·齐泽克等）的理论努力，共产主义社会这一"人类最崇高的社会理想"之理论生命力由此可见一斑。诚如钱学森本人所言："不管今天有些人怎么怀疑马克思主义，不管今天有些人怎样批判科学共产主义的学说，马克思恩格斯提出的人类共产主义文明更高阶段的理想，是真善美的统一，是真正合乎人性的，是真正人道主义的。它确实是人类社会文明的理想境界。"在人类文明不以人的主观意志为转移的规律性发展与发展性规律作用下，如前所述，历史将会真正摆脱道德义愤和主观幻想的支配，以"社会存在"的形式给出裁定人类归宿性社会形态之争的"终极答案"。

钱学森：科学最重，名利最轻

2021年是中国共产党成立100周年，也是中国共产党的优秀党员、人民科学家钱学森诞辰110周年。习近平总书记曾指出，"要学习钱学森同志的光荣感，他把群众的口碑当作自己无上的光荣"。在漫长的科学人生中，钱学森始终秉持人民情怀，事业重于泰山、党性高于一切，"科学最重、名利最轻"，体现了一位中国共产党人崇高的精神品质和价值追求。

一、"把世界最先进的科学技术学到手"

1929年7月，钱学森从北师大附中毕业后，"抱着振兴祖国的决心"，以优异成绩考上被誉为"东方MIT"的交通大学，主修铁路工程。按照钱学森之子钱永刚的说法，钱学森报考交通大学是受到了孙中山先生"实业救国"思想的影响，打定主意要学铁道工程，给中国造铁路，成为像詹天佑一样的工程师。

在大学期间，一·二八事变爆发，日本空军凭借空中优势，掌握了对中国领空的控制权，对上海狂轰滥炸。中国军民惨遭杀戮，人员财产遭受惨重损失。钱学森亲眼目睹这一切，痛感中国必须拥有先进的航空技术和强大的航空工业，才能自立于世界民族之林。于是，他在大学四年级的时候，将入生理想从"交通救国"转向"航空救国",并进行了不懈探索。在校期间,钱学森选修了《航空工程》等课程,并利用大部分课余时间去学校图书馆借阅航空方面的书籍和杂志,专攻航空与火箭知识,并有了初步的研究心得。至赴美留学前夕,他已发表《火箭》《美国大飞船失事及美国建筑飞船的原因》等六篇航空、火箭方面的论文。钱学森在交通大学时期对航空与火箭的关注和研究为他后来转向这个领域从事专业研究奠定了必要的知识基础。

1935年9月,钱学森怀着发展祖国航空事业的远大抱负赴美求学。那个年代中国内忧外患,中国人在国际上很难得到应有的民族尊严。钱学森下定决心奋发学习,一定要为中国人争口气,用自己的才智在外国同学面前证明中国人不可小觑。他曾说:"我到美国去,心里只有一个目标,就是要把世界最先进的科学技术学到手,而且要证明我们中国人是可以赛过美国人,达到科学技术的高峰。"

正是因为有这种坚定的家国情怀做支撑,钱学森潜心研攻、心系祖国,他硕士毕业后即认识到"一名技术科学家对于祖国的帮助远大于一名工程师",于是将研究方向从航空工程转向航空理论;在美国学习和工作20年间,钱学森没有买一美元的保险,因为他"根本不打算在美国住一辈子";他在将风洞原理应用于风车发电的实例计算时,选取的数据就是参照祖国的自然条件;成为世界著名科学家后,对于国外优厚生活待遇和优越的工作条件,他不为所动,当得知新中国即将诞生,即先后辞去各种要职,毅然决定回国。赤子深情,溢于言表。

旅美期间,钱学森在应用力学、喷气推进以及火箭与导弹研究方面,取得了举世瞩目的成就：与导师冯·卡门共同完成的高速空气动力学问题研究课题和建立的"卡门-钱近似"公式，使他在28岁时一举成名，成为世界知名的空气动力学家；他独立完成的学术论文《关于薄壳体稳定性的研究》，使他在航空技术工程理论界获得很高声誉；他提出的火箭与航空领域若干重要概念、超前设想和科学预见，奠定了他在力学和喷气推进领域翘楚地位。同时，他还开创了工程控制论、物理力学两门新兴学科，为人类科学事业发展作出了开创性贡献。对于自己留美期间取得的科学成就，钱学森坦言："我在美国前三四年是学习，后十几年是工作，所有这一切都在做准备，为了回到祖国后能为人民做点事。因为我是中国人。"

二、"冲破藩篱归故国"

新中国成立后不久，钱学森、蒋英夫妇即着手为回国做准备。他归心似箭，"无一日一时一刻不思归国，参加伟大的建设高潮"。1950年8月，钱学森打点好行李、买好机票准备举家回国。但是，麦卡锡主义政治阴风盛行的美国以莫须有的罪名，非法扣留钱学森，以达到让他长期滞留美国致其科学生命荒废的险恶目的——"经过五年时间让他所掌握的知识变得彻底过时"。钱学森不为迫害所惧，不为利诱所惑，他卧薪尝胆、大义凛然，充分展示了一位中国科学家崇高的民族气节。面对美方检察官的责难，他坚定地说："新中国已经成立了，我是一定要回到祖国去的，这没有什么可商量的。"

1955年8月4日，经过中国政府的严正交涉、钱学森的不懈抗争和国际友人的帮助，美国移民当局最终不得不同意放行。9月17日，钱学森带着荣耀与辛酸、成就与苦难互相交织的复杂情感，携家人踏上了回归祖国的航程。为了这一刻，他整整准备了20年。在回国邮轮上，钱学森难掩无比激动的心情，他说："今后我将竭尽努力，和中国人民一道建设自己的国家，使我的同胞能过上有尊严的幸福生活。"这是对他在美国所受屈辱的洗雪，也是对其报国之情的陈说。

就钱学森回国这一事件本身而言，如若任由钱学森个人去承担"从中对科学与政治，以及简单的人类公平问题得出的重要教训"（冯·卡门语），未免有失公允。即便到了今天，在美国仍不乏有识之士和有良知的学者对此提出质疑，认为对钱学森的不公正对待是美国曾经犯下的最大"战术错误"之一。甚至当年极力阻止钱学森回国的金波尔将军多年后也不得不反思："这是这个国家所犯下的最愚蠢的错误。他（钱学森）跟我一样都不是共产党员，是我们迫使他离开了美国。"

三、"和中国人民一道建设自己的国家"

钱学森回国后，自觉服从国家需要，勇敢承担起创建我国航天事业的重任，为中华民族屹立于世界民族之林殚精竭虑。他始终站在世界科技前沿，以超凡智慧、开拓意识和战略眼光，带领中国航天人白手起家、自力更生，攻克了一系列重大技术难关，解决了一大批关键技术难题，在艰苦卓绝的环境中开创了中国航天事业；他从战略高度思考、谋划我国科学技术发展特别是国防科技发展的重大问题，提出了许多富有前瞻性的重要学术思想和有重大实践价值的建议，为我国导弹航天事业发展作出了许多具有里程碑意义的贡献。

作为中国航天事业初创阶段的技术领导人，钱学森在中国乃至世界航天史册上书写了浓墨重彩的一笔，留下了彪炳史册的一页。新华社《钱学森同志生平》电文用11个"第一"对此进行了概括：组建了我国第一个火箭、导弹研究机构；指导设计了我国第一枚液体探空火箭；作为技术总负责人，协助组织实施了我国首次"两弹结合"试验；牵头组织实施了我国第一颗人造地球卫星发射任务；领导设计制造了我国第一艘核动力潜艇；指挥成功发射了我国第一颗返回式卫星……

经过以钱学森为代表的第一代航天人协同创新，中国航天事业一步一个脚印，阔步向前；中国国防建设一步一个台阶，蒸蒸日上。如今，中国已经成为名副其实的航天大国。吃水不忘挖井人，这一辉煌成就的取得，离不开中国航天事业奠基人钱学森的卓越贡献。他早年的航空救国梦、科学报国梦如今都在祖国大地上变成了现实。"长征"升空、"神舟"飞天、"嫦娥"奔月、"天问"探火……浩瀚太空一次次留下中国人的科技身影。钱学森回国前夕曾说过："我的事业在中国，我的成就在中国，我的归宿在中国。"虽说科学没有国界，但科学家都有自己的祖国。钱学森对此做了最好的诠释。

四、"一切成就归于党"

"我回国近三年来受到党的教育，使我体会到党的伟大，党为实现共产主义社会这一目标的伟大。我愿为这一目标奋斗，并忠诚于党的事业。"最近公开的一份写于1958年9月24日的入党志愿书一夜之间家喻户晓。有媒体就此评论指出："寥寥数句，却字字铿锵。"这份简短却令人震撼的入党志愿书如同它的主人钱学森一样，令人景仰钦佩。字里行间折射的是一位人民科学家对党的事业无比忠诚，以及他为党和人民的事业奋斗终生的铮铮誓言。

钱学森是1959年11月12日成为一名正式党员的。亲历钱学森入党全过程、时任科学院党组书记的张劲夫认为，钱学森在美国遭到残酷迫害，是党挽救了他，使他能归国投身于社会主义建设事业。从这个背景看，他要求入党是理所当然的了。同时，钱学森的入党又推动了科学院一大批知名科学家政治上的进步。他本人曾因入党"激动得睡不好觉"，也曾因获悉自己与雷锋、焦裕禄、王进喜、史来贺一起，被中央组织部评为解放四十年来在群众中享有崇高威望的共产党员的优秀代表而感到"心里激动极了"。

"我为新中国科技事业发展所做的工作，是和党的正确领导、集体的智慧分不开的，我个人仅是沧海一粟，真正伟大的是党、人民政府和我们的国家。""一切成就归于党，归于集体。"这既是钱学森的肺腑之言，也是他作为一位优秀共产党员科学家对党的事业无限忠诚、对党的领导无比拥护并为之鞠躬尽瘁的人生总结。钱学森认为，导弹航天是党中央集中统一领导下的一项成千上万人的大科学工程，没有党的领导，没有集体的努力是谁也干不成的。他自己只是恰逢其时，回到祖国，做了他该做的工作。

现代科学技术体系作为以人类总体性知识结构为研究对象的原创性话语体系，是钱学森科技人生中三大创造高峰的收官之作。如今，钱学森现代科学技术体系已经迈出书斋扎根泥土、踏出学院直面社会，成为服务国家发展和社会进步的理论重器。随着时代发展与社会进步对理论创新的召唤，如何从一位思想家的视角和高度认识钱学森，是深入挖掘、全面继承钱学森精神遗产，服务全面建设社会主义现代化国家的现实需求。

钱学森生前秘书吴中秋捐赠文献史料始末

钱学森生前秘书吴中秋先生出生于1940年，安徽黄山歙县人，先后在安徽屯溪一中、解放军军事电信工程学院（简称西军电，今西安电子科技大学）无线电物理系激光专业学习；毕业后，于1967年12月赴位于新疆马兰的解放军第二十一试验训练基地，先后在研究所、科技处（任组织计划科参谋）等部门工作；1978年5月调往国防科学技术委员会（简称国防科委），先后任政治部秘书、国防科学技术工业委员会（简称国防科工委[①]）办公厅秘书处副处长、国防科工委钱学森专职秘书（1982.5—1983.8）。随后，吴中秋作为军队第三梯队人选，进入国防大学学习，从此不再担任钱学森的秘书工作。

吴中秋是钱学森身边的第六任秘书，[②]也是十位秘书中任职时间最短的一任。由于工作需要，笔者几经周折，于2018年8月与吴先生取得联系，并促成其将个人所藏与钱学森有关的二十余件文献史料捐赠钱学森图书馆，不但进一步充实了本馆馆藏，也丰富了我们作为钱学森研究人员对钱学森本人

[①] 国防科工委由国防科委1982年5月10日改制而成，后于1998年3月主体改组为总装备部，2008年3月撤销建制，大部分职能归于现在的工业和信息化部。
[②] 钱学森十任秘书依次为：张可文、王环、陈易平、王献、王寿云、吴中秋、涂元季、龚志刚、顾吉环、李明。

及有关历史的认识。

一、"从罗布泊核基地走到钱学森身边"一文引发的关注

从萌生与吴中秋先生取得联系的念头，到最终促成其向钱学森图书馆慷慨捐赠，头尾已有三个年头（2017年12月至2019年5月）。笔者作为其中的主要联络人，对三年来尤其是近一年来与吴先生的交往过程做一简要回顾。

安徽《黄山日报》文学副刊《黄山晨刊》先后于2017年12月13日、20日、27日，分期刊载吴中秋口述访谈"从罗布泊核基地走到钱学森身边"。吴先生在文中详细回忆了他从罗布泊基地一位普普通通的战士到走近家喻户晓的著名科学家钱学森并成为其专职秘书的点点滴滴。据笔者所知，此前吴中秋鲜有相关文章公之于世，与钱学森其他秘书相比，其在"后钱学森时代"的社会活跃度略有不及，因而对身为钱学森研究人员的我们而言，显得低调而神秘。该文成为吴中秋与钱学森工作交集最全面的一次系统性回顾，为我们提供了了解史与人的双重线索，一时引起笔者的兴趣和关注。

为获得吴中秋先生的联系方式，笔者通过《黄山晨刊》取得栏目主编胡玉琪女士的联系方式，在她的介绍下与栏目责编李平易先生取得联系。据其介绍，文章实际组稿人为李平易同学、吴中秋同村友人吴宪鸿（曾任歙县徽城镇人大主席）。前文所述"几经周折"，实因李平易系该报原责编，时已退休，很少参与报务，亦很少查看邮件。功夫不负有心人，虽然多封邮件发出后如石沉大海，但经过长达八个月时间的坚持，终于迎来柳暗花明的时刻。2018年8月4日，笔者收到李平易先生回复（他在邮件中告知吴宪鸿身份

及联系方式），于当日即与吴宪鸿先生取得联系，并及时收到对方回复，获得吴中秋先生手机号。

每每回想起这段一波三折的经历，笔者不由心生感慨。如果没有心存寄望、不厌其烦的尝试，没有屡败屡战、愈挫愈勇的坚持，也许时至今日，吴中秋先生于我们而言，依旧只是一个似曾相识但素昧平生的名字。

二、未曾谋面先知己

2018年8月6日，笔者第一时间与吴中秋先生取得联系，告知我方身份及意向。原本以为，吴先生作为曾经身居要位的钱学森秘书，加之军旅出身，想必是一位虑周藻密但不苟言笑的"大人"吧？（此说系"从罗布泊核基地走到钱学森身边"一文中钱学森对吴中秋的称谓，吴在钱心目中的地位由此可见一斑）但电话拨通之后，吴先生热情好客、平易近人的风范令人印象深刻，久久难忘。笔者心中仅存的顾虑顷刻间烟消云散。即便几近耄耋之年，吴先生依然不失古道热肠、侠肝义胆的军人风范。

此后，我们互加微信，并一直保持联系。在此期间，笔者因《钱学森研究》辑刊副主编身份，专门向吴先生约了一篇稿件——"我所经手的钱学森工资"。在这篇文章中，作者回忆道：

我1980年到1984年在钱学森身边工作的四年内，他的工资没有变化，一直是331元。每月的工资我会在记事本上记录，扣去开销后，再交给蒋英教授。一般所剩无几，最多也就二百来元。每个月我都会向他汇报他个人和一部分家庭的开支。在一年之中，一般情况下，他的总开支比他的工资收入要多得多。他经常使用过去的存款和部分稿费来补贴工资亏空。

钱学森的兴趣非常广泛，因此他订购的书刊和买的书籍也比较多，大概要占他每个月工资的三分之一。新华书店每月都会给他发来一本预订书清单，钱老会在书单上勾选要买的中外文书籍，我汇总后寄给书店。由于钱学森当时任国防科工委副主任，这些购书款原本可以按照书报费报销，但是钱老从来没有把这批费用用公家的经费来报销。所以有些时候，他入不敷出，月工资不够他的开销，我做秘书的还得从自己84.50元工资里给他填，然后从他下个月的工资里补回来。

钱老公私分明及艰苦朴素的作风，在整个国防科工委是很有名的。他经常低头捡夹文件的大头针和回形针，也经常用用过的纸来记录数据或演算公式。也许他颈椎的伤害而长期不愈与此有关。[①]

钱老家的家具和所用的电器都非常老旧，20世纪80年代，他家电视用的是旧款，钢琴也是很旧的，但依然还在使用。钱老从不讲豪华和时尚，这是值得我们后代人学习的。

秘书是除家人外与首长距离最近的人，而在工作中，秘书的重要性远非家人可以取代。从吴先生的记述中，我们既可以看到他与钱老之间"同志+朋友"式的职业情缘，也可以看到他对钱老"管家+助手"般的生活关照。在某种意义上，秘书是首长从家庭到事业的守护人。

该文几经修改，从最初的手记、随笔，到一篇完整的回忆文章，体现了吴中秋先生严谨细致、精益求精的职业素养和工作作风。这在某种意义上也

[①] 指钱学森经常低头捡夹文件的大头针和回形针的工作习惯。——笔者注

是钱学森精神的某种折射和传承，尤其值得我们钱学森研究人员学习。

三、从捐赠意向传达到捐赠仪式举行

令笔者印象尤为深刻的，是交往过程中吴中秋先生提出，他收藏有一批自己当年在钱老身边工作时积累的档案资料，并主动表达了捐给钱学森图书馆的愿望。笔者至今还保存着当初与吴先生微信交谈的记录，时间是2018年8月6日，吴先生微信原文如下："我这里还保留钱老八三、八四年理论界、科技界比较混沌时的全部通信记录。届时，听听你的处理意见。不好意思，劳你大驾！"

将钱学森图书馆建设成国内外钱学森文献实物最完整、最系统、最全面的收藏保管中心，钱学森科学成就、治学精神、高尚品德和爱国情怀的宣传展示中心，钱学森科学思想和科学精神的研究交流中心，是中央领导同志赋予我们的重要社会责任和重大政治任务。尽可能丰富对钱学森文献实物尤其是钱学森本人形成的一次文献（亲笔书写、亲手使用、亲自参与），对作为钱学森纪念地且身为全国爱国主义教育示范基地的钱学森图书馆而言，重要性不言而喻。

为促成此事顺利"落地"，我们及时将吴中秋先生的善意向馆领导汇报，提出希望尽早赴北京先生寓所拜会，与其面谈并顺便采集有关口述史料。2019年3月22日，笔者与同事、钱学森图书馆学术研究部张现民部长一起前往北京拜会吴中秋先生，并对其收藏三十多年的工作笔记、钱学森手迹（信札、工作批示、改稿件、批条等）、与钱老和蒋英的合影等一睹为快。

此次面谈基本商定先期将钱老手迹捐赠钱学森图书馆事宜，并就我方具体操作流程向吴先生进行了初步传达。

考虑到本馆工作安排的相关性，双方最终商定，由馆方邀请吴中秋夫妇于5月中旬来馆。5月22日，钱学森图书馆在本馆为吴中秋夫妇举行了隆重的捐赠仪式。本次活动为吴中秋向钱学森图书馆第一批捐赠，包括钱学森手稿、照片原件共22件（套）。钱学森图书馆馆长钱永刚教授向吴中秋先生颁发捐赠证书，并代表馆方对其慷慨义举深致谢忱。钱永刚与吴中秋，从钱学森身边的同道者到如今共同参与钱学森图书馆建设的有志之士，一去数十年。斯人已去，再次相逢，两位古稀老人不由感慨良多。

捐赠现场，吴中秋深情回忆了在钱学森身边工作的点点滴滴。他特别强调，令他记忆犹新始终难以忘怀的，是钱老对身边工作人员无微不至的关心和发自内心的尊重，对下属、秘书、勤务人员等始终平等相待且充分信任。他说，钱老反复向他强调："我们是在一起工作，不分高下，都是事业的一分子"，让他深切感受到在钱老身边工作、与一代科学伟人近距离接触的无比自豪与幸福。诚如吴先生坦言，能从一位出身低微的农村娃成长为大科学家钱学森的专职秘书，是他此生的至高荣幸；与首长在一起的两年时光，彼此建立了同志般的深情厚谊，默契而愉快。"我当钱老秘书很顺手，配合得非常好"，"对于学术问题，钱老非常平民化，从来不搞一言堂"，吴中秋回忆道。对于本次捐赠，他说："钱老已然属于我们国家、属于全社会，我所保存的钱老的东西，必须交给国家、还给社会，这既是我的一份责任，也是我告慰钱老在天之灵的一种方式。同时，让钱老遗物回到纪念钱老的地方,是这些遗物最好的归宿。"

四、有关捐赠文献的价值

吴中秋担任钱学森秘书期间,正值钱老身处国防科研一线领导岗位后期。20世纪80年代初,正是钱学森从航天领域向金色晚年、从"两弹一星"的技术领导人向现代科学技术体系的构建者、研究领域从自然科学为主向哲学人文社会科学为主过渡的转型期。这些在本次向本馆捐赠的档案文献资料,尤其是吴中秋一字一句记录的四本钱老通信笔记、工作记录、文稿(手抄件)中都有鲜明的记录和充分的体现。从已经问世的《钱学森书信》(国防工业出版社2007年出版)和《钱学森书信补编》(国防工业出版社2012年出版)中,不难发现,钱老80年代初的书信相对较少,虽然由于时间关系,我们暂时还无法做到一一比对。笔者从中随机抽看一页发现,1983年3月9日,钱学森分别致信浙江大学校长办公室和四川科技出版社《大自然探索》编辑部王益奋,但这两封信均未被《钱学森书信》和《钱学森书信补编》收录。由于吴中秋在钱学森身边工作期间,复印设备及办公电脑尚未普及,钱老在此期间到底给哪些人写过多少封信,上述四本工作笔记堪称全面也最可信的档案见证(否则也不会有这些手抄本的形成)。至于《钱学森书信》和《钱学森书信补编》收录书信的来源,在钱学森第七任秘书涂元季(吴中秋继任者)接手秘书工作之前的钱学森早期书信主要系面向社会征集而来,此项工作似如大海捞针,难度可想而知,由此造成不少遗漏也就在所难免。随着今后我们对吴先生的书信记录进行梳理和考证工作的推进,那些曾经很可能被历史湮没的钱学森思想证物终将走出深闺崭露峥嵘,这对研究钱学森生平及学术思想发展历程而言,殊为重要而珍贵。

此外,吴中秋此次还捐赠了数张与钱老和蒋英的合影照片,体现了钱老与吴先生密切的工作交集和他日常生活鲜为人知的鲜活一面,对于丰富钱学森图书馆馆藏,为本馆展览、研究、宣传等起着不可或缺的补白作用,同时也契合了本馆拟启动的"钱学森和他的秘书们"专题研究与出版工作的诸多期待。

人民科学家钱学森：践行科学家精神的杰出代表

2019年6月，中共中央办公厅、国务院办公厅印发了《关于进一步弘扬科学家精神加强作风和学风建设的意见》。《意见》明确提出，应在全社会大力弘扬胸怀祖国、服务人民的爱国精神，淡泊名利、潜心研究的奉献精神，追求真理、严谨治学的求实精神，勇攀高峰、敢为人先的创新精神，集智攻关、团结协作的协同精神，甘为人梯、奖掖后学的育人精神；应大力宣传科学家精神，高度重视"人民科学家"等功勋荣誉表彰奖励获得者的精神宣传。钱学森是得到全社会广泛认可、备受全国人民敬仰的人民科学家。在漫长的科学生涯中，钱学森以满腔爱国热情，无私奉献、求真务实、开拓创新、团结协作、甘为人梯，为中国国防科技事业改革发展和社会主义现代化建设作出了杰出贡献、建立了不朽功勋，诠释着一位新中国科学家对祖国和人民的炽热情怀和忠诚担当，堪称践行科学家精神的光辉典范。在当前全党开展"不忘初心、牢记使命"主题教育背景下，我们可以从钱学森身上汲取弘扬科学家精神的丰厚思想营养，履行共产党人"为中国人民谋幸福、为中华民族谋复兴"这一历史初心与时代使命的磅礴精神力量。

一、铭心立报、赤胆忠诚的爱国情怀

科学无国界,但科学家有祖国。回顾钱学森同志光辉的一生,不难发现,初心为国、一心报国是他坚守一辈子的使命担当,也是他忠贞不渝的理想信念:立航空救国之志,怀赤心报国之愿,筑科学报国之梦,谋富民强国之业。愿与国家共荣辱,且倾肝胆报故国。祖国在钱学森心中有着至高无上的地位。他在新中国的土地上,将自己的科学智慧毫无保留地奉献给了祖国的社会主义建设、世界科学发展和人类进步事业。

(一)个人志向与国家需要结合的典范

爱国是公民的基本素养和首要品质。在我国,爱国是社会主义核心价值观的内涵之一,是践行社会主义核心价值观的基石。习近平总书记指出,爱国是一个人立德之源、立功之本;爱国主义是我们民族精神的核心,是中华民族团结奋斗、自强不息的精神纽带。对祖国无限忠诚、对人民无比热爱,是钱学森爱国主义情怀的核心要素和突出写照。中学毕业,他选择报考以工科见长的交通大学,立志实业救国;大学阶段,他亲历一·二八事变带来的国家屈辱和民族苦难,毅然转向航空工程,矢志航空救国;留美期间,他深感振兴祖国航空工业现实需要,从航空工程转向航空理论研究,通过自身不懈努力,才逾而立之年即成为空气动力学与应用力学领域屈指可数的世界著名科学家;回国以后,他舍弃个人专业兴趣和研究专长,服从国家需要,投身"两弹一星"工程研制,成为中国航天事业的奠基人和中国国防现代化建设的技术领导人;到了晚年,他退出国防科研一线领导岗位,以饱满的学术热情投身学术研究，构建起现代科学技术体系这一人类全部知识的宏伟大厦。钱学森通过人生五次选择，舍己之利、为国之需，将个人理想与国家需要紧密结合在一起，赤子之情体现得淋漓尽致。

（二）心有大我至诚报国的忠实践行者

家国情怀是钱学森精神的核心写照。坚贞爱国、至诚报国，不忘初心、牢记使命，是钱学森作为中国共产党的优秀党员和人民科学家坚守一辈子的价值遵循。在他心中，"国为重，家为轻，科学最重，名利最轻"。钱学森为中华民族屹立于世界民族之林，为祖国强盛和人民幸福鞠躬尽瘁，贡献了毕生心血。他以炽热的爱国情怀和崇高的民族气节，以实实在在的爱国之心、报国之志、效国之行、强国之情，把党和国家交给他的伟大事业谱写在祖国的大地上，将自己的科学报国梦融入国家富强、民族振兴、人民幸福的中国梦之中，向祖国和人民递交了一份爱国知识分子的时代答卷。"回去以后，国家让你干什么就干什么，不要挑剔高低好坏。"钱学森是这样告诫自己的留美学生郑哲敏的，也是这样要求自己的。此生唯愿长报国，堪称海归青年知识分子的杰出代表。

二、以身报国、淡泊名利的奉献精神

钱学森所从事的事业是党的事业、国家的事业、民族的事业，光辉而神圣。无私奉献、忘我工作，是贯穿钱学森一生的品质风范，是他报效祖国、服务人民的动力之源。他对祖国科技事业的投入，达到了超凡脱俗的境界。

（一）毅然响应祖国召唤，投身国防科技事业

钱学森回国前，已经是集应用力学、航空工程、工程控制论等诸多技术科学于一身的世界级大科学家，声名显赫，他在国外的科学研究正处于巅峰状态。然而，"建设自己的国家，使中国人民过上有尊严的幸福生活"这一信念在他心中非但没有泯灭，反而随着新中国的成立愈加强烈。钱学森克服重重困难、历经千辛万苦回到祖国后，数十年如一日，"艰苦奋斗地工作，艰苦朴素地生活"，将自己的奋斗激情和满腔智慧毫无保留地奉献给了祖国和人民，奉献给了祖国的社会主义事业，开创了举世瞩目、石破天惊的中国航天伟业。中国航天事业取得的成功，捍卫了国家的安全，推动了民族的振兴，促进了社会的进步，并从整体上大幅推进了中国科技水平、提升了中国的国际地位，钱学森也因此赢得了世人的敬仰和爱戴。

（二）淡然面对荣誉地位，大师风范可见一斑

"非澹薄无以明德，非宁静无以致远。"一位真正的奉献者往往是一位心无旁骛的干事创业者。钱学森襟怀坦荡，光明磊落，始终以淡定之心对待权力地位；不慕虚荣，品行高洁，始终以淡泊之心对待功名荣誉；艰苦朴素，心无物念，始终以淡然之心对待物质待遇。钱学森一生不谋权位，对"官"不在意；不图功名，对"名"不在意；不求富贵，对"钱"不在意。他对事业极为热爱，对工作极为投入，诠释着坚定的价值追求，体现了崇高的大师风范。

钱学森为祖国的社会主义事业，为国家发展、民族振兴和社会进步呕心沥血、鞠躬尽瘁。他用一辈子的奉献和全身心的投入，诠释了"心底无私天

地宽"的崇高境界。心里始终装着国家,并矢志为国家的事业奋斗终身,是他对工作充满热情,并取得辉煌成就的根本动因。

三、严谨求实、历久弥坚的科学品质

严谨求实是科学精神的本质和客观要求。钱学森大力提倡学术民主,反对学术专权,敢于挑战权威。他一直坚持学术标准和科学规范,对待科学问题一向严谨、严肃、严格。他始终紧跟科学技术发展步伐,成为科学技术前沿的开拓者,保持着一位杰出科学家崇高的学术操守和价值追求。

(一)严格遵守学术规范,对待科学实事求是

钱学森回国前,已是享誉世界的大科学家,但他从不以权威自居,不以专家自诩,科学面前人人平等,不分尊卑高下。他向来尊重科学规律,坚持以学术本身作为判断学术是非的标准,尤其对具有挑战性、批判性创新观点的年轻学者更是大力扶植、积极勉励。旅美期间,他因学术观点不同敢于与自己的导师针锋相对,毫不相让;他虚心接受指出自己论文中一处错误的年轻学者的意见,坦诚回信承认自己的错误,并鼓励其写成论文,由他推荐发表;他曾多次指导别人搞科学研究,写学术论文,但一贯坚决反对别人把自己的名字放在文章的作者中。他说,科学论文只能署名干实活的人,这是科学论文的惯例,好的学风务必遵守。这些无不反映出钱学森博大的胸怀和宽广的胸襟。虚怀若谷、实事求是,是他科学精神的核心品质。

(二)一直紧跟科技前沿,科学追求终身不渝

钱学森数十年如一日,以时不我待的紧迫感跟踪世界科技发展前沿,

即使到了高龄也从不间断且历久弥坚，保持着对科学技术的高度敏感性。钱学森的节假日几乎都是在科学研究中度过的，就连在春节这种传统佳节里也无心欢度，而是推辞各种应酬，以时不我待的紧迫感投身科学研究，将几乎所有精力倾注在祖国科学事业进步和国家长远发展上。从工作岗位上退下来以后，钱学森坦言自己"没有时间考虑过去，只考虑未来"。他尽情遨游于学术的海洋，同不同学科背景和专业领域的学者交流思想，探讨各种学术问题。他一生的研究手稿数万页，剪报数百袋，出版著作数十部，参阅过的书籍数万本，真可谓博大精深，浩如烟海。这些庞大的数字背后体现的是钱学森"活到老，学到老，前进到老"的高贵精神品质，是他科学人生的集中展示。科学追求永无止境，钱学森做了最生动的示范和诠释。

四、开拓创新、敢为人先的创新意识

创新是一个民族进步的灵魂，是一个国家兴旺发达的不竭动力。2016年5月习近平同志在全国科技创新大会上指出，"创新始终是一个国家、一个民族发展的重要力量，也始终是推动人类社会进步的重要力量"。以思想创新推动理论创新，以理论创新推动技术创新，是时代发展的强劲推力。就个人而言，只有热爱自己生活的时代，进而产生创新的动机与创造的动力，才能在时代发展中更好地发挥自己的才智，贡献自己的力量，实现自己的人生价值，从而使个人发展顺应时代发展，在国家发展的时代洪流中占有一席之地。钱学森认为，科学精神最重要的是创新，他经常说："如果不创新，我们将成为无能之辈！"

(一)勇于探索,开创科学技术未知领域

在漫长的科研生涯中,钱学森以敢为人先、敢立潮头、敢于超越的勇气,突破传统观念和思维定势的束缚,探索科学新领域,研究别人没有研究过的科学前沿问题。他通过总结近代科学技术发展的特点和规律,提炼出技术科学思想与方法,并将其推广到其他工程领域,创建了工程控制论和物理力学两门新的技术科学。他本着根据现代信息技术(电子计算机)的发展并运用数理逻辑规律,整合人工智能、认识科学、神经生理学(神经解剖学)和心理学等学科,创立了后来被纳入现代科学技术体系的一大学科门类——思维科学,旨在探索人类思维规律和发掘人类智慧潜能。他在总结旅美期间从事系统工程理论研究、回国后长期从事航天系统工程的丰富实践经验基础上,融合西方还原论和东方整体论思想,提出了一套既有中国特色,又有普遍科学意义的系统工程思想方法,他根据科学发展服务人类自身的需要、中医现代化的需要和人—机工程发展的需要,创建了致力于"研究人体的功能,如何保护人体的功能,并进一步发挥人体潜在的功能,发挥人的潜力"的人体科学。钱学森对诸多学科的开创性贡献,增强了中国学术界的理论自信和科学自信,提高了中国学者在国际上的学术话语权和学术影响力。

(二)善于攻坚,不断攻克国防科研难关

2019年2月20日,习近平在北京人民大会堂会见探月工程嫦娥四号任务参研参试人员代表时指出:"经过几代航天人的接续奋斗,我国航天事业创造了以'两弹一星'、载人航天、月球探测为代表的辉煌成就,走出了一条自力更生、自主创新的发展道路,积淀了深厚博大的航天精神。"创新是中

国航天的光荣传统,是广大航天人的精神基因,钱学森就是其中的杰出代表。在主持中国航天关键技术攻关和型号研制的过程中,钱学森创造性地将技术科学思想与国家需求紧密结合,确立结合航天和国防建设需要开展科研的指导原则,突破了大量关键技术,为许多重大航天项目的成功实施提供了可靠的技术保障,也为中国航天事业发展进行了技术储备、奠定了理论基础。在艰苦卓绝的工作环境和底薄家贫的技术条件下,钱学森带领第一代航天科技工作者,以逢山开路遇水搭桥的开拓精神和科学勇气,为我国导弹航天事业发展作出了许多具有里程碑意义的贡献。

(三)敢于突破,构建现代科学技术体系

晚年,钱学森以辩证唯物主义认识论为指导,运用博大精深的系统论思想和敏锐的洞察力,广泛吸收现代科学技术各个领域的知识,融会贯通,提出综合集成方法,构建起从基础科学、技术科学到工程技术"三层次论"的现代科学技术体系结构,并将马克思主义哲学摆在最高层次,作为人类对客观世界认识的最高概括,是钱学森马克思主义哲学观的集中体现。钱学森创建现代科学技术体系的初衷在于从理论上探索解决"同中国社会主义建设相关的重大问题",这一体系"坚持了马克思主义哲学",是马克思主义中国化的重大理论成果。

五、集智攻关、集思广益的协同精神

任何一场带有整体性、全局性、系统性的大规模工程都不是单打独斗的"单兵作战",而是大规模"集团大战",唯有团结协作才能取得成功。航天作为一项异常复杂的工程系统工程,是国家高科技领域的一场"大兵团作战",需要各单位、各部门和全体研制人员大力协同、密切配合,从而将要素优化、条件优化转化为整体优化、系统优化。中国航天创建过程中,在党中央坚强领导和钱学森带领下,广大航天科技人员"自力更生、大力协同、尊重科学、严谨务实、献身事业、勇于攀登",在艰苦卓绝的环境中开创了举世瞩目的中国航天事业,铸就了伟大的航天精神。航天系统尚且如此,由航天系统工程发展而成的更为复杂的社会系统工程更是如此。钱学森基于工程控制论的理论基础和技术原则,将航天系统工程的宝贵经验应用于社会系统工程理论与实践之中,做到了身体力行、创新发展。

(一)集智攻关,探寻航天致胜法宝

"伟大的事业孕育伟大的精神。"大力协同是航天传统精神和"两弹一星"精神的根本要素,是中国航天事业成功的法宝。作为中国航天事业的奠基人,钱学森一直大力提倡团结协作、发扬技术民主、敢于承担责任,成为协同精神的自觉倡导者和实践者。中国航天创业初期,钱学森带领老一辈航天人用一种名为"神仙会"的方式,畅所欲言、各显"神通",群策群力、共同攻克难关,堪称协同创新支撑中国航天跨越式发展的典型经验。钱学森在总结中国航天成功实践的基础上,提炼出从航天系统工程拓展到社会系统工程的总体设计部思想及解决开放复杂巨系统问题的方法论基础——从定性到定量综合集成方法。

(二)集思广益,推进学术协同发展

老骥伏枥,志在千里。钱学森晚年潜心学术研究,在构建现代科学技体系过程中，通过与广大科技工作者和学术同仁进行通信，凝聚了一大批不同领域、不同学科、不同研究专长的专家学者，共同推动和促进学术协同创新与发展。钱学森亲自主持系统学讨论班，对于推广系统工程并最终创建系统工程中国学派，发挥了不可或缺的作用；钱学森团结全国思维科学研究者共同创建的思维科学……他以一位老科技工作者的身份为增强理论自信、推进协同创新奋斗到生命的最后一刻，厥功甚伟。

习近平同志多次指出，要用系统工程的思想方法、工作方法和思维方法解决我国社会主义现代化建设中出现的整体性、复杂性、全局性的重大问题；全面深化改革，要突出改革的系统性、整体性、协同性。钱学森作为中国学派的创建者和协同创新的身体力行者，他的系统思维和协同精神对于广大科技工作者，对于加快建设创新型国家和世界科技强国，无疑具有重要思想引领作用和价值启迪意义。

六、甘为人梯、为国抡才的教育担当

教育是薪火传续、文明传承的崇高事业，是国之大计、党之大计。钱学森既是一位功勋卓著、名垂青史的科学家，也是一位甘为人梯、善为伯乐的教育家。为中国航天初创提供人才支撑、培养航天领军人才、探索创新人才培养，钱学森终身不渝，怀有一份丹心育桃李、唯愿事业后继有人的师者情怀，体现了崇高的大师风范。

（一）强军育才，着力航天人才队伍建设

钱学森回国之初，人才成为新中国当时最稀缺的资源，这在代表科学

技术最高水平的国防航空工业领域尤为突出。钱学森以他的渊博学识和无私奉献的师表情怀，本着立足自身、发挥国内已有师资力量的原则，争取短时期内解决制约航天事业发展的人才瓶颈问题。他为国防部五院新分配来的大学毕业生和从各单位调配来的科技人员讲授《导弹概论》并亲自编写讲义。经过钱学森的"技术启蒙"和精心培育，我国第一批战略导弹和战术导弹人才由此成长起来，成为日后中国航天人才队伍蓬勃发展的"第一梯队"。在钱学森的大力倡议下，中国科学技术大学得以成立。他不仅担任近代力学系主任，而且亲自讲授"星际航行概论"课。自创办以来，中国科技大学为国家培养了数万名高素质科技人才，其中不乏众多院士和将军。钱学森作为"1956—1967年科学技术发展远景规划"（十二年规划）综合组组长，为解决国家科学技术发展对大量科技人才的迫切需要，根据高教部和中科院部署，作为主要负责人，在清华大学开办了三期共一百多人的力学研究班，培养了新中国第一批力学专业人才。钱学森不但是中国航天事业的奠基人，也是中国航天早期人才培养的开拓者。

（二）慧眼识才，力荐科技新秀勇挑大梁

青年是国家的未来，是事业的继承者。钱学森尊贤爱才，深切关怀青年人成长，是中国航天科技战线的"伯乐"。他不但爱才识才，而且积极举荐具有成为领军潜质的科技新秀勇担航天重任。他大力提携专家型帅才，着力培养领导型将才。中国国防科技战线涌现出一大批堪当重任的科学家和领军人才，为我国航天事业不断发展和壮大注入了勃勃生机。在开创中国航天事业的历程中，钱学森不唯身份取人，不唯资历用人，"选兵用将"唯才是举。他慧眼识珠，有胆有识，对有培养潜力、有发展前途、敢于"冒尖"的"苗子"大胆启用，并委以重任。在钱学森的提携和扶持下，以孙家栋、王永志为代表的一批科技人员在年轻时就崭露头角，脱颖而出，或成为其所从事领域的学科带头人或业务骨干，或走上了中国航天事业的技术领导岗位，中国航天界逐步形成了一支年轻化、梯队化、创新型的科技人才队伍。中国航天事业薪火相传、蓬勃发展，离不开钱学森这样一位"科技伯乐"爱才之心、识才之智、举才之略、用才之道。今天，中国已经跻身世界上屈指可数的航天大国之列，并正在阔步迈向航天强国。饮水思源，我们永远不能忘记以钱学森为代表的第一代航天人的科学远见及其做出的卓越贡献。

（三）为国谋才，倾力创新人才培养大计

晚年钱学森思考最多的是事关国家长远发展的重大理论和现实问题。他尤其对国家科技创新人才培养念念不忘。他认为，教育问题"是我们国家长远发展的一个大问题"。关于创新型人才培养问题，钱学森进行了深入的思考和艰辛的探索。他提出的"大成智慧"教育思想着眼科技创新人才培养：在培养目标上，致力于塑造专博相济、文理兼修的"通才"；在培养重点上，致力于锻造领导人才、科技帅才；在培养手段上，强调人机结合、大成教育；在培养要求上，强调科艺并举、量性双悟。钱学森的科教思想体现了他始终将国家需要放在第一位的高尚情操，饱含着深挚的人文情怀和深邃的战略眼光，具有丰富的理论内涵和现实指向，对于国家科技教育事业的发展，为实施科教兴国战略提供了理论支撑，具有重要的现实价值和启示意义。

结语：从钱学森身上汲取落实立德树人根本任务宝贵给养

钱学森作为近现代中国百年难得一遇的享誉海内外的杰出科学家，是中国科学史和教育史的集体荣耀。他以一位中国共产党优秀党员的标准自我鞭策，始终不忘初心、时刻牢记使命，真正做到了"我以我血荐轩辕"。钱学森代表了老一辈科学家的群体形象，是值得广大党员乃至全国人民认真学习的一部厚重的精神读本和思想教材。我们从中可以获得实现新时代科技和教育事业发展尤其是高等教育发展的宝贵精神激励和思想感召。

（一）钱学森是科学家精神的生动践行者，是"不忘初心、牢记使命"的光辉典范

家国天下的高尚情操，是钱学森精神的基石；开拓创新的前瞻思维，是钱学森精神的灵魂；求真务实的科学品质，是钱学森精神的本质；勇于奉献的职业操守，是钱学森精神的核心；协同合作的团队意识，是钱学森精神的支撑；甘为人梯的育人情怀，是钱学森精神的升华。"落其实者思其树，饮其流者怀其源。"钱学森始终不忘初心、牢记使命，以他的执着坚守和卓越贡献、超凡智慧和崇高风范，将个人的人生志向与事业追求融入实现国家富强、民族复兴、人民幸福中国梦的伟大洪流之中。他以一位中国共产党优秀党员的炽热情怀接力中华民族生生不息、薪火相传的精神血脉，铸就了一座科学家精神的宏伟大厦，高山仰止，光照千秋。由于钱学森作为"国家杰出贡献科学家"荣誉称号至今唯一获得者这一代表性身份，在很大程度上，钱学森精神与科学家精神如出一辙、高度契合，堪称科学家精神的核心凝聚。

诚如全国政协原副主席、中国工程院原院长宋健所言，钱学森是20世纪中国先进知识分子的卓越代表和中国科技界的一面旗帜。

（二）学习和弘扬钱学森精神应当成为新时代科技和教育工作者的共同价值自觉

习近平同志指出，康有为、梁启超、孙中山、何子渊、陈嘉庚、钱学森、邓稼先等是近代民族复兴的和平变革时期涌现的民族英雄，他们为中华民族的独立与自由、利益与安全、尊严与荣誉无私奉献、无怨无悔；我们要"学习钱学森同志的光荣感。他把群众的口碑当作自己无上的光荣。"诚如钱学森本人所言："我作为一名中国的科技工作者，活着的目的就是为人民服务。如果人民最后对我的一生所做的工作表示满意的话，那才是最高的奖赏。"如果说钱学森是广大科技工作者的群体化身，那么，钱学森精神就是科学家精神的个体写照。钱学森终其一生，以服务国家为最大荣耀、将群众口碑视为无上光荣。斯人已去，来者可追。钱学森留给中华民族无以穷计、弥足珍贵的精神遗产，值得广大科技和教育工作者乃至全体中国人民永远学习并不断发扬光大。

（三）钱学森精神对中国高等教育高质量发展的时代启迪

2019年是新中国成立七十周年，也是钱学森逝世十周年。在大力弘扬科学家精神，发扬尊重科学、尊重科学家优良社会传统的今天，以钱学森为示范，重温钱学森光辉灿烂的科学人生，回顾钱学森超凡脱俗的人格魅力，从他身上体现的崇高风范和品质中汲取丰厚精神给养，探索高等教育人才培养的客观规律和有益经验，为我国新时代高等教育发展做出自己应用的贡献，既是我们告慰钱学森同志教育遗愿的最好方式，也是中国大学的社会责任所在。

成为科学家的摇篮和科学家精神的殿堂，应是一所有情怀的大学孜孜以求的办学境界。当前，中国高等教育已步入高质量发展阶段，遵循中国特色社会主义教育规律、落实立德树人根本任务、办好人民满意的教育，是中国教育的时代使命和全体教育工作者无可推卸的社会责任。广大高等教育工作者应从钱学森的非凡历程、卓越成就和崇高风范中获得源源不断的教育滋养，坚持社会主义大学办学方向，以培养一代代钱学森式具有爱国主义情怀、优秀道德品质、卓越创新能力、强烈社会责任感和历史使命感的适应新时代需要的优秀人才为己任，为推进中国高等教育高质量发展、助力中华民族伟大复兴的中国梦作出无愧于历史和时代的贡献。

钱学森：高度的政治觉悟 高效的组织管理 高远的学术视野

党的十九大报告提出，要坚定中国特色社会主义道路自信、理论自信、制度自信和文化自信。坚持马克思主义指导地位、发挥社会主义制度优势、推进国家治理体系和治理能力现代化，是中国特色社会主义道路自信、理论自信、制度自信、文化自信的基本依据和根本逻辑，三者结合并统一于中国特色社会主义伟大实践。党的十九届四中全会通过的《中共中央关于坚持和完善中国特色社会主义制度推进国家治理体系和治理能力现代化若干重大问题的决定》（下文称《决定》）指出："中国特色社会主义制度和国家治理体系是以马克思主义为指导、植根中国大地、具有深厚中华文化根基、深得人民拥护的制度和治理体系，是具有强大生命力和巨大优越性的制度和治理体系。"①

2020年是中国航天事业奠基人、人民科学家钱学森同志回国65周年。新华社发布的《钱学森同志生平》评价他是"中国共产党的优秀党员，忠诚的共产主义战士"，"始终保持对马克思主义的崇高信仰、对共产主义的坚定

---

① 中共中央关于坚持和完善中国特色社会主义制度推进国家治理体系和治理能力现代化若干重大问题的决定［N］.人民日报，2019-11-06.

信念、对党的高度忠诚……不愧为爱国知识分子的杰出典范"。① 在全社会大力弘扬科学家精神、深入开展"四史"学习教育之际,重温钱学森光辉灿烂的科学人生,以及他作为一名优秀共产党员对马克思主义和共产主义的执着信念、对党和人民事业无限忠诚的炽热情怀和自觉担当,可以为新时代全面加强党的思想建设和执政能力建设、推进国家治理体系和治理能力现代化提供理论支撑、现实镜鉴和时代观照。

一、高度的政治觉悟:树立马克思主义信仰,政治坚定志在科学报国

爱国是一个人立德之源、立功之本。钱学森自青年时代即立下科学报国远大理想,并在自觉学习中接受马克思主义的思想洗礼和政治淬炼,精神境界不断升华,最终成长为具有远大理想的青年爱国知识分子。他以克服艰难险阻回到祖国的赤子情怀和决心加入中国共产党的政治信仰,诠释着自己对社会主义新中国坚定的道路自信。

(一)思想先行,树立共产主义崇高理想

习近平总书记指出:"心中有信仰,脚下有力量。"② "只有理想信念坚定的人,才能始终不渝、百折不挠,不论风吹雨打,不怕千难万险,坚定不移为实现既定目标而奋斗。"③ 钱学森堪称信念坚定、理想远大、为党和人民事业奋斗终身的共产党员的典范。在交通大学求学期间,他通过"读原

---

① 新华社北京11月6日电.钱学森同志生平[N].人民日报,2009-11-07.
② 习近平.在纪念红军长征胜利80周年大会上的讲话[N].人民日报,2016-10-22.
③ 习近平.在纪念朱德同志诞辰130周年座谈会上的讲话[N].人民日报,2016-11-30.

著，悟原理"，认识到《艺术论》《唯物论》《反杜林论》等马列原著中蕴含的唯物史观和辩证唯物主义的科学性和真理性；通过参加党的外围组织及其开展的进步活动，接受科学社会主义思潮的洗礼，引发了自身对中国革命前途问题的关注和思考。留美时期，他通过参加加州理工学院马列主义学习小组等美国进步组织的学习活动，订阅美国共产党党刊《人民世界日报》等，进一步提升了自己的政治素养，最终成长为一位对马克思主义怀有坚定信仰的进步青年知识分子。远大的人生理想、深沉的家国情怀、崇高的人生信仰，成为他攀登科学技术高峰、为日后倾尽心智报效祖国的强大精神动力之源，也是他日后成长为一名优秀共产党员的精神积淀和思想根基。

（二）赤胆忠心，克服重重困难回到祖国

1935年，钱学森怀着"将最先进的科学技术学到手，为中国人争气，为祖国争光"[①]的宏伟抱负赴美留学。正是因为有这种坚定的爱国情怀、家国梦想作支撑，留美期间，钱学森硕士毕业后即深感"一名技术科学家对于祖国的帮助远大于一名工程师"。[②]他深切认识到振兴祖国航空工业的现实需要，从航空工程转向航空理论研究。通过对科学事业的不懈探索，他大器早成，才期而立之年即成为空气动力学与应用力学领域屈指可数、令科学同行望尘莫及的世界著名科学家，并享有由此带给他的优越工作条件、优厚生活待遇和令人尊敬的社会地位。支撑这些辉煌成就的，是身处异国他乡的钱学森科学报国的雄心壮志、思想储备和学术积淀，他也因此铸就了人生历程中

---

① 汪长明.爱国、奉献、求真、创新——解读钱学森精神[J].湖北民族学院学报（哲学社会科学版），2012（1）：150.
② 汪长明.钱学森的中国梦[J].中国井冈山干部学院学报，2014（3）：38.

第一座科学创造高峰。而当得知新中国即将诞生，钱学森即先后退出美国空军科学顾问团、辞去海军军械研究所顾问等职务，毅然决定回国。

钱学森回国是一首波澜壮阔、充满悲怆色彩的爱国主义史诗。他的回国不但是冷战背景下中美外交博弈的一个缩影，也带动了一批海外学子归国服务，为亟需人才尤其是高层次科技人才的新中国注入了第一批新鲜的科技血液。可以说，钱学森不但因其"比得上五个师兵力"而对新中国而言具有无可比拟的重大科学和战略价值，也因其回国对中美关系产生了持久而深刻的影响而具有世界意义。在回国受阻期间，钱学森这位在万里之遥的海外赤子，孤身一人面对麦卡锡主义政治阴霾笼罩下强大的美国反动势力，不仅没有丝毫屈服和退缩，反而表现出一位中国科学家在美国国家力量打压面前毫不畏惧、有理有节的大气魄、大智慧、大精神，充分体现了大义凛然的民族气概和义无反顾的赤子豪情，谱写了一曲浩气长存的爱国主义壮歌，令人肃然起敬。"我的事业在中国，我的成就在中国，我的归宿在中国。"这句话铿锵有力，掷地有声，既是钱学森对自己所遭受屈辱的回击，也是他踏上归国之路的豪迈宣言。科学是没有国界的，但科学家都有自己的祖国，钱学森对此做了最好的诠释。正如他自己所说的："我在美国前三四年是学习，后十几年是工作，所有这一切都在做准备，为了回到祖国后能为人民做点事。"[①] 对此，钱学森言出行至，终身不渝。

（三）矢志入党，光荣成为劳动人民一员

成为一名中国共产党党员是归国后的钱学森梦寐以求的政治梦想，是他

[①] 王寿云.国家杰出贡献科学家——钱学森[J].人民教育，1992（1）：41.

内心的党性积淀使然。在他看来，中国共产党是中国最广大劳动人民的最高代表，成为一名党员则代表着自己真正融入了广大劳动人民，可以更好地为党和人民的事业服务。对遭遇麦卡锡主义无端迫害的钱学森来说，这既是对自己留美期间所遭受不公正待遇的"拨乱反正"，也是他至高无上的荣幸。1955年9月，钱学森在回国途中回答记者关于他是不是共产党员的提问时说道："共产党员是无产阶级的先进分子，我还没有资格当一名共产党员呢！"

钱学森是1959年11月12日成为一名正式党员的。亲历钱学森入党全过程、时任科学院党组书记的张劲夫认为，钱学森在美国遭到残酷迫害，是党挽救了他，使他能归国投身于社会主义建设事业。从这个背景看，他要求入党是理所当然的了。同时，钱学森的入党又推动了科学院一大批知名科学家政治上的进步。[1] 因此，钱学森入党已经超越了个人政治信仰的范畴，他因个人特殊身份和人格魅力而对中国科学家群体有着独特的思想感召力。应该说，钱学森因其独特的人生经历，成为"组织上未入党，思想上先入党"的鲜活案例。他自己曾因此"激动得睡不好觉"，也曾因获悉自己与雷锋、焦裕禄、王进喜、史来贺一起，被中央组织部评为解放四十年来在群众中享有崇高威望的共产党员的优秀代表而感到"心里激动极了"。[2]

对于自己的政治信仰，钱学森晚年曾在给友人的信中写道："科学与政治一定要结合。我回国以后所做的工作，可以说都是科学与政治结合的成果。即便是纯技术工作，那也是有明确政治方向的。不然，技术工作就

---

[1] 张劲夫. 让科学精神永放光芒——读《钱学森手稿》有感[J]. 复杂系统与复杂性科学，2006（2）：80.
[2] 钱学森. 在授奖仪式上的讲话[N]. 人民日报，1991-10-19.

会迷失方向，失去动力。"①"我近30年来一直在学习马克思主义哲学，并总是试图用马克思主义哲学指导我的工作。马克思主义哲学是智慧的源泉！"②"是人类智慧的结晶，是法宝，是尚方宝剑，你不要这个东西是要吃亏的。"认真学习马克思主义哲学，成为我们国家"立国之本"。③说钱学森是科学界的一面旗帜，其意义很大程度就在这里，在于他矢志不渝、坚定终身奉马克思主义为真理的"政治正确"。

当前，全党上下正在深入开展"不忘初心、牢记使命"主题教育，团结带领广大党员更加自觉地为实现新时代党的历史使命不懈奋斗。钱学森将自己入党的初心和作为一名党员的使命深深融入了中国共产党"为中国人民谋幸福，为中华民族谋复兴"的伟大征程中。我们每一位党员都应自觉学习、宣传和弘扬钱学森作为一名党员的高尚精神品质和人格魅力，向榜样看齐，用榜样的力量自我感召，为弘扬科学家精神、建功立业新时代做出自己应有的贡献。

二、高效的组织管理：发挥社会主义制度优势，开创新中国航天伟业

一个国家、一个民族要自立于世界民族之林，既要有坚实的物质基础，

---

① 涂元季.从科学与政治结合的高度理解"三个代表"重要思想——记钱学森学习"三个代表"重要思想[N].人民日报，2002-06-24.
② 钱学森.1989年8月7日致于景元的信[A].涂元季，李明，顾吉环.钱学森书信（卷5）[M].北京.国防工业出版社，2007：004.
③ 魏根发，祁淑英.两弹一星功勋科学家钱学森[M].石家庄.河北少年儿童出版社，2001：426.

又要有强大的精神力量,更要有科学的制度保障。在中国特色社会主义制度语境下,制度自信来自于制度优势,制度优势来自于坚持党的集中统一领导。坚持党的集中统一领导成为发挥中国特色社会主义制度优势的根本遵循。在开创中国航天事业历程中,钱学森充分发挥社会主义集中力量办大事的制度优势,不但铸就了以"两弹一星"为标志的千秋伟业,而且探索出一套具有中国特色的航天系统工程工作方法和领导机制,留下了弥足珍贵的历史经验和精神财富。

(一)坚持党的领导,集中力量研制"两弹一星"

钱学森作为中国航天事业的奠基人以及作为技术领导人从事"两弹一星"工程研制过程中,以对新中国社会主义事业的满腔热情、无悔担当和充分自信,充分发挥中国共产党领导下的中国特色社会主义制度优势,使新中国国防科技事业在极端困难的条件下,短时间内获得了跨越式发展。他始终站在世界科技前沿,以自己的卓越智慧和战略眼光,带领新中国第一代航天科技工作者自力更生、艰苦创业,攻破了一系列重大技术难关,解决了一大批关键技术难题,在艰苦卓绝的环境中开创了举世瞩目的中国航天事业;他从战略高度思考、谋划我国科学技术发展特别是国防科技发展的重大问题,提出了许多富有创造性、富于前瞻性的重要学术思想和有重大价值的建议,为我国导弹航天事业发展作出了许多具有里程碑意义的贡献。

钱学森认为,导弹航天是党中央集中统一领导下的一项成千上万人的大科学工程,没有党的领导,没有集体的努力是谁也干不成的。他自己只是恰逢其时,回到祖国,做了他该做的工作。1989年12月25日,他在致聂荣臻帅的信中，对"两弹一星"成功经验所体现的社会主义制度优势进行了科学总结，他指出，"两弹一星"是社会主义新中国创立的现代高技术、尖端技术，是从研究、设计、试制、试验直到定型生产的一整套组织管理的制度和方法；这是把解放战争时期中国人民解放军大兵团作战的成功经验运用到现代大科学工作上来；这一整套组织管理的制度和方法不仅是科学的，而且也是结合我国实际的，是社会主义的；它们不但在过去的"两弹一星"事业中是成功的，现在的国家高技术工作也应该采用。①

"我为新中国科技事业发展所做的工作，是和党的正确领导、集体的智慧分不开的，我个人仅是沧海一粟，真正伟大的是党、人民政府和我们的国家。""一切成就归于党，归于集体。"② 这既是钱学森的肺腑之言，也是他作为一位优秀共产党员科学家对党的事业无限忠诚、对党的领导无比拥护并为之鞠躬尽瘁的人生总结。原二机部副部长李觉指出，"两弹一星"的研制工作如果没有党中央的果断决策和正确领导是搞不成的。③ 原国防科工委科技委兼职副主任、"两弹一星"功勋奖章获得者陈能宽院士指出，党中央对"两弹一星"的战略决策是十分正确的，也是非常及时的。假如不是党中央作出这个重大决策，我们原子弹的研制工作，单独靠哪一个科学家、哪一个行政领导都不可能成功，因为这个决策的涉及面太宽了。④

---

① 钱学森.1989年12月25日致聂荣臻的信［A］.涂元季，李明，顾吉环.钱学森书信（第5卷）［M］.北京：国防工业出版社，2007：139.
② 钱学森.一切成就归于党归于集体［N］.人民日报，1989-08-08.
③ 李觉.制度优势 大力协同——原子弹决策和研制的宝贵经验［J］.中共党史研究，2012（3）：63.
④ 陈能宽.党中央有远见的战略决策［J］.中共党史研究，2012（3）：67.

（二）提倡大力协同，践行航天系统工程方法

伟大的事业孕育伟人的精神。在中国航天创建过程中，钱学森一直强调协同攻关、总体设计，并将其应用于社会系统工程理论与实践之中，做到了身体力行、创新发展。在党中央坚强领导下，钱学森带领广大航天科技工作者，"自力更生、大力协同、尊重科学、严谨务实、献身事业、勇于攀登"，在艰苦卓绝的环境中开创了举世瞩目的中国航天事业，铸就了伟大的航天精神。

筚路蓝缕，创业维艰。在开创中国航天事业的伟大征程中，钱学森肩负着特殊的历史使命，承担着独特的时代角色。他既是规划者，又是实施者；既是事业上的领导，又是技术上的导师。他凭借留美期间从事航天系统工程研究与管理的宝贵经验，将其嫁接到中国航天系统工程实践之中，一方面开创了中国航天实现跨越式发展、从胜利走向胜利的"中国模式"和"中国经验"，另一方面也促进了他系统工程思想形成和发展，为构建系统工程中国学派奠定了坚实基础。正如原航天工业部（今中国航天科技集团公司）710所的于景元研究员所言，这是一套既有中国特色又有普遍科学意义的系统工程管理方法与技术。[①]

具体而言，在组织管理上，钱学森认为，搞国防尖端技术要指挥规模如此之大、牵涉面如此之广、参与部门和人员如此之多的社会劳动，必须成立一个由很多学科配套、专业齐全、具有丰富研制经验的高技术科技队伍组成的部门，为领导提供技术参谋。这个部门就是现在的航天系统总体设计部的

---

① 于景元.钱学森科学历程中的三大创造高峰[N].科技日报，2009-11-12.

雏形，在这里实现了统一领导、两套指挥保障系统相结合的互动灵活管理模式。在方式方法上，他认为，航天系统工程的成功得益于党和国家领导人高超的组织管理能力，将中国人民解放军在革命战争时期"大规模兵团作战"经验成功运用到国防工程建设上，又将我们党的民主集中制运用到研制的全过程中，团结所有可以凝聚起来的力量用在"两弹一星"的事业上，最终取得了巨大的成功。这一成功在哲学意蕴上是党的领导、大力协同、艰苦奋斗三大核心要素集成的产物。"党的领导主要是政治、思想和组织领导"，是中国航天在政治层面最根本的思想方法；大力协同是中国航天在技术层面最根本的工作方法；艰苦奋斗是中国航天在举国体制下团结带领广大科技人员"热爱祖国、无私奉献、自力更生、艰苦奋斗、大力协同、勇于登攀"的精神动力。

在主持中国航天关键技术攻关和型号研制的过程中，钱学森创造性地将技术科学思想与国家需求紧密结合，确立结合航天和国防建设需要开展科研的指导原则，突破了大量关键技术，为许多重大航天项目的成功实施奠定了理论基础，为我国导弹航天事业发展作出了具有里程碑意义的贡献。

（三）发扬技术民主，凝聚领域专家科学智慧

民主集中制是中国共产党的致胜法宝，也是中国共产党领导下各项工作取得成功的法宝。民主集中制作为一种科学合理而又效率显著的制度模式和工作机制，在党的自身建设和国家建设中发挥着巨大的优势，起着工作效能倍增器的作用。在科研工作中，民主集中制能够做到充分发扬党内民主和正确实行集中的有机结合，能够充分发扬技术民主最大限度激发科研工作的创造活力；同时，正确实行集中能够有力保障贯彻党的思想意志与开展科研工作的统一。

2019年6月中共中央办公厅、国务院办公厅印发的《关于进一步弘扬科学家精神加强作风和学风建设的意见》指出，要激励和引导广大科技工作者追求真理、勇攀高峰，树立科技界广泛认可、共同遵循的价值理念，加快培育促进科技事业健康发展的强大精神动力，在全社会营造尊重科学、尊重人才的良好氛围。[1] 在科学文明与中华传统文化交流激荡中，一代代中国科技工作者投身创新报国实践，成为科学家精神的塑造者、传承者和践行者。在科技战线，发扬技术民主，尊重科学家首创精神，党的领导既是首要前提，也是根本保障。据中国科学院原院长张劲夫回忆，他在作为郭沫若院长助手、主持中国科学院日常工作之初，陈毅元帅即告诫他："各学科的负责人，是科学元帅，绝不要从行政隶属关系来看待他们，要从学术成就来看待。尊重科学，首先要做到尊重学者。中国的科学家是我们的宝贵财富，一定要重视发挥科学家的作用。"[2]

钱学森一直对加州理工学院的创新风气和民主氛围赞赏有加，在回国后大力提倡发扬民主，并为营造学术民主氛围、培养良好学术环境鼓与呼，做到了身体力行、创新发展。中国航天事业创业伊始，需要攻克的难关数不胜数。钱学森开创了一种被称为"神仙会"的工作方式，集思广益、博采众长，对于充分发挥专家特长、群策群力，共同攻克工程研制过程中遇到的紧

---

[1] 进一步弘扬科学家精神加强作风和学风建设[N].人民日报，2019-06-12.
[2] 张劲夫.让科学精神永放光芒——读《钱学森手稿》有感[J].复杂系统与复杂性科学，2006（2）：77.

迫技术难题发挥着不可替代的重要作用。"神仙会"也成为钱学森发扬技术民主的生动案例。1998年4月19日，钱学森在致中国航天工业总公司办公厅的信中指出："我从周恩来同志和聂荣臻同志多年亲自领导我们工作中，有一点体会特别深刻：对航天工作这样高技术而又复杂的科技工作，必须用民主集中制。也就是要发扬民主，以充分调动大家的积极性和能力，各尽所能，分工负责；另外又必须强调集中，有组织有纪律，关键时刻要由领导决策，大家贯彻实施。要民主与集中并重，不能只民主不集中，也不能只集中不民主。"[1]数十年来，中国航天民主集中制下形成的管理体制、议事机制、决策机制、保障制度等，为航天事业稳步推进、蓬勃发展提供了宝贵的制度性保障。钱学森作为科研战线民主集中制的大力倡导者和生动践行者，功不可没。

三、高远的学术视野：探寻国家治理体系和治理能力现代化理论良方

钱学森于20世纪80年代初退出国防科研一线领导岗位后，退而不休、老而弥坚，将主要时间和精力用于思考关乎国家长远发展、长治久安的系统性、前瞻性、战略性重大理论和现实问题，试图找到科学地建设社会主义的理论和方法，为党中央治国理政贡献自己应有的光和热。他以一位战略科学家的远见卓识和一位马克思主义者的理论视野，提出了一系列事关党的建设、国家治理乃至人类前途的重要理论成果。

---

[1] 钱学森.1998年4月19日致中国航天工业总公司办公厅的信[A].涂元季，李明，顾吉环.钱学森书信（第10卷）[M].北京：国防工业出版社，2007：367.

（一）构建现代科学技术体系，推进马克思主义哲学中国化

钱学森以辩证唯物主义认识论为指导，基于自身博大精深的思想和敏锐的洞察力，广泛吸收现代科学技术各领域的知识，融会贯通、高屋建瓴，构建了从基础学科、技术科学到工程技术三个层次的现代科学技术体系结构，并将马克思主义哲学置于最高位置作为人类对客观世界认识的最高概括。1991年10月16日，钱学森在国家杰出贡献科学家荣誉称号授予仪式上发表的即兴讲话中指出："我认为今天的科学技术不仅仅是自然科学工程技术，而且是人认识客观世界，改造客观世界整个的知识体系，这个体系的最高概括是马克思主义哲学。我们完全可以建立起一个科学体系，而且运用这个科学体系去解决我们社会主义建设中的问题。"① 为了建立这样一个"科学体系"，钱学森在跨学科、跨领域和跨层次的研究中，特别是不同学科、不同领域的相互交叉、结合与融合的综合集成研究方面，做出了许多开创性的独特贡献，并将其融入现代科学技术体系总体框架之中，构建起一座人类全部知识的宏伟大厦，由此标志着钱学森科学生涯中第三座创造高峰的形成。

钱学森的现代科学技术体系是一个开放的动态系统，打破了传统的以自然科学、社会科学和人文科学"三分法"作为划分人类知识的标准，在横向上拓宽了现代科学技术的学科门类；在纵向上深化了现代科学技术的结构层次，打通了马克思主义哲学与现代科学技术直接相连的畅通渠道，在一定意义上实现了列宁晚年提出的自然科学家与哲学家联盟的"哲学遗嘱"，是钱学森马克思主义哲学观的集中体现，标志着现代科学技术体系划分在认识

---
①钱学森.在授奖仪式上的讲话[N].人民日报，1991-10-19.

论方面实现了革命性突破。它的观点、理论与方法具有前瞻性、开创性、战略性和实用性，是一个"离经不叛道"的科学的理论谱系。这一体系坚持了马克思主义哲学，是马克思主义中国化的重大理论成果。用钱学森自己的话说，实质上是要建立马克思主义哲学的体系，用以指导社会主义建设的伟大事业。

（二）创建系统工程中国学派，谋划组织管理社会主义建设

钱学森不但为新中国国防科技事业建立了卓越功勋，也为推广和宣传系统工程、创建系统工程中国学派、提升系统工程理论成果社会化服务功能、推进国家治理体系和治理能力现代化作出了重要贡献。1979年，钱学森与乌家培在《经济管理》杂志发表《组织管理社会主义建设的技术——社会工程》一文。该文的发表是钱学森继《组织管理的技术——系统工程》一文后，将系统工程从工程系统工程上升为社会系统工程、从工程管理上升为国家管理，在认识论和方法论层面的重要成果，标志着钱学森社会系统工程思想的确立。系统科学家、中国航天系统科学与工程研究院研究员于景元指出，钱学森系统工程与系统科学思想引发的组织管理革命对现代化社会和国家管理的推动作用将是广泛而深刻的，其意义和影响重大而深远。作为一种科学的认识论和方法论，钱学森对中国航天系统工程的精髓——顶层设计、科学管理、自主创新、全国协作、综合集成——进行社会化拓展，建立社会系统工程理论体系。

思想渊源上，钱学森系统工程思想脱胎于中国航天系统工程的成功实践与理论总结，并在改革开放和中国特色社会主义建设中不断吐故纳新、与时俱进。理论品格上，钱学森系统工程思想坚持理论与实践的统一，具有鲜明的马克思主义理论特质和中国特色社会主义现实指向，为我国新时期全面深化改革扩大对外开放提供思想助力，与党中央治国理政强调系统思维、统筹规划以及全面深化改革强调系统性、整体性、协同性高度契合。

钱学森系统工程思想是我国哲学社会科学理论大厦的一部分。习近平总书记在哲学社会科学工作座谈会上的讲话中指出："构建中国特色哲学社会科学是一个系统工程，是一项极其繁重的任务。"[1] 推进钱学森系统工程思想的创新与发展，不断焕发系统工程在新时代的学术生命力，对于加强中国特色社会主义话语体系建设，增强哲学社会科学工作者的道路自信、理论自信、制度自信和文化自信，为党中央治国理政提供理论支撑和智力支持，具有重要理论价值和现实意义。

（三）培养党的高级领导干部，助力国家治理现代化

党的十九届四中全会通过的《决定》，为中国特色社会主义进入新时代背景下坚持和完善中国特色社会主义制度、推进国家治理体系和治理能力现代化提供了制度遵循。《决定》指出，要"把提高治理能力作为新时代干部队伍建设的重大任务"，"尊重知识、尊重人才，加快人才制度和政策创新，支持各类人才为推进国家治理体系和治理能力现代化贡献智慧和力量"。[2] 晚年钱学森老骥伏枥，回归学术研究，在理论层面为提高国家治理

---

[1] 习近平.在哲学社会科学工作座谈会上的讲话[N].人民日报，2016-05-19.
[2] 中共中央关于坚持和完善中国特色社会主义制度推进国家治理体系和治理能力现代化若干重大问题的决定[N].人民日报，2019-11-06.

体系和治理能力现代化进行不懈探索，不断散发自己作为一位科学思想家的光和热，提出了一系列真知灼见。这些理论成果既立足现实又着眼长远，既高屋建瓴又联系实际，体现了一位老科技工作者"此心唯愿长报国"的崇高风范。

钱学森曾受聘为中共中央党校名誉教授，先后九次应邀到中央党校给学员作关于现代科学技术、系统工程、国家管理及领导科学与艺术、新技术革命、社会主义建设的大战略问题、社会主义现代化建设和领导决策的科学化、社会主义文明形态及其协调发展等方面的专题报告。这些报告的核心指向归结到一点，即我国社会主义建设长远性、根本性问题。我们知道，钱学森坚持不担任名誉性职务等"七不"原则，而"破格"受聘中央党校名誉教授，体现了他作为一位党员为党的事业殚精竭虑、提升全党治国理政水平的高尚情操和作为一位战略科学家的战略视野和系统思维。钱学森在这些报告中提出，要研究和创立社会主义现代化建设的科学、领导社会主义现代化建设要讲究决策的科学化、强调社会主义文明的协调发展要加强社会主义政治文明建设、要重视我国社会主义建设的大战略问题等前瞻性观点，直面我国社会主义建设中的重大理论和现实问题，有利于帮助学员拓展理论视野、提升管理水平、增强战略思维能力和决策能力。这些报告现已汇编出版，足以成为新时期党的各级领导干部尤其是高级领导干部治国理政的有益读本。

四、补论

理想信念是共产党人的"总开关"和精神之"钙"。"坚定理想信念，坚守共产党人精神追求，始终是共产党人安身立命的根本。"① 党的十九届四中全会明确指出，要"把不忘初心、牢记使命作为加强党的建设的永恒课题和全体党员、干部的终身课题"。② 钱学森作为"中国科技界的一面旗帜"，始终坚守一位共产党人的报国初心和强国使命，始终抱持"和中国人民一道建设自己的国家""活着的目的就是为人民服务"的理想信念，将个人科学报国梦融入实现中华民族伟大复兴中国梦的时代洪流之中，做出了彪炳史册的历史贡献，闪耀着永不磨灭的党性光芒。习近平总书记强调，我们"要学习钱学森同志的光荣感，他把群众的口碑当作自己无上的光荣"。③ 作为为党和人民事业奋斗终生的一代科学伟人，钱学森高尚的爱国情操、坚定的政治信念、强烈的使命担当、崇高的人生境界，永远是广大党员和全体中国人民学习的榜样。

习近平总书记在全国宣传思想工作会议上的讲话中指出："要讲清楚中国特色社会主义植根于中华文化沃土、反映中国人民意愿、适应中国和时代发展进步要求，有着深厚历史渊源和广泛现实基础。"④ "坚定中国特色社会主义道路自信、理论自信、制度自信，说到底是要坚定文化自信。"⑤ 文

---

① 习近平. 紧紧围绕坚持和发展中国特色社会主义学习宣传贯彻党的十八大精神——在十八届中共中央政治局第一次集体学习时的讲话［EB/OL］. 新华网：http://www.xinhuanet.com/politics/2012-11/19/c_123967017.htm.
② 中共中央关于坚持和完善中国特色社会主义制度推进国家治理体系和治理能力现代化若干重大问题的决定［N］. 人民日报，2019-11-06.
③ 习近平. 树立五种崇高情感［J］. 浙江日报，2003-07-17.
④ 习近平出席全国宣传思想工作会议并发表讲话［EB/OL］. 新华网：http://www.xinhuanet.com//2018-08/23/c_129938245.htm.
⑤ 习近平. 在哲学社会科学工作座谈会上的讲话［N］. 人民日报，2016-05-19.

化自信是更基本、更深沉、更持久的力量，是道路自信、理论自信和制度自信的深沉根基。在坚持中国特色社会主义"四个自信"政治语境下，钱学森的党性修养体现了对中国特色社会主义事业的道路自信、理论自信、制度自信和文化自信，是他作为中国航天事业奠基人、中国共产党优秀党员、社会主义现代化建设和改革开放的科学探索者多重身份的集中承载。他的丰功伟绩、崇高风范和科学思想值得我们永远学习和传承。

附 录

附录一

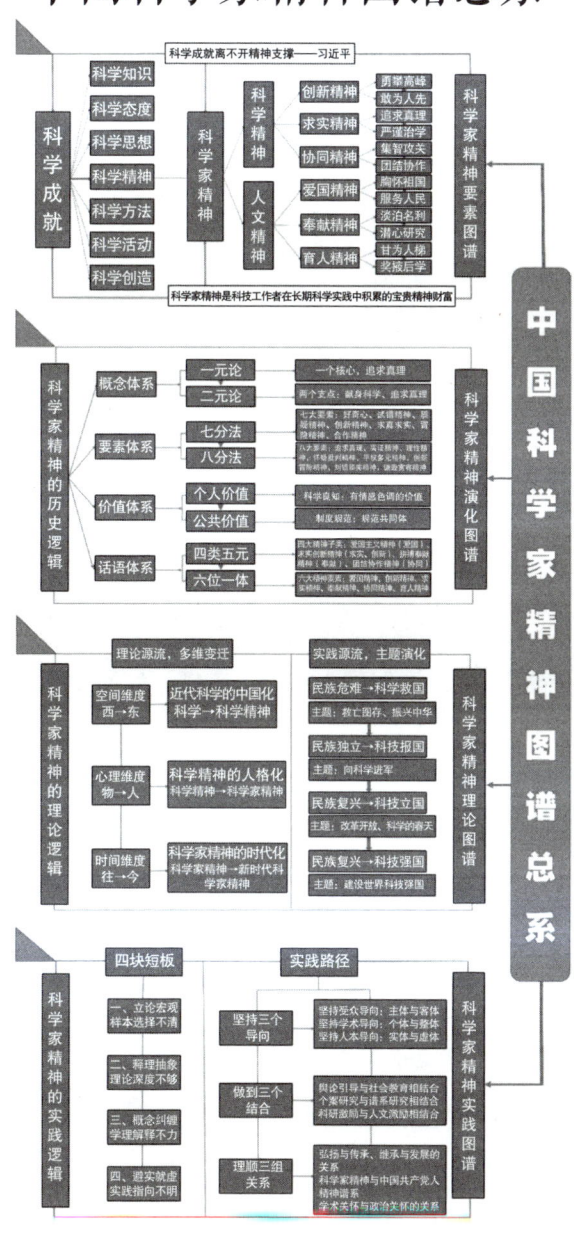

之一：要素图谱

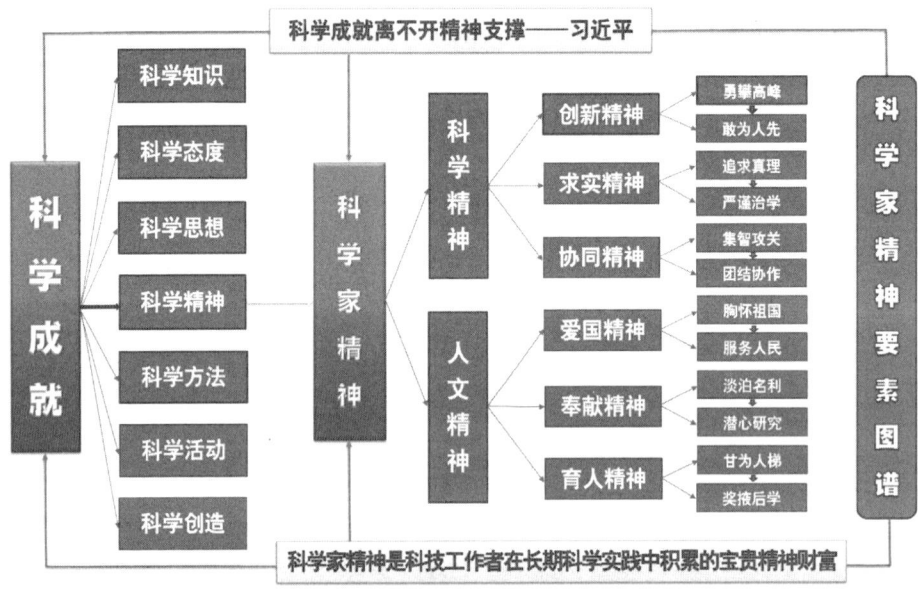

之二：演化图谱

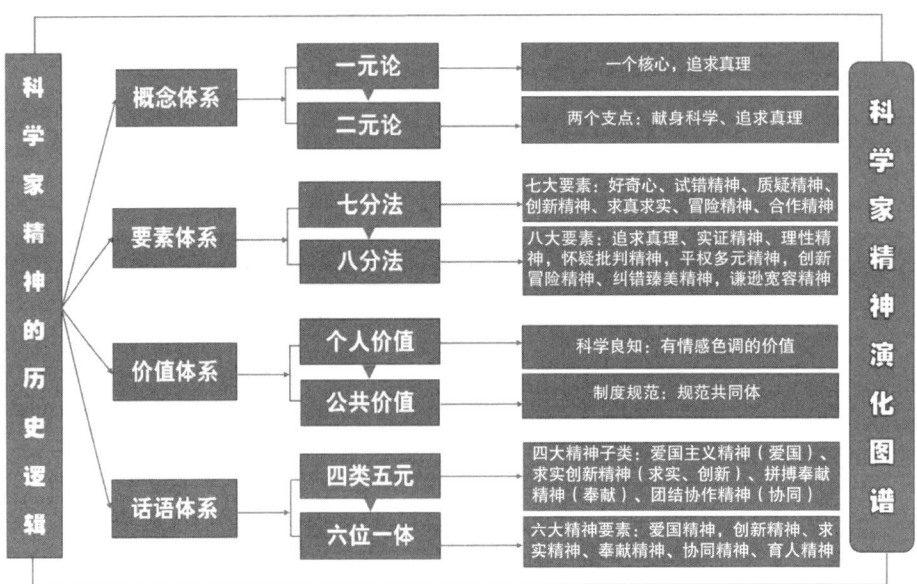

之三：理论图谱

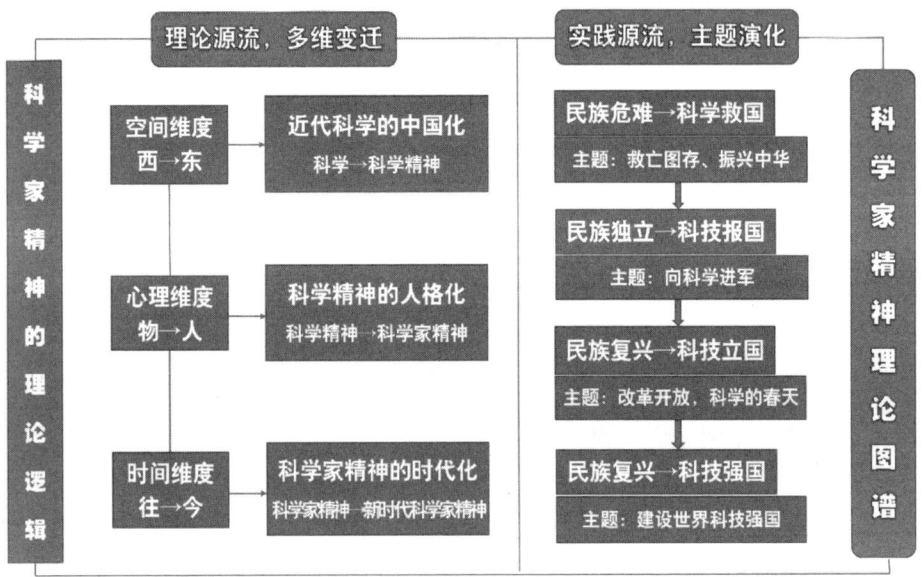

之四：实践图谱

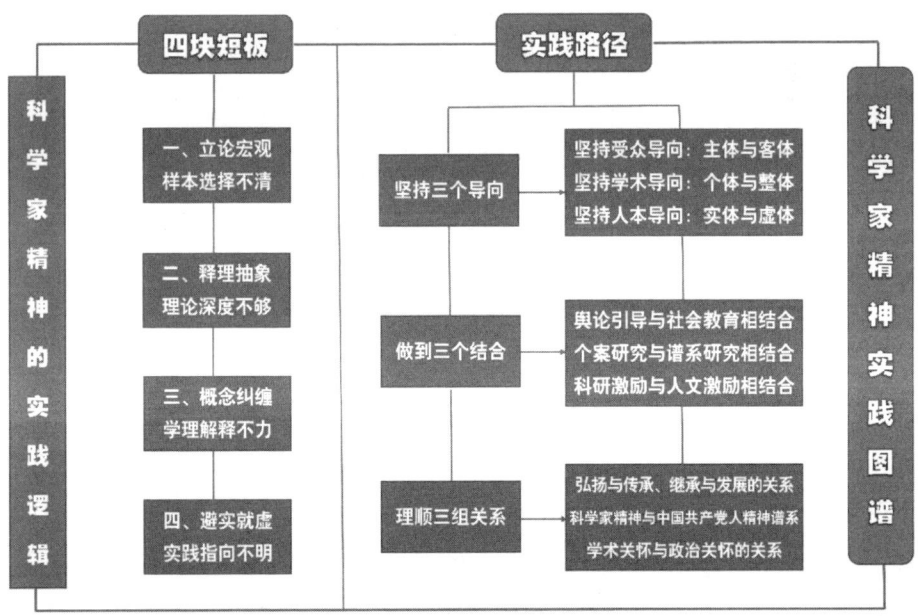

附录二

解读中国共产党人精神谱系

习近平总书记在党史学习教育动员大会上深刻指出,在一百年的非凡奋斗历程中,一代又一代中国共产党人顽强拼搏、不懈奋斗,涌现了一大批视死如归的革命烈士、一大批顽强奋斗的英雄人物、一大批忘我奉献的先进模范,形成了井冈山精神、长征精神、遵义会议精神、延安精神、西柏坡精神、红岩精神、抗美援朝精神、"两弹一星"精神、特区精神、抗洪精神、抗震救灾精神、抗疫精神等伟大精神,构筑起了中国共产党人精神谱系。在中华人民共和国成立72周年之际,党中央批准了中央宣传部梳理的第一批纳入中国共产党人精神谱系的46种伟大精神并予以发布。这些精神集中彰显了中华民族和中国人民长期以来形成的伟大创造精神、伟大奋斗精神、伟大团结精神、伟大梦想精神,彰显了一代又一代中国共产党人"为有牺牲多壮志,敢教日月换新天"的奋斗精神。认真解读首批公布的这46种伟大精神,不难发现,中国共产党人精神谱系的凝练和形成体现四个方面的特征。

一是统领性。伟大建党精神是中国共产党人精神谱系之源,在46种精神方阵中起统领作用,具统帅功能,是中国共产党人精神谱系的"源流",贯穿于中国革命史、建设史、改革史、发展史全过程之中,体现在党史、新中国史、改革开放史和社会主义发展史之中。党的创建是中国共产党奋斗征程的起点，从成立之日起，中国共产党就义无反顾肩负起实现中华民族伟大复兴的历史使命。一百年来，中国共产党弘扬伟大建党精神，在长期奋斗中构建起中国共产党人的精神谱系，锤炼出鲜明的政治品格。如果说"没有共产党就没有新中国"，那么，没有建党精神这根"顶梁柱"和"主心骨"，就没有中国共产党人精神谱系这座宏伟大厦。

二是人民性。第一批纳入中国共产党人精神谱系的伟大精神之形成，体现了中国共产党以"人"为本、以人民为中心的执政理念和价值情怀。同时，"中国共产党人精神谱系"的话语规范也体现了在客观上对作为精神承载对象的人的主体性地位的根本尊重。中国共产党是马克思主义政党，始终代表最广大人民的根本利益。抗震救灾精神、脱贫攻坚精神的本质是"对党忠诚、不负人民"，反映出中国共产党人时刻"把人民放在心中最高位置"的崇高理念。就46种精神及后续可能的不同批次入选名单之共性特质而言，胸怀祖国是本质要求，甘于奉献是根本保障，心系人民是价值情怀，淡泊名利是重要前提。这既是铸就伟大精神的根本要求，也是中国共产党百年奋斗历程的基本历史经验。

三是历史性。精神谱系以历史脉络进行类化，涵盖中国共产党百年奋斗历程，既做到了"点"上的精准性和代表性，深得人民认可；也做到了"面"上的广泛性和全维性，广为社会熟知。点面结合，构建起了中国共产党光辉历程、辉煌成就、伟大梦想的精神大厦。历史川流不息，精神代代相传。中国共产党百年奋斗历程中的各个历史阶段，面对不同的现实环境，中国共产党人创造的精神都凝聚着鲜明的时代价值，其中在中国特色社会主义新时代为精神生产高发期,体现了以习近平同志为核心的党中央高度重视中国共产党人精神谱系的构筑和赓续,以及高度重视精神生产和思想引领,不断推进社会主义核心价值体系建设的宏图大略。

四是先进性。46种伟大精神的代表人物跨越不同历史时期、涉及不同行业领域,集先进性、代表性和时代性于一身,于平凡中造就不凡,于不凡中成就伟大,以对党的事业之无限忠诚,忘我工作、不懈奋斗、甘于奉献,成为本行业、本领域的旗帜人物。他们是中国共产党人的群体化身与精神镜像,构成了中国特色社会主义事业的精神框架。如新民主主义革命时期的张思德精神,社会主义革命和建设时期的雷锋精神、焦裕禄精神、铁人精神、孔繁森精神、王杰精神。这六种个体精神可谓事迹先进、特色鲜明、影响深远的"岗位之星",凝聚着先进人物身上最质朴的精神基因和最亮丽的思想成色。再以科学类精神为例,"两弹一星"精神、载人航天精神、科学家精神、探月精神、新时代北斗精神,是一代又一代科学家科学救国、科学报国、科学强国的奋斗史,既体现了科学类精神鲜明的群体属性与集体成色,也体现了党中央对科学家群体和"协同创新"在建设世界科技强国历史进程中重要性的深刻认识。

附录三

榜样的力量从何而来

榜样是社会的精神坐标,代表并引领着社会的前进方向和发展趋向。小至每一个单位、每一个行业,中至每一个社会、每一个民族,大至每一个国家、每一个时代,都需要榜样,需要榜样发挥引领示范作用,形成向上向善的社会风气;也都会产生榜样,从"群众"中脱颖而出,以榜样培育榜样,不断推进事业从胜利走向胜利。

都说榜样的力量是无穷的,那么,榜样的力量到底从何而来?榜样的形象建构又因何而成?通过观看《榜样的力量》先进典型事迹短片(中央电视台社会与法频道《道德观察》栏目2022年7月1日始播),结合自身认识,笔者认为,榜样的力量来源包括三个方面,或者说,三者缺一不可。他们是职业价值、道德价值和思想价值栖于一身的集大成者。

其一,职业动能——榜样堪为行业翘楚,有大成者。常言道:"三百六十行,行行出状元。"这里的"状元",就是在"敲锣卖糖,各干一行"中成长起来的职业或行业榜样,代表着一个职业或行业的技术规范(专业标准)、职业操守(道德标准)和价值遵循(价值标准)。要成为百里挑一乃至万里挑一的佼佼者,或从身处车间一线的普通工人成长为铸就国之重器的大国工匠,或从普通社区工作者成长为"脏了我一人,清净千万家"的社区卫生守护人，成为出脱平凡、超越自我、令人仰慕的行业翘楚：一要有"心"，一生襟抱为国开，不负人生不负时代，勇于直面挑战笑傲群芳，以积极心态参与职业竞争，提高自身专业本领；二要有"能"，"百舸争流勇者胜"，凭借自身不懈努力在竞争中拔得头筹出类拔萃；三要有"为"，"咬定青山不放松"，职业成就卓尔不凡独领风华，深得同事钦佩、领导赞许、行业认可、社会称道。2015年4月28日，习近平总书记在庆祝五一国际劳动节暨表彰全国劳动模范和先进工作者大会上的讲话指出，任何一名劳动者，要想在百舸争流、千帆竞发的洪流中勇立潮头，在不进则退、不强则弱的竞争中赢得优势，在报效祖国、服务人民的人生中有所作为，就要孜孜不倦学习、勤勉奋发干事。榜样，出乎基层，植根人民，超越平凡，呼应时代，成就大我。他们是把小工作做成大事业、舍小我之利成大我之境、把职业故事写在祖国大地上的时代弄潮儿。

其二，精神动能——榜样堪为道德楷模，有大德者。榜样者，一在"榜"，名列榜首，以先进性引领人，敢立潮头我为先；二在"样"，轨物范世，以示范性激励人，甘为旗帜自迎风。由是说来，为榜样者，仅仅取得足以为人称道的职业成就远远不够。榜样的力量非比寻常，是一种激励和示范，昭启来者，垂诸久远：一则外化于行，物化为他们的职业产品，"干货"百件。其专业能力为同行所遵循，职业成就得社会所认可，小至同一单位共事者（同事）、大至同一行业从业者（同行），均难出其右；二则内化于心，固化为他们的精神风貌，正气一身。他们或"爱"一行，爱岗敬业、甘于奉献，"三十功名尘与土，八千里路云和月"；或"精"一业，精益求精、追求卓越，"千淘万漉虽辛苦，吹尽狂沙始到金"；或"和"一众，和衷共济、大力协同，"二人同心金不利，天与一城为国蔽"；或"创"一法，不拘绳墨、勇于创新，"丹心未泯创新愿，白发犹残求是辉"。概言之，他们德行高远，堪为道德楷模，引领着本行业乃至全社会的"核心职业观"。在榜样的身上，人生的价值、人性的光辉得到了近乎完美的呈现和诠释。他们的人格魅力成了我们社会一座至为宝贵的高品位精神富矿。

其三，思想动能——榜样堪为价值典范，有大思者。"大者思远，能者任钜。"榜样的终极价值在于塑造全体社会成员（而非仅仅本行业）的价值规范，引领社会发展方向，能够为社会匡正不良风气、框定价值标准，创造生生不息、弥足珍贵的思想财富。比起某一项职业成就而言，榜样在塑造过程中创造（一般主要为基于内驱力的自我而非基于外驱力的他我塑造）的整体性隐形价值符号是其"榜样性"的核心要素，而这远非一时一日之功，也远非一人一事之成。他们在日拱一卒、功不唐捐的同时，也练就了能量满身、光芒万丈的闪亮身躯。例如，经过一代代女排管理者、教练员和队员的奋力拼搏与不懈努力，自新中国成立以降，历代中国女子排球队共同缔造的"女排精神"，已然超脱无数次向难而进、绝处逢生的比赛结果，而是以"扎扎实实、勤学苦练、无所畏惧、顽强拼搏、同甘共苦、团结战斗、刻苦钻研、勇攀高峰"为具体表现，以"祖国至上、团结协作、顽强拼搏、永不言败"为具体内涵，并被纳入中国共产党人精神谱系的伟大精神。如今，女排精神已经成为中国体育人乃至全体中华儿女共同的价值追求，它成了我们社会、民族和国家发展史上永不磨灭的"精神叙事"，既彪炳中华体育史册，不断散发历史荣光，又在新的历史时期继续释放新的精神能量和更加夺目的时代光芒，熠熠生辉。

盛世芳华，这是一个国家榜样辈出的伟大时代；海晏河清，这又是一个榜样引领时代的伟大国家。在榜样与国家的深度互动、个人与时代的紧密呼应中，我们看到了人物精神赋能社会发展的无穷伟力，看到了国家和时代赋予个人成长的广阔空间。诚如习近平总书记所言："伟大时代呼唤伟大精神，崇高事业需要榜样引领。"身处其中、恰逢其时，我们与榜样同行，与有荣焉，肃然起敬而自励自强。让我们学习榜样事迹、讴歌榜样精神、汲取榜样智慧、致敬榜样群像、传承榜样力量、赓续榜样荣光，踔厉奋发、笃行不怠，奋力谱写新时代中国特色社会主义各项事业高质量发展的恢宏乐章，以干好本职工作的优异成绩赋能助力中国式现代化建设！

参考文献

一、党和国家领导人文献

［1］习近平.在纪念五四运动100周年大会上的讲话［J］.党建，2019（5）：4-8.

［2］习近平对王继才同志先进事迹作出重要指示强调 要大力倡导爱国奉献精神 使之成为新时代奋斗者的价值追求［J］.中国纪检监察，2018（16）：65.

［3］习近平.为建设世界科技强国而奋斗——在全国科技创新大会、两院院士大会、中国科协第九次全国代表大会上的讲话［N］人民日报，2016-06-01.

［4］习近平.在哲学社会科学工作座谈会上的讲话［N］.人民日报，2016-05-19.

［5］习近平.在纪念红军长征胜利80周年大会上的讲话［N］.人民日报，2016-10-22.

［6］习近平.在纪念朱德同志诞辰130周年座谈会上的讲话［N］.人民日报，2016-11-30.

［7］习近平.在庆祝中国共产党成立95周年大会上的讲话［N］.人民日报，2016-07-02.

［8］习近平.决胜全面建成小康社会 夺取新时代中国特色社会主义伟大胜利——在中国共产党第十九次全国代表大会上的报告［N］.人民日报，2017-10-19.

［9］习近平.为建设世界科技强国而奋斗——在全国科技创新大会、两院院士大会、中国科协第九次全国代表大会上的讲话［N］.人民日报，2016-06-01.

［10］习近平.树立五种崇高情感［N］.浙江日报，2003-07-17.

［11］中共中央文献研究室.习近平关于科技创新论述摘编［M］.北京：中央文献出版社，2016.

［12］毛泽东.论十大关系［M］.北京：人民出版社，1976.

［13］邓小平.改革的步子要加快［A］.邓小平文选（第三卷）［M］.北京：人民出版社，1993.

［14］邓小平文选（第3卷）［M］.北京：人民出版社，1993.

［15］胡锦涛.坚定不移沿着中国特色社会主义道路前进为全面建成小康社会而奋斗——在中国共产党第十八次全国代表大会上的报告［J］.党建，2012（12）：13-30.

［16］构建起强大的公共卫生体系——三论深入学习习近平总书记在专家学者座谈会上重要讲话［N］.光明日报，2020-06-06.

［17］习近平主持召开科学家座谈会并发表重要讲话［EB/OL］.中国政府网:http://www.gov.cn/xinwen/2020-09/11/content_5542851.htm.

［18］国家主席习近平发表二〇一九年新年贺词［EB/OL］.新华网:http://www.xinhuanet.com/politics/2018-12/31/c_1123931796.htm.

［19］习近平主持中共中央政治局第二十九次集体学习［EB/OL］.新华网:http://www.xinhuanet.com/politics/ 2015-12/30/c_1117631083.htm.

［20］习近平.在参加全国政协十二届一次会议科协、科技界委员联组讨论时的讲话［EB/OL］.人民网:http://theory.people.com.cn/n1/2016/0405/c402884-28249531.html.

［21］习近平.在"不忘初心、牢记使命"主题教育总结大会上的讲话［EB/OL］.新华网:http://www.xinhuanet.com/politics/leaders/2020-01/09/c_1125442277.htm.

［22］习近平：牢记历史经验历史教训历史警示为国家治理能力现代化提供有益借鉴［EB/OL］.新华网:http://www.Chinanews.com/gn/2014/10-13/6673897.shtml.

［23］习近平：把思想政治工作贯穿教育教学全过程［EB/OL］.新华网:http://www.xinhuanet.com//politics/2016-12/ 08/c_1120082577.htm.

［24］习近平：让历史说话用史实发言 深入开展中国人民抗日战争研究［EB/OL］.人民网:http://cpc.people.com.cn/n/2015/0731/c64094-27393899.html.

［25］习近平.紧紧围绕坚持和发展中国特色社会主义 学习宣传贯彻党的十八大精神——在十八届中共中央政治局第一次集体学习时的讲话［EB/OL］.中央政府门户网站:http://www.gov.cn/ldhd/2012-11/19/content_2269332.htm.

［26］习近平在联合国教科文组织总部的演讲［EB/OL］.人民网:http://world.people.com.cn/n/2014/0328/c1002-24761811.html.

［27］习近平给参与"东方红一号"任务的老科学家回信［EB/OL］.新华网: https://baijiahao.baidu.com/s?id=1664847764214475948&wfr=spider&for=pc.

［28］习近平.紧紧围绕坚持和发展中国特色社会主义 学习宣传贯彻党的十八大精神——在十八届中共中央政治局第一次集体学习时的讲话［EB/OL］.新华网:http://www.xinhuanet.com//politics/2012-11/19/c_123967017.htm.

［29］习近平出席全国宣传思想工作会议并发表讲话［EB/OL］.新华网:http://www.xinhuanet.com//2018-08/23/c_129938245.htm.

［30］习近平向国际博物馆高级别论坛致贺信［EB/OL］.新华网:http://www.xinhuanet.com/politics/2016-11/10/c_1119886747.htm.

二、政府文件

［1］中共中央关于坚持和完善中国特色社会主义制度推进国家治理体系和治理能力现代化若干重大问题的决定［N］.人民日报，2019-11-06.

［2］中共中央国务院发出《关于进一步加强和改进大学生思想政治教育的意见》［N］.人民日报，2004-10-15.

［3］中共中央国务院印发《关于加强和改进新形势下高校思想政治工作的意见》［N］.人民日报，2017-02-28.

［4］中共中央办公厅 国务院办公厅印发《关于加强和改进新形势下档案工作的意见》［J］.中国档案，2104（5）：12-14.

［5］中共中央关于坚持和完善中国特色社会主义制度推进国家治理体系和治理能力现代化若干重大问题的决定［N］.人民日报，2019-11-06.

［6］中共中央办公厅，国务院办公厅.关于进一步弘扬科学家精神加强作风和学风建

设的意见[EB/OL].新华网:http://www.xinhuanet.com/politics/2019-06/11/c_1124609190.htm.

[7]中共中央 国务院印发《新时代爱国主义教育实施纲要》[EB/OL].新华网:http://www.xinhuanet.com/politics/2019-11/12/c_1125223796.htm.

[8]新华社.强化国家战略科技力量——学习贯彻中央经济工作会议精神[EB/OL].中国政府网:http://www.gov.cn/xinwen/2020-12/23/content_5572795.htm.

[9]中国共产党第十九届中央委员会第五次全体会议公报[EB/OL].新华网:http://www.xinhuanet.com/politics/2020-10/29/c_1126674147.htm.

三、钱学森与科学家精神相关文献

[1]钱学森同志生平[N].人民日报,2009-11-07.

[2]钱学森.一切成就归于党归于集体[N].人民日报,1989-08-08.

[3]钱学森.在授奖仪式上的讲话[N].人民日报,1991-10-19.

[4]钱学森.周总理让我搞导弹[A].不尽的思念[M].北京：中央文献出版社,1988.

[5]钱学森.1989年8月7日致于景元的信[A].涂元季,李明,顾吉环.钱学森书信（第5卷）[M].北京：国防工业出版社,2005.

[6]钱学森.1996年2月22日致张玉台的信[A].涂元季,李明,顾吉环.钱学森书信（第9卷）[M].北京：国防工业出版社,2007：488.

[7]钱学森.1998年4月19日致中国航天工业总公司办公厅的信[A].涂元季,李明,顾吉环.钱学森书信（第10卷）[M].北京：国防工业出版社,2007.

[8]钱学森,乌家培.组织管理社会主义建设的技术——社会工程[J].经济管理,1979（1）：5-9.

[9]钱学森.1989年12月25日致聂荣臻的信[A].涂元季,李明,顾吉环.钱学森书信（第5卷）[M].北京：国防工业出版社,2007.

［10］钱学森.一切成就归于党归于集体［N］.人民日报，1989-08-08.

［11］钱学森.在授奖仪式上的讲话［N］.人民日报，1991-10-19.

［12］孙家栋.钱学森带领我们搞航天［A］.钱学森科学贡献暨学术思想研讨会论文集［C］.北京：中国科学技术出版社，2001.

［13］进一步弘扬科学家精神加强作风和学风建设［N］.人民日报，2019-06-12.

［14］杨振宁.科学之美与艺术之美［N］，光明日报，2015-02-12.

［15］李醒民.论科学家的科学良心：爱因斯坦的启示［J］.科学文化评论，2005（2）：92-99.

［16］张连平.关于科学与爱国的问题［J］.江苏社会科学，1991（1）：42-44.

［17］李觉.制度优势　大力协同——原子弹决策和研制的宝贵经验［J］.中共党史研究，2012（3）：63-66.

［18］陈能宽.党中央有远见的战略决策［J］.中共党史研究，2012（3）：66-68.

［19］涂元季.从科学与政治结合的高度理解"三个代表"重要思想——记钱学森学习"三个代表"重要思想［N］.人民日报，2002-06-24.

［20］涂元季，顾吉环，李明 整理.钱学森的最后一次系统谈话——谈科技创新人才的培养问题［N］.人民日报，2009-11-05.

［21］梁守槃.回忆聂荣臻对导弹事业的领导与关怀［J］.中共党史研究，2013（1）：104-105.

［22］于景元.钱学森科学历程中的三大创造高峰［N］.科技日报，2009-11-12.

［23］张劲夫.让科学精神永放光芒——读《钱学森手稿》有感［J］，复杂系统与复杂性科学，2006（2）：77-81.

［24］王斯敏.钱学森：系统工程中国学派蔚然成林［N］.光明日报，2018-09-27.

［25］王寿云.国家杰出贡献科学家——钱学森［J］.人民教育，1992（1）：39-45.

［26］吴国盛.科学精神的起源［J］.科学与社会，2011（1）：94-103.

［27］赵爱明.努力实现"择天下英才而用之"［N］.人民日报，2015-09-07.

［28］何祚庥.中国呼唤战略科学家［N］.光明日报，2004-06-03.

［29］郑静晨.时代呼唤战略科学家［N］.人民武警报，2012-04-01.

［30］宋春丹.1962：在两弹一星的"至暗"时刻［J］.协商论坛，2020（5）：51-54.

［31］曹雪涛.充分发挥战略科学家在国家科技创新规划决策中的引领作用［N］.科技日报，2016-05-29.

［32］曹亚梅.协同理论与生产力的发展［J］.西藏民族学院学报（社会科学版），1991（1）：12-16+28.

［33］红色蘑菇云——第一颗原子弹诞生［N］.人民日报，1999-09-17.

［34］傅振国，朱敏.中科院培育"战略科学家"［N］.人民日报海外版，2004-04-13.

［35］王晓峰.树立大科学观 创新跨学科科研组织模式［J］.中国高等教育，2011（2）：24-26.

［36］武力.发挥新型举国体制优势 强化国家战略科技力量［N］.中国纪检监察报，2020-12-24.

［37］张康之.论分工—协作模式的困境及其出路［J］.江苏行政学院学报，2019（3）：78-86.

［38］中国核工业总公司党组.周恩来与中国核工业［J］.中共党史研究，1998（1）：4-10.

［39］王德禄，孟祥林，刘戟锋.中国大科学的特征——"两弹一星"研制过程中的集体主义主导地位及其经验的研究［J］.民主与科学，1991（2）：36-37.

［40］薛澜，等.中国科技发展与政策（1978-2018）［M］.北京：社会科学文献出版社，2018.

［41］魏根发，杜莉.两弹一星功勋科学家钱学森［M］.石家庄：河北少年儿童出版社，2001.

四、其他文献

［1］马克思恩格斯全集（第3卷）［M］.北京：人民出版社，1960.

［2］马克思恩格斯全集（第13卷）［M］.北京：人民出版社，1972.

［3］马克思恩格斯全集（第47卷）［M］.北京：人民出版社，1972.

［4］马克思恩格斯全集（第23卷）［M］.北京：人民出版社，1972.

［5］恩格斯.在马克思墓前的讲话［A］.马克思恩格斯选集（第三卷）［M］.北京：人民出版社，1972.

［6］姚雪青.南京大屠杀档案原件公开：记29支日军部队罪行［N］.人民日报，2014-02-18.

［7］张烁.把思想政治工作贯穿教育教学全过程 开创我国高等教育事业发展新局面［N］.人民日报，2016-12-09.

［8］丁雅诵.立志成才 报效祖国［N］.人民日报，2016-07-18.

［9］李宇明.大学的使命［N］.光明日报，2013-10-16.

［10］胡伯项，于楠.不断增强思想建党、理论强党的坚定性与自觉性［N］.光明日报，2020-02-05.

［11］爱心融冰化雪　春染杨柳枝头——本报向全国科技教育工作者祝福新春［N］.科学时报，2008-02-04.

［12］汪长明.钱学森开放复杂巨系统论视域下"一带一路"顶层设计研究［J］.学术探索，2018（12）：42-54.

［13］汪长明.爱国、奉献、求真、创新——解读钱学森精神［J］.湖北民族学院学报（哲学社会科学版），2012（1）：150-154.

[14]汪长明.钱学森的中国梦[J].中国井冈山干部学院学报,2014(3):56-62.

[15]汪长明.钱学森为什么能成为战略科学家[N].学习时报,2020-12-30.

[16]汪长明.坚持"四个面向"的理论逻辑[N].学习时报,2020-09-23.

[17]汪长明.发挥科技名人档案的社会化服务功能[N].学习时报,2020-05-22.

[18]汪长明.要注重发挥科技名人档案的价值[N].中国档案报,2017-08-24.

[19]汪长明.开发高校科技名人档案抢占思想政治教育高地[N].中国档案报,2017-05-29.

[20]汪长明.为何要培育"战略科学家"[N].大众日报,2020-06-16.

[21]盛懿,汪长明.钱学森系统工程思想的理论和实践价值[J].上海党史与党建,2019(10):43-45.

[22]刘旭光,薛鹤婵.试论口述档案的价值[J].档案学通讯,2007(4):88-91.

[23]王景高.口述历史与口述档案[J].档案学研究,2008(2):3-8.

[24]赵局建.我国口述档案研究综述[J].兰台世界,2010(27):26-27.

[25]王立维,侯甫芳."口述档案"一个值得商榷的概念[J].兰台世界,1998(7):10-11.

[26]潘玉民,叶徐峥.论口述历史档案是档案的理由[J].北京档案,2016(5):14-17.

[27]潘玉民.认识与行动:再论口述历史档案资源建设[J].档案学通讯,2012(1):101-104.

[28]张仕君,昌晶,邓继均."口述档案"概念质疑[J].档案学研究,2009(1):10-12.

[29]蒋冠,瞿良毅,陈修锋.口述档案的身份识别及其凭证价值新探[J].档案管理,2007(3):33.

[30] 姬十三.记忆并不可靠[J].科学世界,2005(3):73-77.

[31] 毕飞宇.记忆是不可靠的[N].中国社会科学报,2010-01-05.

[32] 左玉河.历史记忆、历史叙述与口述历史的真实性[J].史学史研究,2014(4):9-21.

[33] 丁文进,等.英汉法德意俄西档案术语词典[M].北京:档案出版社,1988.

[34] 黄春雨.博物馆的社会化与专业化思考[J].中国博物馆,2008(3):19-22.

[35] 孟丁磊,王宇.国内知识管理理论的发展[J].现代情报,2007(8):16-17+21.

[36] 潘淑春,褚叶平,盛玲玉,朱跃华,刘升平.农业科学数据平台古籍知识揭示系统设计与实现[J].农业网络信息,2008(3):49-52.

[37] 万涛.隐性知识转化为显性知识的评价判断规则研究[J].管理评论,2015(7):66-75.

[38] 吕瑞花,俞以勤,韩露,王晓山,韩晶.科技名人档案知识管理实践研究——以老科学家学术成长资料管理为例[J].情报理论与实践,2011(6):94-96+68.

[39] 吕瑞花,韩晶晶,韩露.基于元数据的科技名人档案编目[J].科技导报,2013(14):64-69.

[40] 付昕.知识组织研究之聚类分析[J].现代情报,2006(12):25-27+32.

[41] 覃兆刿.档案文化建设是一项"社会健脑工程"——记忆·档案·文化研究的关系视角[J].浙江档案,2011(1):22-25.

[42] 杨冬权在全国档案工作暨表彰先进会议上的讲话[N].中国档案报,2012-03-02.

[43] 王琴华.高校档案蕴含的思想政治教育功能优势及其拓展[J].学校党建与思想教育,2015(8):30-31.

［44］陈燮君.公共文化服务体系中的博物馆文化的力量与智慧［A］.上海中国航海博物馆.文化力量与博物馆的挑战［M］.上海：上海古籍出版社，2013.

［45］爱因斯坦文集（第一卷）［C］.北京：商务印书馆，1977.

［46］爱因斯坦文集（第三卷）［C］.北京：商务印书馆，1979.

［47］［西］奥尔特加·加塞特.大学的使命［M］.徐小州，陈军，译.杭州：浙江教育出版社，2001.

［48］［美］萨顿.科学史和新人文主义［M］.陈恒六，等，译.北京：华夏出版社，1989：1-2.

［49］Moszkowski A. 1921. Einstein：The Searcher，His Work Explained from Dialogue with Einstein. Translated by H. L. Brose. London：Methuen & Co. Ltd. 1921：145.

［50］Peter Walne. Dictionary of Archival Terminology（Ica Handbook Series，Vol 3）. K. G. Saur Verlag Gmbh & Co.，1984.

［51］Lindsay, D.S., Hagen, L., Read, J.D., Wade, K.A., & Garry, M.（2004）. True Photographs and False Memories. Psychological Science，15，149-154.

［52］Patrick O'Farrell，"Oral History：Facts and Fiction"，Quadrant，Vol 23. No.148，1979，pp.4-8.

后记

再谈科学家精神

笔者向来不认为,如同作为学术论文点睛之笔的结论,学术著作的后记是对个人体系化研究成果进行内容收官与思想总结的一种方式,从而具有仪式化特征、象征性意义和模式化色彩。若然,即便精心打造、"精雕细刻"一篇任务型后记,其无论出版价值还是学术价值,都会因此大打折扣。而这,恰恰成为笔者视之要么不可或缺、要么可有可无的一种学术文本。

"后记"者,顾名思义,其一,记在书后,与前言相对,具有"地理位置"的不可动摇性,"总结性"乃其天然属性;其二,奉之读者,与文本相关,具有与正文相互支撑、彼此呼应的一体化特征,"互补性"乃其要素属性。

如是说来,笔者又该在此"记"点什么呢?想写的、该写的,既然自认在前言中做了尽可能周全、翔实的交代,于自己,于读者。思虑再三,还是聊聊科学家精神研究这个"老本行"吧,权当一次有限而简略的学术回顾。

第一句,人民科学家钱学森是践行科学家精神的杰出代表,钱学森精神是科学家精神的代名词。以"爱国、奉献、求真、创新"为核心内涵、以"协同、育人"为重要支撑的钱学森精神是钱学森科学人生的真实写照与集中体现。据笔者研究,钱学森精神的形成经历了萌芽、塑造、形成、成熟、发展五个阶段，肇始于良好的家庭和学校教育，形成于回国后从事的新中国国防科技事业，彰显于改革开放与社会主义现代化建设。钱学森精神是民族精神与时代精神的高度统一，是科学精神与人文精神的高度统一，与科学家精神交相辉映。在全社会大力宣传和弘扬钱学森精神，对于社会主义核心价值体系建设具有重要现实意义。

第二句，科学家精神蕴含宝贵厚重的思想政治教育资源，是落实立德树人根本任务题中之义。有学者指出，"科学家精神是中国精神时代出场的新形态"。科学家精神蕴含丰富多样的德育因子和弥足珍贵的思想政治教育资源，天然地具有育人功能。深入揭示科学家精神融入大学生思想政治教育的理论内涵及其功能价值，使其成为大学生思想政治教育的理论参考和要素支撑，是弘扬科学家精神的核心要义、开创新时代思想政治工作新局面的根本要求。科学家精神融入大学生思想政治教育，一方面，可以为实施创新驱动发展战略、建设世界科技强国提供坚实的人才支撑，进而为弘扬科学家精神、发挥科学家精神铸魂育人作用开辟新的价值空间和实践范式；另一方面，有利于进一步增强高校思政课教学的实效性，开辟立德树人新境界，更好践行高等教育根本任务。

第三句，科学家精神具有强大时代张力，弘扬科学家精神是国家之需、时代之需。习近平总书记指出，科学家是"干惊天动地事，做隐姓埋名人"的民族英雄。新时代中国特色社会主义和百年未有之大变局，赋予广大科技工作者难得的历史重任和时代机遇。是广大科技工作者的闪亮标签和鲜明特质，成为建设世界科技强国、实现中华民族伟大复兴的中国梦的强大精神支撑，值得全社会大力弘扬并不断传承，由此让科学家精神深入人心，让科学家真正成为受人尊重、令人拥戴、让人敬仰的崇高职业，为中国科技事业发展不断注入精神力量。大力弘扬新时代科学家精神，可以为建设创新型国家，建成世界科技强国，实现中华民族伟大复兴提供强大精神支撑和宝贵智力支持。

夫"精神"者，"四达并流，无所不极，上际于天，下蟠于地，化育万物"。在新的历史时期，心怀"国之大者"，弘扬科学家精神正当其时、大有可为，永远在路上！

2023年4月